"十四五"职业教育国家规划教材

物联网设备安装与调试项目实训

第 2 版

主　编　王恒心　张乒乒

副主编　王信约　吴　杰　林宝玲　杨佳佳

参　编　陈　乐　蔡　敏　郑方方　李　江　黄敏恒

机械工业出版社

本书是"十四五"职业教育国家规划教材。本书打破了基于知识点结构的传统课程架构，力求建立以项目为核心、以兴趣为导向的课程思路，倡导"边做边学"的教学方式。全书通过物联网设备安装与调试的8个教学项目来提升读者对物联网系统的集成能力，强化物联网设备安装与调试的技能，为后续的学习和工作做好铺垫。

本书可作为各类职业院校物联网应用技术及相关专业的教材，也可作为岗位实践教育和读者自学的参考用书。

本书配套微课视频（扫描书中二维码免费观看）、AR拓展学习资源，通过信息化教学手段，将纸质教材与课程资源有机结合，成为资源丰富的"互联网+"智慧教材。本书还配有电子课件，选用本书作为授课教材的教师可在机械工业出版社教育服务网（www.cmpedu.com）注册后免费下载，或联系编辑（010-88379194）咨询。

图书在版编目（CIP）数据

物联网设备安装与调试项目实训 / 王恒心，张乒乒主编. 2版. -- 北京：机械工业出版社，2025.4（2025.7重印）.（"十四五"职业教育国家规划教材）. -- ISBN 978-7-111-78150-9

Ⅰ. TP393.4

中国国家版本馆 CIP 数据核字第 202575TP13 号

机械工业出版社（北京市百万庄大街22号　邮政编码100037）
策划编辑：李绍坤　　责任编辑：李绍坤　徐梦然
责任校对：李小宝　　封面设计：马精明
责任印制：单爱军
保定市中画美凯印刷有限公司印刷
2025年7月第2版第2次印刷
184mm×260mm・15.5印张・390千字
标准书号：ISBN 978-7-111-78150-9
定价：49.00元

电话服务　　　　　　　　网络服务
客服电话：010-88361066　　机　工　官　网：www.cmpbook.com
　　　　　010-88379833　　机　工　官　博：weibo.com/cmp1952
　　　　　010-68326294　　金　书　网：www.golden-book.com
封底无防伪标均为盗版　机工教育服务网：www.cmpedu.com

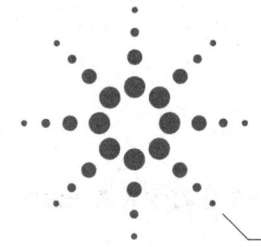

前言

随着物联网技术的不断创新与深化应用,其影响已广泛渗透至智能交通、环境保护、政府管理、公共安全及智能家居等诸多领域。推进新型工业化,加快建设制造强国、质量强国、航天强国、交通强国、网络强国、数字中国,这些目标的实现均离不开物联网技术的强有力支撑。物联网技术作为新一代信息技术的核心代表,不仅已成为推动我国经济发展的新引擎,也极大地催生了对应用型人才的迫切需求。在此背景下,众多职业院校纷纷开设物联网相关专业,以期培养符合市场需求的专业人才。然而,由于缺乏可借鉴的成熟经验,专业建设过程中面临课程体系孤立、实训条件与实际需求脱节、教学资源匮乏等挑战。为紧抓职业教育新一轮改革机遇,我们积极响应时代召唤,精心编写了本书,旨在满足社会发展需求,促进师生共同成长。

1. 本书主要内容

本书在第1版教材的基础上进行修订,精心设计了8个教学项目,包括安装车间照明、报警装置,安装仓库火灾报警系统,安装农业气象站监测系统,安装博物馆温湿度自动控制系统,安装智慧农业无线采集系统,模拟操作智慧小区门禁卡,安装智慧小区安防监控系统,以及安装智能家居环境监测系统。

与第1版教材相比,本书秉持"项目为核心、兴趣为导向"的教学理念,深度整合企业真实项目案例,将其巧妙转化为教学内容,旨在让学生直观感受物联网技术的实际应用场景,通过项目式描述与任务式操作,获得贴近实际的体验与深刻理解。在内容的组织上,更加注重模块化与层次性,每个项目均精心规划了项目描述、学习目标、任务描述、知识准备、任务实施、任务检查、知识补充、知识测评、项目评价、能力拓展及项目报告,构成了一个系统而完整的教学闭环。在任务实施阶段模拟连线环节,不仅提供了"物联网云仿真实训平台"软件进行实操模拟,还创新性地引入了Visio软件作为辅助工具,实现多样化的模拟连线方式,既增强了教学的实践性,又提升了学生的操作灵活性与技能掌握深度。

2. 本书主要特色

1)校企联动,重构模块化教学新内容:本书对标物联网安装调试员、物联网工程实施与运维证书标准,通过企业实践专家职业能力分析列出物联网安装调试工作岗位所需的职业能力清单,依据能力结构设计内容框架,将企业真实的典型项目案例转化为教学内容,以模块化方式构建学习任务,使学生的学习能贴近真实岗位和时代发展要求。

2)虚实协同,推进项目化教学新模式:本书充分利用虚拟仿真操作在教学内容组织、场景预设、自动评测等方面的优势,发挥真实操作在提升学生基础技能、职业素养和协同工作能力方面的作用,以理实结合的方式满足学生的可持续发展需求,构建与完善以项目为导向的"虚实理一体化"工程实训教学模式。

3)资源融合,赋能信息化教学新手段:本书充分利用了信息化教学手段,如微课视频和AR技术拓展学习资源,使学习过程变得生动有趣,显著提升了教学效果。这些资源的引入,打

破传统教学的时空束缚，真正实现了学习的自由化和个性化。

4）引入企业项目资源，综合多所学校所积累的教学经验，通过校企合作的方式来保障内容的科学性、新颖性和适用性。

5）落实立德树人根本任务，坚持知识传授与价值引领相结合。在教学项目与任务设计中有机融入与课程相关的职业责任、团队精神、文化自信、安全意识、工匠精神等内容。在智能物联2.0背景下，本书融合物联网相关国产革新技术培养学生的科技创新意识，增强文化自信。团队项目化系统搭建要求学生形成敬业的职业责任与质量意识，严谨的物联网安全意识，专业的团队协作能力和精益求精的工匠精神。

3. 教学建议

本书建议教师采用信息化教学环境，尽可能地在互动环节中完成教学任务。教学参考学时数为64学时（见下表），最终学时的安排，教师可根据教学计划的安排、教学方式的选择（集中学习或分散学习）、教学内容的增删自行调节。

项目	任务		学时
项目1 安装车间照明、报警装置	任务1	安装LED照明灯	4
	任务2	安装报警灯	2
	任务3	安装自动报警装置	4
项目2 安装仓库火灾报警系统	任务1	安装烟雾、火焰传感器	2
	任务2	安装报警设备	2
	任务3	安装数字量采集器	4
项目3 安装农业气象站监测系统	任务1	安装风速、室内二氧化碳、大气压力传感器	2
	任务2	安装模拟量采集器	4
	任务3	气象数据采集及分析	2
项目4 安装博物馆温湿度自动控制系统	任务1	安装温湿度传感器	2
	任务2	安装数据采集及执行设备	4
	任务3	安装网络传输设备	4
项目5 安装智慧农业无线采集系统	任务1	配置调试ZigBee模块	2
	任务2	安装无线传感网设备	2
项目6 模拟操作智慧小区门禁卡	任务1	安装RFID检测设备	3
	任务2	制作RFID门禁标签	3
项目7 安装智慧小区安防监控系统	任务1	制作网线	2
	任务2	搭建局域网	4
	任务3	配置网络层设备	4
项目8 安装智能家居环境监测系统	任务1	安装采集器及相关设备	4
	任务2	智能家居环境监测数据上云	4

本书由王恒心、张乒乒担任主编，王信约、吴杰、林宝玲、杨佳佳担任副主编，陈乐、蔡敏、郑方方、李江、黄敏恒为参编。其中，王恒心和张乒乒统稿，项目2、8由张乒乒编写，项目4、5由王信约编写，项目3、7由吴杰、王恒心编写，项目1、6由林宝玲、王恒心编写。陈乐、蔡敏、郑方方、李江、黄敏恒负责本书的部分材料的收集和视频制作工作，杨佳佳负责本书的书稿整理工作。本书还得到了北京新大陆时代科技有限公司的大力支持和帮助，在此谨表示衷心的感谢。

由于编者水平有限，书中难免存在不足或疏漏之处，敬请广大读者批评指正。

编　者

二维码索引

序号	视频名称	二维码	页码	序号	视频名称	二维码	页码
1	1-1 安装LED照明灯		7	8	3-2 安装二氧化碳传感器		67
2	1-2 安装报警灯		15	9	4-1 安装温湿度自动控制系统		108
3	1-3 安装人体红外传感器		20	10	6-1 安装与调试RFID设备		162
4	2-1 安装烟雾、火焰传感器		32	11	7-1 制作网线		182
5	2-2 安装报警设备		42	12	7-2 搭建局域网		189
6	2-3 安装数字量采集器		50	13	7-3 LED显示屏安装与调试		189
7	3-1 安装风速传感器		67	14	7-4 配置网络层设备		198

目录

前言

二维码索引

项目1　安装车间照明、报警装置

- 项目描述 ... 1
- 学习目标 ... 2
- 任务1　安装LED照明灯 ... 2
- 任务2　安装报警灯 ... 14
- 任务3　安装自动报警装置 ... 19
- 项目评价 ... 27
- 能力拓展 ... 27
- 项目报告 ... 28

项目2　安装仓库火灾报警系统

- 项目描述 ... 29
- 学习目标 ... 30
- 任务1　安装烟雾、火焰传感器 ... 30
- 任务2　安装报警设备 ... 40
- 任务3　安装数字量采集器 ... 48
- 项目评价 ... 60
- 能力拓展 ... 60
- 项目报告 ... 62

项目3　安装农业气象站监测系统

- 项目描述 ... 63
- 学习目标 ... 64
- 任务1　安装风速、室内二氧化碳、大气压力传感器 ... 65
- 任务2　安装模拟量采集器 ... 76
- 任务3　气象数据采集及分析 ... 85
- 项目评价 ... 94
- 能力拓展 ... 95
- 项目报告 ... 96

项目4　安装博物馆温湿度自动控制系统

- 项目描述 ... 97
- 学习目标 ... 98
- 任务1　安装温湿度传感器 ... 99
- 任务2　安装数据采集及执行设备 ... 107
- 任务3　安装网络传输设备 ... 118
- 项目评价 ... 130
- 能力拓展 ... 131
- 项目报告 ... 132

项目5　安装智慧农业无线采集系统

  项目描述 133
  学习目标 134
  任务1　配置调试ZigBee模块 135
  任务2　安装无线传感网设备 143
  项目评价 153
  能力拓展 154
  项目报告 155

项目6　模拟操作智慧小区门禁卡

  项目描述 157
  学习目标 158
  任务1　安装RFID检测设备 158
  任务2　制作RFID门禁标签 169
  项目评价 176
  能力拓展 177
  项目报告 178

项目7　安装智慧小区安防监控系统

  项目描述 179
  学习目标 180
  任务1　制作网线 181
  任务2　搭建局域网 186
  任务3　配置网络层设备 197
  项目评价 205
  能力拓展 205
  项目报告 206

项目8　安装智能家居环境监测系统

  项目描述 207
  学习目标 208
  任务1　安装采集器及相关设备 209
  任务2　智能家居环境监测数据上云 222
  项目评价 236
  能力拓展 237
  项目报告 237

参考文献

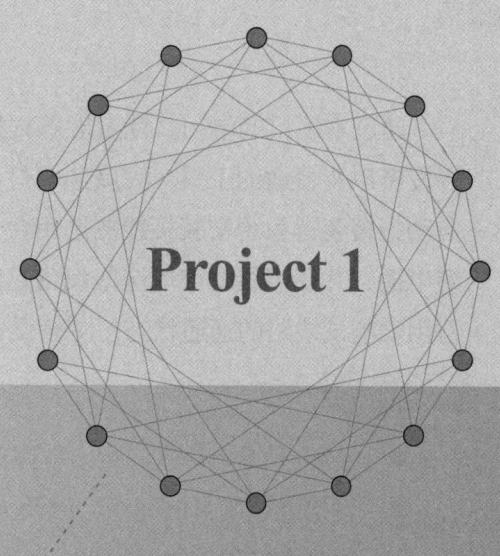

项目 1

安装车间照明、报警装置

项目描述

随着科技的发展，人们越发依赖于各类电器，照明装置更是必不可少的。我国照明装置应用十分广泛，在工业照明、植物照明、家庭照明等起着巨大的作用。目前，照明装置除了提供照明外，还经常被安装到设备上，起到设备运行状态的提醒作用和安全生产的报警提示作用。此外，更是出现了自动报警装置来最大程度地保证安全。本项目中的安装LED照明灯以及自动报警装置系统结构设计如图1-1所示，主要包括继电器、人体红外传感器、报警灯和LED灯。

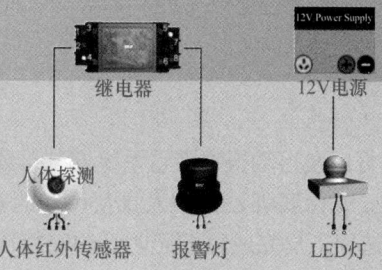

图1-1　LED照明灯以及自动报警装置系统结构设计

通过本项目的学习，读者能够根据照明灯安装接线图和报警灯安装接线图正确选择设备以及合适的工具，完成照明灯和报警灯的安装与接线。同时，读者也能够根据自动报警装置系统安装接线图选用合适的工具正确安装报警灯、人体红外传感器以及继电器，并使用线缆实现这些设备之间的连接。在安装与调试过程中，读者能够使用万用表测试线路的连通状态，测量设备的电压情况。

学习目标

- 了解"7S"专业素养，掌握安全用电知识。
- 会描述照明灯的特点，以及人体红外传感器的用途与工作原理。
- 会列举常用的执行类设备。
- 能根据产品型号、规格参数，准确辨别与核对照明灯、报警灯等设备，完成设备一致性检验。
- 能在教师指导下识读系统结构图、电器元件布置图、安装接线图。
- 能在教师指导下使用虚拟仿真软件或绘图软件，完成照明执行设备、继电器和人体红外传感器的选择和模拟连线。
- 能使用螺丝刀、剥线钳等常用工具完成照明灯、报警灯、人体红外传感器、继电器等设备的安装与接线。
- 能在教师指导下使用万用表测试线路的通断，设备的工作电压。
- 遵守安全用电规范，形成安全用电意识。
- 形成初步的团队协作和操作规范。

任务1　安装LED照明灯

任务描述

LED照明灯以及自动报警装置系统安装接线图如图1-2所示。本任务需要熟悉实训室安全用电操作规范，确保实训过程中人身及设备的安全。认识LED照明灯座、LED照明灯以及安装工具。正确选用工具完成LED照明灯的安装及线路通电测试。

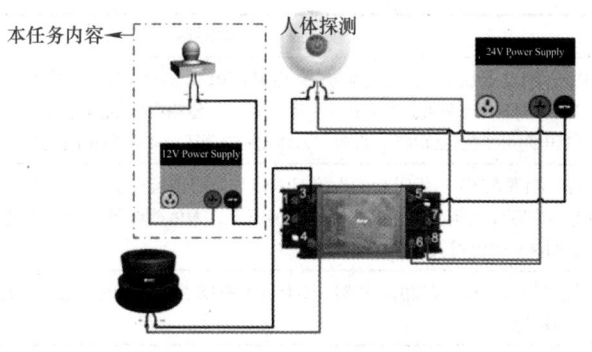

图1-2　LED照明灯以及自动报警装置系统安装接线图

知识准备

一、安全用电

安全用电是研究如何预防用电事故及保障人身和设备安全的一门学问。安全用电包括供电系统的安全、用电设备的安全以及人身安全这三个方面，这三个方面是密切联系的。

想一想

生活中是否看到过小心触电标志？人为什么会触电？人触电一定会死亡吗？

人之所以会触电，是由于人的身体能导电，同时大地也能导电，当人的身体触碰到带电的物体，电流就会通过人体传入大地，从而引起触电。但是，如果人的身体与大地之间有了绝缘，电流就构不成回路，人就不会触电。实验表明，人体的导电情况是不确定的，即人体导电情况与人体所处的季节、环境以及人体自身的情绪、人体的部位等因素有关。

（1）触电种类

触电可分为直接接触触电和间接接触触电。直接接触触电又分为低压触电（单线触电、双线触电）和高压触电（高压电弧触电、跨步电压触电）。

（2）影响触电时危害大小的因素

触电时电流对人体的伤害程度与电流大小、电流持续时间、电流流经途径、人体电阻、电流频率、人体状况等因素有关。具体见表1-1。

表1-1　影响触电时危害大小的因素

影响因素	具体说明
电流大小	电流的大小直接影响人体触电的伤害程度。根据人体对电流的反应，习惯上将触电电流分为感觉电流、摆脱电流、致命电流。其中，感觉电流是指人能够感觉到的最小电流，摆脱电流是指人体可以摆脱掉的最大电流，致命电流是指能够致死的最小电流。实验表明，当通过人体的电流达到50mA以上时，心脏会停止跳动，可能导致死亡
电流持续时间	人体触电时间越长，电流对人体产生的热伤害、化学伤害及生理伤害越严重
电流流经途径	电流通过头部可使人昏迷；通过脊髓可能导致瘫痪；通过心脏会造成心跳停止，血液循环中断；通过呼吸系统会造成窒息。因此，从左手到胸部是最危险的电流路径，从手到手和从手到脚是次危险的电流路径，从脚到脚是危险性较小的电流路径

(续)

影响因素	具体说明
人体电阻	在一定电压作用下，流过人体的电流与人体电阻成反比。人体电阻由人体皮肤电阻和体积电阻构成。其中，人体皮肤电阻与皮肤状态有关。当皮肤在干燥、洁净、无破损的情况下，电阻可高达几十kΩ，但皮肤在潮湿的情况下，其电阻可能在1kΩ以下。此外，人体皮肤电阻还与皮肤的粗糙程度有关
电流频率	一般来说，频率在25～300Hz的电流对人体触电的伤害程度最为严重。低于或高于此频率段的电流对人体触电的伤害程度明显减轻。故在高频情况下，人体能够承受更大的电流作用。目前，医疗上采用20kHz以上的高频电流对人体进行治疗
人体状况	电流对人体的伤害作用与性别、年龄、身体及精神状态有很大的关系。一般女性比男性对电流更敏感；小孩比大人更敏感

（3）安全电压

安全电压是为防止人身电击事故，采用由特定电源供电的电压系列，一般环境条件下允许持续接触的"安全特低电压"是36V，但在潮湿的环境下，安全电压应该低于36V，因为在这种情况下，人体皮肤的电阻变小，这时加在人体两部位之间的电压即使是36V也是危险的。所以，这时应该采用更低的24V或12V才安全。具体安全电压值及其应用场所见表1-2。

表1-2 安全电压值及其应用场所

电压等级	应用场所
42V	有触电危险的手持电动工具
36V	比较干燥的一般场所
24V	潮湿、有导电金属粉尘等场所
12V	特别潮湿、金属容器等人体有可能大面积接触带电体的场所
6V	水下作业

（4）家庭电路安全用电

日常生活中用电是必不可少的，家庭中的用电安全需要格外引起重视，安全用电必须做到"四不"：不接触低压带电体、不靠近高压带电体、不弄湿用电器、不损坏绝缘层。特别应该注意那些本来不带电的物体带了电或本来绝缘的物体变成了导体，如图1-3所示。除此之外，生活中还需要特别注意：

1）防止灯座、插头、电线等绝缘部分损坏。

2）保持绝缘部分干燥。

3）避免电线与其他金属物接触。

4）定期检查并及时维修线路及用电设备。

5）有金属外壳的家用电器，外壳一定要接地。

图1-3 绝缘体变成为导体

> **想一想**
>
> 生活中的安全用电方面，还有哪些地方值得注意？

（5）认识测电笔

1）认识测电笔构造。图1-4所示为普通测电笔的结构。

图1-4　测电笔结构

2）测电笔的作用：①辨别火线和零线；②检测待测物体是否带电。

3）测电笔的正确使用方法如图1-5所示。

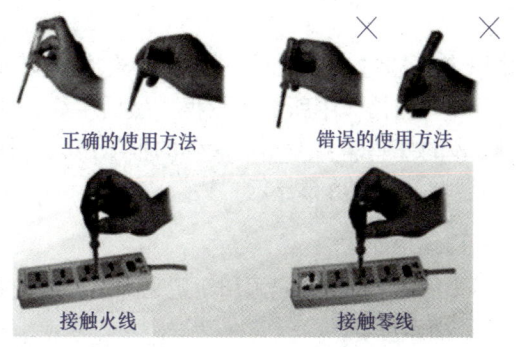

图1-5　测电笔的正确使用方法

二、正确使用数字万用表

1. 认知数字万用表常见档位功能

数字万用表常见的使用档位如图1-6所示。

2. 电压的测量

（1）直流电压的测量

第一步，正确进行表笔插接，即将黑表笔插进"COM"孔，红表笔插进"VΩ"孔。第二步，选择正确的量程，即把旋钮旋转到比估计值大的量程（注意：表盘上的数值均为最大量程，"V-"表示直流电压档，"V~"表示交流电压档，"A"表示电流档）。最后，将红、黑表笔接待测电源或电池的两端并保持接触稳定，此时电压数值可以直接从显示屏上读取，如图1-7所示。若显示屏上并没有正确显示电压数值，而是显示为"1."，则表明量程太小，那么就要加大量程后重新测量待测目标。此外，若在数值左边出现"-"，则表明表笔极性与实际电源极性相反，即此时红表笔接的是负极，那么需要重新插接红黑表笔。

（2）交流电压的测量

首先正确插接表笔，表笔插接方法与上面测量直流电压描述的一样。然后选择正确的量程，将旋钮旋转到交流档"V~"处所需的量程。交流电压无正负极之分，测量方法与上面测量直流电压相同。最后，无论用万用表测交流电压还是直流电压，都要注意人身安全，不要随便用手触摸表笔的金属部分。

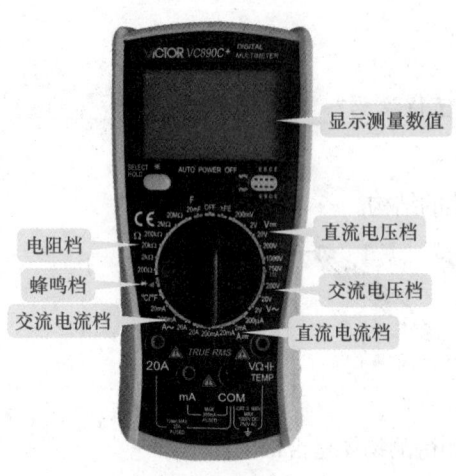

图1-6 数字万用表常见的使用档位

图1-7 直流电压测量

3. 测量线路是否导通

首先插接表笔,即将黑表笔插进"COM"孔、红表笔插进"VΩ"孔中。然后正确选择量程,即把旋钮旋转到"蜂鸣器档"中所需的量程。最后用红、黑表笔分别接待测线路的两端。如果线路导通,万用表的蜂鸣器会发出"滴"的报警声,并且数字万用表屏幕上显示"001.2",否则蜂鸣器不会响,液晶屏幕显示"1."。

三、照明装置介绍

照明装置按照光源的不同可以分为传统光源和新型光源。传统光源主要包括白炽灯、荧光灯等,新型光源包括LED灯、卤素灯等。

白炽灯是一种早期使用的光源,它通过加热灯丝来发光,具有寿命短、功率大、发热量高等缺点。荧光灯通过荧光粉的发光来实现照明,具有寿命长、节能等特点。LED灯是红外、紫外等光谱的累加效果,可以调配出各种颜色,寿命非常长,耗能更低,发热量也较小,被誉为最为节能的一种光源。卤素灯是一种高效节能的照明装置,其光源是卤素钨丝,具有寿命长、亮度高、光色柔和等特点。在家庭中,人们使用的主要是LED灯等新型光源,它们具有寿命长、节能、外观美观等特点。LED灯的应用也随处可见,小到手电筒、红绿灯、报警灯和液晶电视机等,大到明亮鲜艳的背光LED和景区照明等。

> **动一动**
>
> 1. 检查物联网实训工位并上电,然后使用测电笔正确检测物联网实训工位是否已经正常通电。
>
> 2. 能否在实训室里找到图1-8所示的实物?并在图片下方写出其对应的名称。
>
>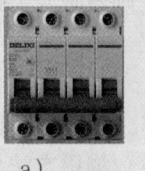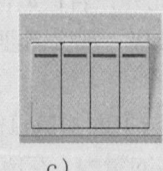
>
> a)____ b)____ c)____ d)____ e)____
>
> 图1-8 各类开关
>
> 3. 用手分别触摸一节干电池的正负极,体验是否有触电的感觉?

任务实施

使用虚拟仿真软件,完成照明执行设备的选择和模拟连线,正确选择照明灯、灯座、螺钉、螺母、垫片,使用螺丝刀、剥线钳等常用工具完成照明灯的安装与接线。

1-1　安装LED照明灯

一、模拟连线

建议使用"物联网云仿真实训平台"软件或"Microsoft Visio"软件完成LED灯的模拟连线。

1. 使用"物联网云仿真实训平台"软件模拟连线

使用"物联网云仿真实训平台"软件,完成LED灯连接。

步骤一:打开仿真软件。

单击"NLE.CloudEmulator.exe"文件打开仿真软件,如图1-9所示。

图1-9　主程序所在位置

打开软件后界面如图1-10所示。

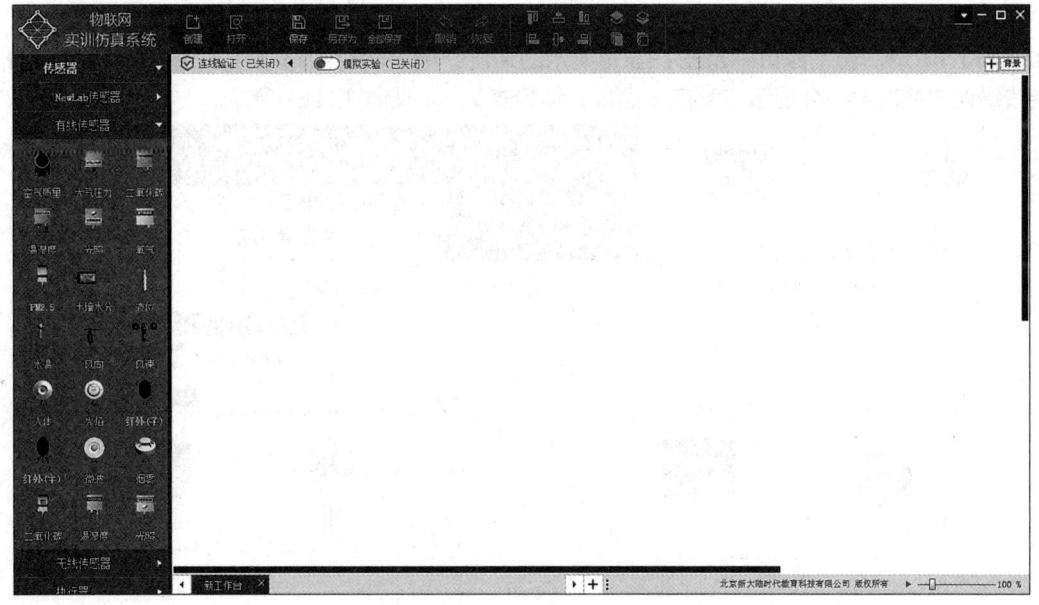

图1-10　虚拟仿真软件界面

步骤二：设备选型。

在仿真软件中打开左侧设备选型区中的"负载"列表，选择"灯泡"设备，如图1-11所示，并将"灯泡"拖入工作台，如图1-12所示。

打开左侧设备选型区中的"电源"列表，如图1-13a所示，然后将"12V电源"拖入工作台中，那么此时工作台中就包含一个"灯泡"以及一个"12V电源"，如图1-13b所示。

图1-11 选择"灯泡"设备

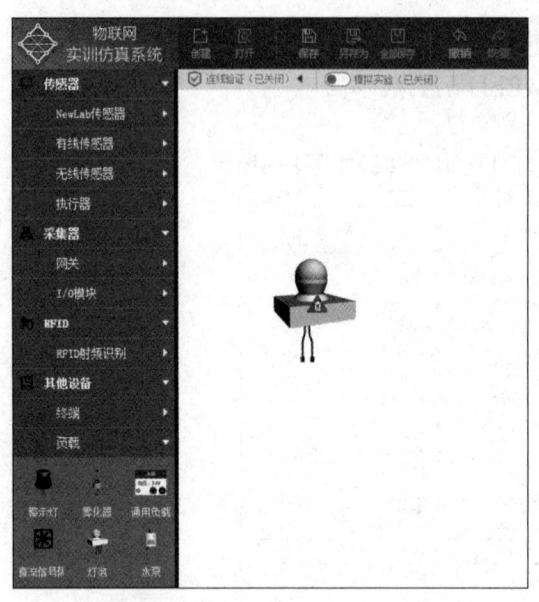

图1-12 将"灯泡"拖入工作台

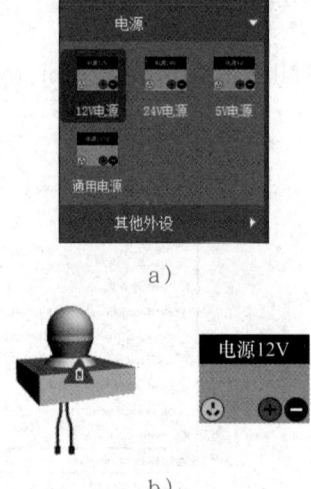

a)

b)

图1-13 将"12V电源"拖入工作台

步骤三：线路连接。

如图1-14所示，正确连接灯泡线路。连接完成后，单击"连线验证"按钮，开启验证，如图1-15所示。若工作台中是图1-16a所示的情况，则表明有线路接线未完成；当出现线路接线错误的情况时，会提示"验证未通过，请检查！"，如图1-16b所示。

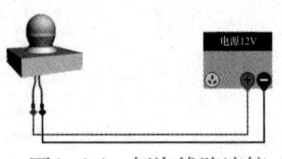

图1-14 灯泡线路连接

图1-15 连线验证开启

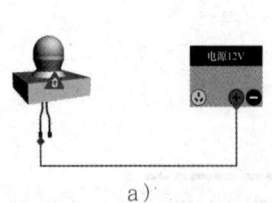

a)

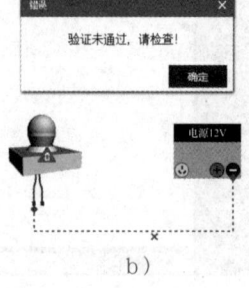

b)

图1-16 灯泡线路连接状态

步骤四：功能测试。

单击"模拟实验"按钮，如图1-17a所示，灯亮起后效果如图1-17b所示。

 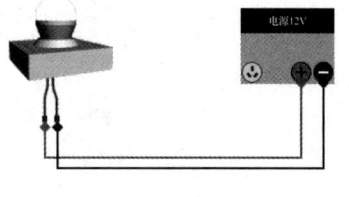

a) b)

图1-17 功能测试

2. 使用"Microsoft Visio"软件模拟连线

使用"Microsoft Visio软件"，完成LED灯连接。

步骤一：新建文件与导入模具。

打开Visio软件，执行"文件"→"新建"→"基本框图"命令，新建一个Visio文件，如图1-18所示。

导入Visio模具，执行"更多形状"→"打开模具"命令，然后选择模具文件存放的目录，单击打开，如图1-19所示。

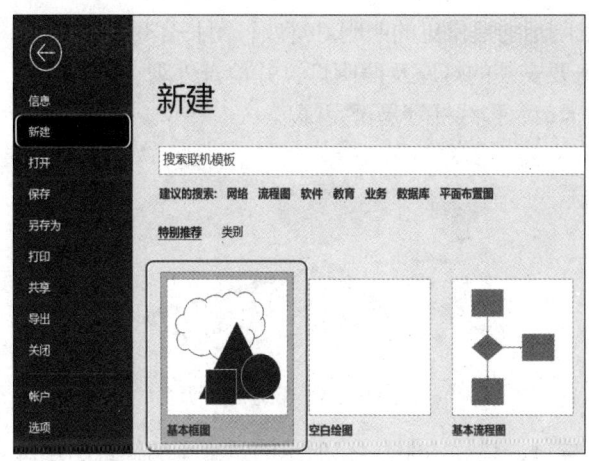 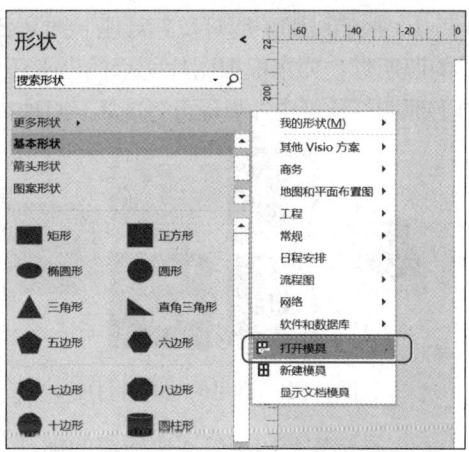

图1-18 Microsoft Visio软件新建文件　　　　图1-19 导入模具

步骤二：布置模具。

在模具库中选择"LED灯"和"12V电源"，拖至文件空白区域，如图1-20所示。

图1-20 将"LED灯"以及"12V电源"拖入空白区域

步骤三：线路连接。

单击"工具"中的"连接线"，正确连接照明灯线路，如图1-21所示。

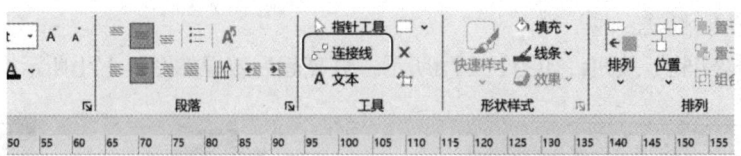

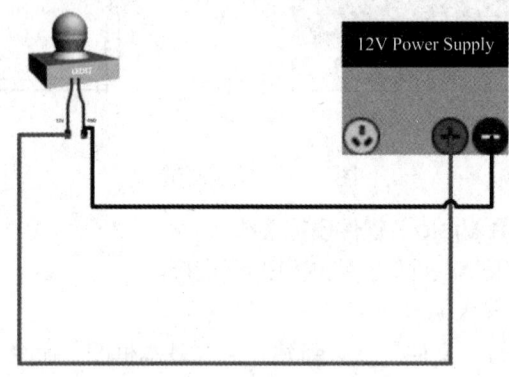

图1-21 照明灯线路连接

二、设备搭建

步骤一：设备选型。

1）挑选LED照明灯及其灯座。图1-22所示的是常见的照明灯灯座，图1-23所示的为常见的照明灯，要求根据图片所示找出本任务要安装的灯座及照明灯，并检查外观，主要检查LED照明灯及灯座外观是否有损坏，灯座内卡口、接线柱等是否完好。

图1-22 常见的照明灯灯座　　　　　　　图1-23 常见的照明灯

2）挑选安装照明灯底座所需的螺钉、螺母、垫片。图1-24所示的是常见的螺钉、螺母以及垫片的型号，要求根据图片所示找出本任务安装所需M4型号的螺钉、螺母、垫片。

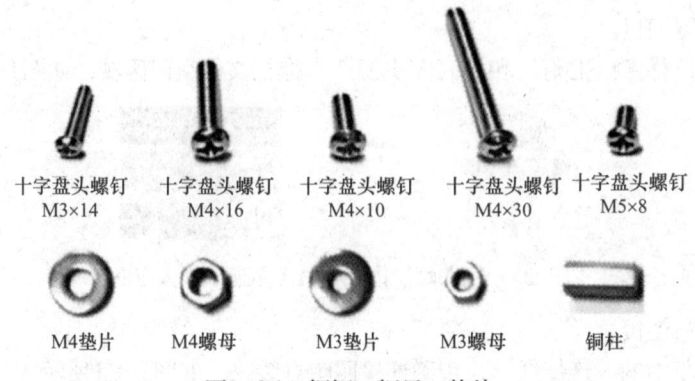

图1-24 螺钉、螺母、垫片

步骤二：安装照明灯底座。

1）拆开面板。图1-25所示的是不同种类的螺丝刀，要求挑选合适的一字螺丝刀，用螺丝刀轻按旁边的卡扣，将LED照明灯的面板拆开，拆开后如图1-26所示。

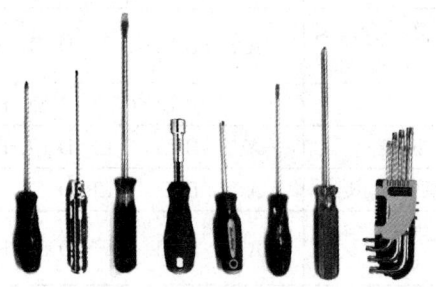

图1-25 常见的螺丝刀

图1-26 拆开面板后的照明灯底座

2）固定底座。用不锈钢十字盘头螺钉（M4×16）固定底座，将灯座底板固定在实训平台架子上。

3）制作连接LED照明灯线路的导线。图1-27所示的是常见剪线工具，要求挑选合适的工具，将红黑导线两端各剥除适当长度的绝缘皮，注意操作过程中不应损伤导线的线芯。

4）连接LED照明灯线路。参照图1-28所示的LED照明灯线路连线图，挑选合适的螺丝刀，用制作好的导线将LED灯座连接到电源插孔。

5）检测线路连接情况。同一小组成员相互检查照明灯线路连接情况，然后使用数字万用表蜂鸣档测试线路连接情况，若正确无误，则可以盖上面板。

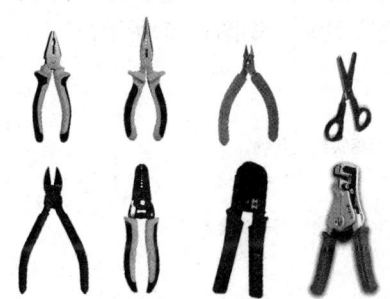

图1-27 常见剪线工具

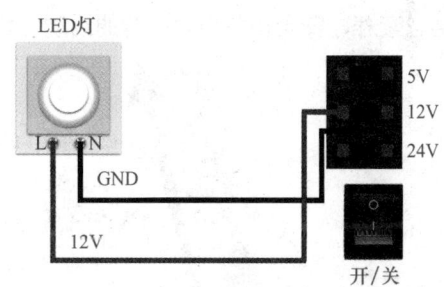

图1-28 LED照明灯线路连线示意图

步骤三：安装LED灯并测试。

将LED灯泡旋到灯座上，如图1-29所示，然后将实训工位的稳压电源开关开启，观察此时LED灯泡的亮灭情况。使用数字万用表电压档测量灯泡的供电电压。记录测试出来的电压值为_____V。

图1-29 LED灯安装

任务检查

参照任务完成情况检查表1-3，团队成员相互检查、评价。每项评价内容分五档打分，A-优秀，B-良好，C-一般，D-合格，E-不合格。

表1-3 任务完成情况检查表

检查内容	检查结果
会陈述照明灯的特点、应用领域和组成结构	A□ B□ C□ D□ E□
能正确找到实训设备中的照明灯、灯座	A□ B□ C□ D□ E□
能根据产品型号、规格参数（电压、大小等参数）正确选择照明灯、灯座、螺丝刀、螺钉等设备和工具	A□ B□ C□ D□ E□
能在教师的指导下识读照明灯安装接线图	A□ B□ C□ D□ E□
能在教师指导下使用虚拟仿真软件，完成照明执行设备的选择和模拟连线	A□ B□ C□ D□ E□
能使用螺丝刀、剥线钳等常用工具在教师示范操作下完成照明灯的安装与接线	A□ B□ C□ D□ E□
能在教师指导下使用数字万用表测试线路的通断以及设备的通电电压（工位的设备供电电压）	A□ B□ C□ D□ E□
线缆连接正确、牢固、规范，无露铜现象	A□ B□ C□ D□ E□
照明灯安装正确、牢固	A□ B□ C□ D□ E□
完成任务后工具正常归位并摆放整齐	A□ B□ C□ D□ E□
完成任务后工位及周边的卫生环境整洁	A□ B□ C□ D□ E□

知识补充

职业素养——7S

学习者在实训室要严格遵守实训室相关的管理制度，并以"7S"为标准形成良好的职业素养。

"7S"是指整理、整顿、清扫、清洁、素养、安全和速度/节约，开展以整理、整顿、清扫、清洁、素养、安全和节约为内容的活动，称为"7S"活动，如图1-30所示。

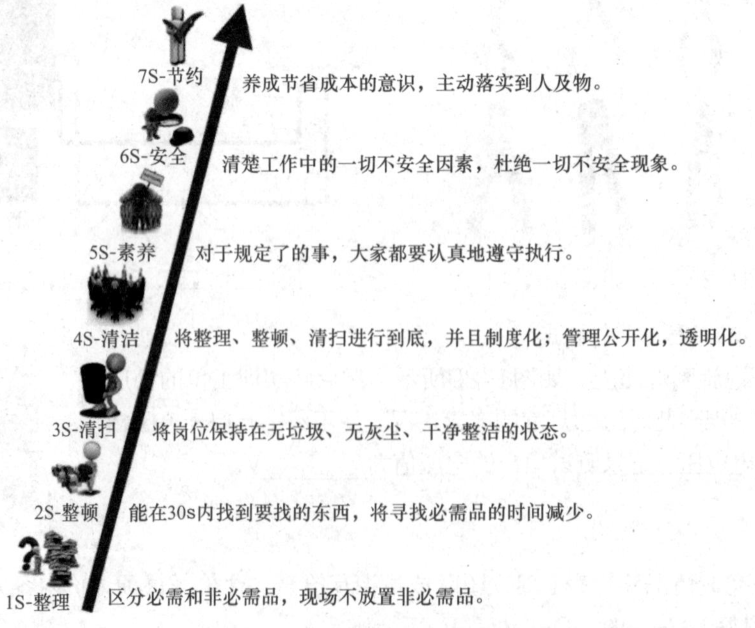

7S-节约　养成节省成本的意识，主动落实到人及物。
6S-安全　清楚工作中的一切不安全因素，杜绝一切不安全现象。
5S-素养　对于规定了的事，大家都要认真地遵守执行。
4S-清洁　将整理、整顿、清扫进行到底，并且制度化；管理公开化，透明化。
3S-清扫　将岗位保持在无垃圾、无灰尘、干净整洁的状态。
2S-整顿　能在30s内找到要找的东西，将寻找必需品的时间减少。
1S-整理　区分必需品和非必需品，现场不放置非必需品。

图1-30 "7S"活动内容

"7S"活动的详细内容及目的见表1-4。

表1-4 "7S"活动的详细内容及目的

7S	详细内容	目的
整理	对生产现场的各种物品进行分类,区分什么是现场需要的,什么是现场不需要的;对于现场不需要的物品,诸如用剩的材料、多余的工具、报废的设备、个人生活用品等,要坚决清理出生产现场	增加作业面积、保证物流畅通、防止误用等
整顿	通过前一步整理后,对生产现场需要留下的物品进行科学合理的布置和摆放,以使用最快的速度取得所需之物;在最有效的规章、制度和最简捷的流程下完成作业	使工作场所整洁明了,一目了然,减少取放物品的时间,提高工作效率,保持井井有条的工作秩序区
清扫	把工作场所打扫干净,设备异常时马上修理,使之恢复正常。脏的现场会使设备精度降低,故障多发,影响产品质量,使安全事故防不胜防;脏的现场更会影响人们的工作情绪,使人不愿久留。因此,通过清扫活动来创建一个明快、舒畅的工作环境是必要的	使员工保持一个良好的工作情绪,并保证产品品质的稳定,最终达到企业生产零故障和零损耗
清洁	整理、整顿、清扫之后要认真维护,使现场保持最佳状态。清洁,是对前三项活动的坚持与深入,从而消除发生安全事故的根源	使整理、整顿和清扫工作成为一种惯例和制度,是标准化的基础,也是一个企业形成企业文化的开始
素养	素养即教养。努力提高人员的素养,养成严格遵守规章制度的习惯和作风,这是"7S"活动的核心。没有人员素质的提高,各项活动就不能顺利开展,即使开展了也坚持不了	通过素养的培养,引导员工自觉遵守规章制度,养成良好的工作习惯
安全	清除隐患,排除险情,预防事故的发生	保障员工的人身安全,保证生产的连续、安全、正常进行,同时减少因安全事故而带来的经济损失
节约	以自己就是主人的心态对待企业的资源;能用的东西尽可能利用;切勿随意丢弃,丢弃前要思考其剩余的使用价值。节约是对整理工作的补充和指导	对时间、空间、能源等方面合理利用,以发挥它们的最大效能,从而创造一个高效率的、物尽其用的工作场所

知识测评

1. 在家庭中,_____可以有效预防电器火灾。
   A. 使用破损的电线和插座
   B. 长期不拔出不需要使用的电器插头
   C. 定期检查电器和电线是否老化或损坏
   D. 将多个电器连接到同一个多用插座上,不考虑插座的功率限制

2. 使用数字万用表测量电压时,下面操作正确的是_____。
   A. 将红表笔接入COM孔,黑表笔接入VΩ孔
   B. 将红表笔和黑表笔随意接入任何孔
   C. 只使用红表笔进行测量
   D. 只使用黑表笔进行测量

3. 测电笔的主要作用是_____。
   A. 测量电路中的电压大小
   B. 检测电路是否带电

C．检测电路中的电流方向

D．测量常用LED照明灯的电阻值

4．在照明灯使用寿命方面，下面选项中说法正确的是_____。

A．LED照明灯的使用寿命通常比传统照明灯短

B．LED照明灯的使用寿命通常比传统照明灯长

C．两者使用寿命相差无几

D．使用寿命取决于使用场景

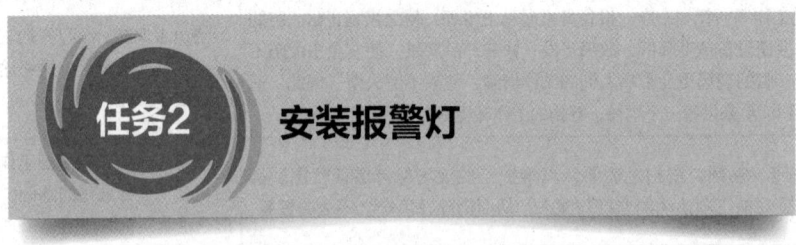

任务2　安装报警灯

任务描述

LED照明灯及自动报警装置系统安装接线图如图1-31所示，本任务需要认知物联网走线槽和报警灯，选用工具完成走线槽、报警灯的安装并进行线路通电测试。

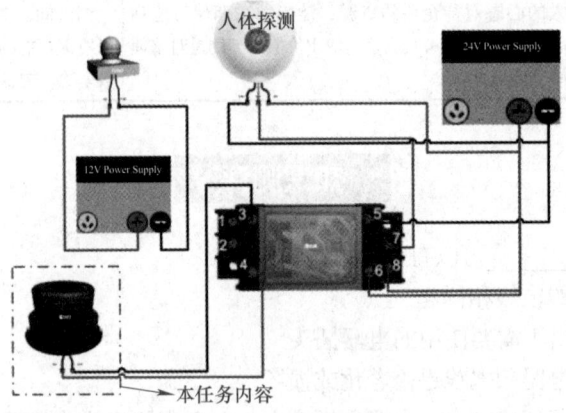

图1-31　LED照明灯及自动报警装置系统安装接线图

知识准备

一、线槽

线槽又名走线槽、配线槽、行线槽（因地方而异），是用来将电源线、数据线等线材规范整理，固定在设备安装架子、墙上或者天花板上的电工用具。

根据材质的不同，线槽可划分多种，常用的有环保PVC线槽、无卤PPO线槽、无卤PC/ABS线槽、钢铝等金属线槽等。图1-32所示是一些常见的走线槽。

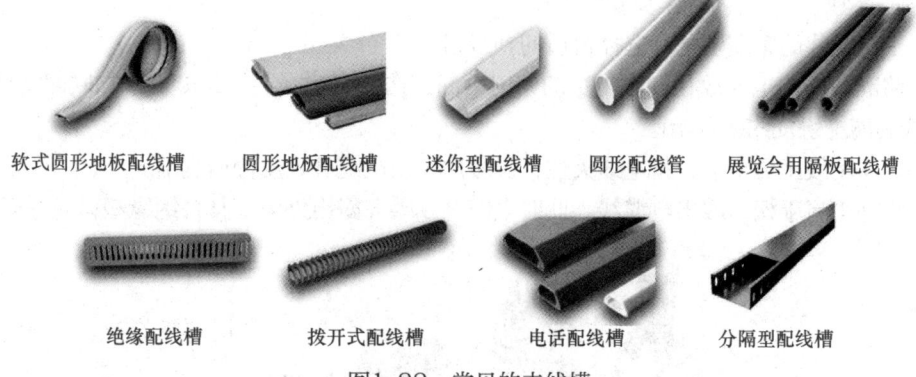

图1-32 常见的走线槽

二、报警灯

报警灯是利用电路控制和光源发光原理而设计制作的安全警示设备，它可通过闪烁或发出明亮的光束，传递紧急信息，提醒人们注意安全。它被广泛应用于各种场合，如工厂车间、医院、商店、学校、机场等。报警灯的外观如图1-33所示。

报警灯具有高亮度、节能以及稳定可靠等特点。首先，报警灯的光源选用超高亮度固态免维护LED光源，光效高。其次，报警灯采用优良的芯电路设计，声音和声光两种工作模式能够任意转换，声音报警声强高达115dB以上，穿透能力强。此外，报警灯采用先进的光学软件和优化的结构密封设计，外壳选用工程塑料，能经受强力的碰撞和冲击，确保灯具在恶劣的环境中也能长期稳定、可靠地工作。

图1-33 报警灯的外观

三、布线规范

规范布线具有保证安全性、便于后期线路检查等优点。手工布线时，应满足线路平直、整齐，紧贴敷地面，走线合理和接点不得松动等要求。具体布线要求有：

1）走线通道应尽可能少。

2）同一平面的导线应高低一致或前后一致，不能交叉。当必须交叉时，可水平架空跨越，但必须走线合理。

3）布线应横平竖直，变换走向应垂直90°。

4）导线与接线端子连接时，应不压绝缘皮。

5）一个接线端子上的连接导线不得超过两根。

6）布线时，严禁损伤线芯和导线绝缘皮。

7）导线截面不同时，应将截面大的放在下层，截面小的放在上层。

8）如果线路简单可不套编码套管。

任务实施

正确选用工具完成走线槽、报警灯的安装并进行线路通电测试。

1-2 安装报警灯

一、剥线与导线连接

1. 剥线钳的使用

使用剥线钳剥线主要包括展开剥线钳、选择适合的尺寸、用力钳住线、向外拉扯这四个步骤，如图1-34所示。具体操作步骤如下：

1）根据缆线的粗细型号，选择合适的剥线刀口。

2）将准备好的电缆放在剥线工具的刀刃中间，选择好要剥线的长度。本物联网实训工位所需导线剥离绝缘皮约0.8cm。

3）握住剥线工具手柄，将电缆夹住，缓缓用力使电缆外表皮慢慢剥落。

4）松开工具手柄，取出电缆线。此时电缆金属整齐露出外面，其余绝缘塑料完好无损。

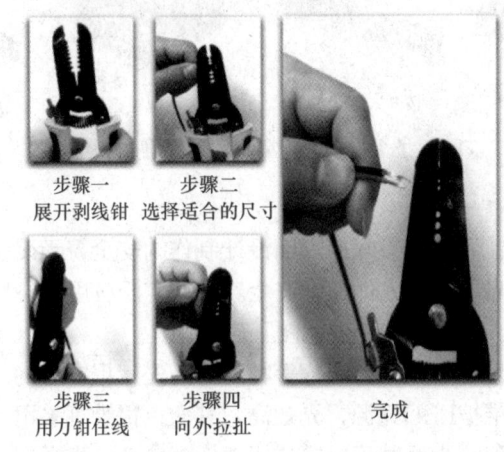

图1-34 剥线钳使用示意图

2. 导线连接

导线连接是一项基本且十分重要的操作。导线连接的质量直接关系到整个线路能否安全可靠地长期运行。导线连接的基本要求是：连接牢固可靠、接头电阻小、机械强度高、耐腐蚀耐氧化、电气绝缘性能好。所需连接的导线种类和连接形式不同，其连接的方法也不同。常用的连接方法有绞合连接、紧压连接、焊接等。连接前应小心地剥除导线连接部位的绝缘皮，不可损伤其芯线。

其中，绞合连接是指将所需连接的导线的芯线直接紧密绞合在一起，铜导线常用绞合连接。绞合连接的方法步骤如图1-35所示，首先将两导线的芯线线头作X形交叉，再将它们相互缠绕2～3圈后扳直两线头，最后将每个线头在另一芯线上紧贴密绕5～6圈后再剪去多余线头。

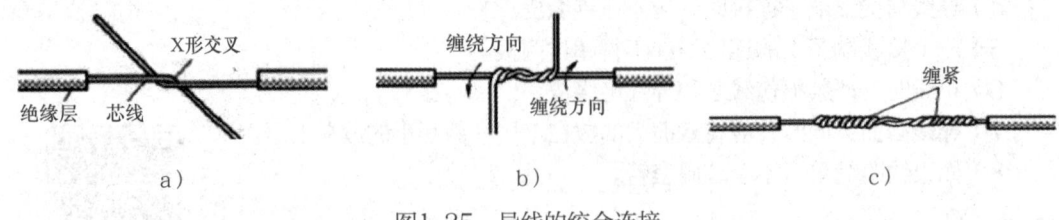

图1-35 导线的绞合连接

二、报警灯的安装及通电

步骤一：正确安装走线槽。

1）挑选物联网实训工位走线槽。参考图1-32所示的各种常见的走线槽，选出与物联网实训工位配套的走线槽。

2）裁剪合适的走线槽。根据物联网实训工位的设备安装铁架尺寸，从任务1介绍的各类工具中挑选合适的工具，制作适当长度的走线槽，该走线槽需要安装在实训工位铁架四周，方便后期设备安装后走线。剪裁后的走线槽如图1-36所示。

图1-36 剪裁后的走线槽

3）安装走线槽。根据上一步制作完成的走线槽尺寸，去挑选合适尺寸的螺钉、螺母以及垫片，并从任务1介绍的各类工具中挑选合适的工具，完成物联网实训工位铁架四周走线槽的安装。走线槽的安装可分四步，即放置走线槽、穿螺钉、放垫片和螺母固定。

步骤二：安装报警灯。

1）挑选报警灯。参照图1-37所示的常见报警灯，找出本次实训要安装的报警灯并进行外观检查，主要观察报警灯外观是否有损坏，报警灯外接的延长线等是否完好。

图1-37 常见报警灯

想一想

为什么报警灯外接的延长线要使用一红一白的导线？

2）查看报警灯的参数。观察报警灯外观，查看其所贴的产品参数标签，填写物联网实训室所使用的报警灯的核定工作电压是_____V。

3）安装报警灯。从任务1介绍的各类工具中挑选合适的工具并正确挑选合适尺寸的螺钉、螺母以及垫片，将报警灯固定在实训平台架子上，注意留出报警灯外接延长线，可参考图1-38所示。

步骤三：连接电源并测试。

连接报警灯电源过程为：

1）根据报警灯延长线与实训工位稳压电源接线端子的距离，剪取长度适宜的一根红黑平行导线。

图1-38 报警灯安装效果

2）使用剥线钳，将红黑导线两端剥掉约0.8cm的绝缘皮。

3）使用剥线钳，将报警灯原本的外接延长线剥掉约0.8cm的绝缘皮。

4）使用红黑导线，将报警灯原本的外接延长线连接延长，注意：红黑平行线的红线接报警灯的红色延长线，红黑平行线的黑线接报警灯的白色延长线。

5）将红黑延长线连接到实训工位的稳压电源24V处，如图1-39所示。

6）检测线路连接情况，同一小组成员相互检查各种线路连接情况。

7）将连接线塞进线槽。

8）盖上线槽盖。

上述操作完成后，将实训工位的稳压电源开关开启，观察此时报警灯的亮灭情况。

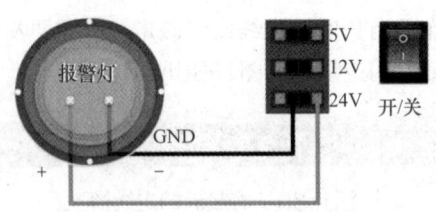

图1-39 报警灯线路连线图

任务检查

参照任务完成情况检查表1-5,团队成员相互检查、评价。每项评价内容分五档打分,A-优秀,B-良好,C-一般,D-合格,E-不合格。

表1-5 任务完成情况检查表

检查内容	检查结果
会陈述报警灯的特点、应用领域和组成结构	A□ B□ C□ D□ E□
能根据实训室工位情况,正确选择走线槽并进行走线槽的裁剪及安装	A□ B□ C□ D□ E□
能正确认识报警灯,并能根据产品型号、规格参数,正确选择实训所需的报警灯设备	A□ B□ C□ D□ E□
能在教师指导下识读报警灯安装接线图	A□ B□ C□ D□ E□
能正确使用剥线钳	A□ B□ C□ D□ E□
能使用螺丝刀、剥线钳等常用工具在教师示范操作下完成报警灯的安装与接线	A□ B□ C□ D□ E□
能在教师指导下使用数字万用表测试线路的通断以及设备的通电电压(工位的设备供电电压)	A□ B□ C□ D□ E□
线缆连接正确、牢固、规范,无露铜现象	A□ B□ C□ D□ E□
报警灯安装正确、牢固	A□ B□ C□ D□ E□
完成任务后工具正常归位并摆放整齐	A□ B□ C□ D□ E□
完成任务后工位及周边的卫生环境整洁	A□ B□ C□ D□ E□

知识测评

1. 报警灯的主要作用是_____。
   A. 指示设备的工作状态　　　　B. 发出警报声
   C. 提供照明　　　　　　　　　D. 显示时间

2. 使用剥线钳时,首先应做的是_____。
   A. 将剥线钳调整到合适的开口大小　　B. 直接将电线放入剥线钳
   C. 用力握住剥线钳手柄　　　　　　　D. 观察剥线钳的颜色

3. 布线时,下面做法正确的是_____。
   A. 将多根电线随意捆绑在一起　　B. 使用合适的线夹或线槽固定电线
   C. 任意弯曲电线以增加长度　　　D. 在电线裸露部分使用绝缘胶带包裹

任务3　安装自动报警装置

任务描述

LED照明灯以及自动报警装置系统安装接线图如图1-40所示。本任务需要认知人体红外线传感器和继电器,选用工具完成人体红外线传感器、继电器以及报警灯的安装与接线,最终实现自动报警的功能。

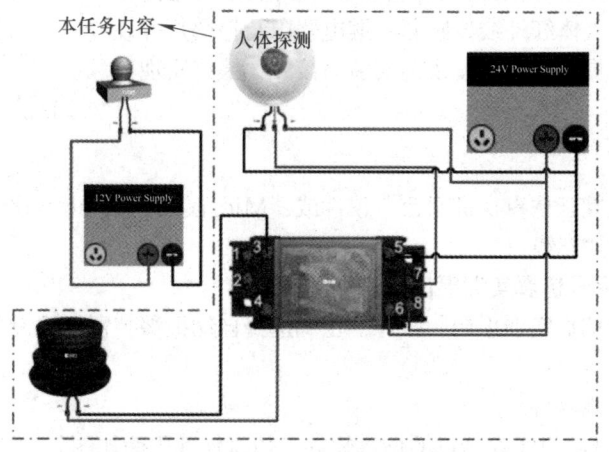

图1-40　LED照明灯以及自动报警装置系统安装接线图

知识准备

一、人体红外线传感器

人体红外线传感器能够通过红外线技术感知附近空间中是否存在人体,可用于人体感应自动化、智能安防等场景,具有灵敏度高、可靠性强、低功耗的特点。

人体红外线传感器如图1-41所示,传感器两边的引脚分别接入电源的负极和正极,一旦有人进入感应范围,中间的输出引脚就会输出高电平,而在人离开感应范围后则自动延时停止输出高电平,转而输出低电平。

二、电磁式继电器

继电器是一种电控制器件,是当输入量(激励量)的变化达到规定要求时,在电气输出电路中使被控量发生预定的阶跃变化的一种电器。通常应用于自动化的控制电路中,相当于用小电流去控制大电流运作的一种"自动开关",故在电路中起着自动调节、安全保护、转换电路等作用。

图1-42是电磁式继电器的示意图,其中,端子1和2是常闭端,端子3和4是常开端,端子5和6是COM端,端子7和8是线圈的正负极端。

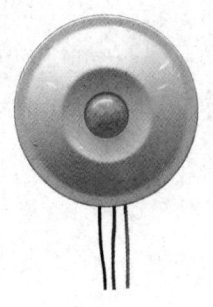

图1-41 人体红外线传感器

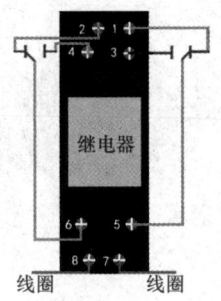

图1-42 电磁式继电器示意图

任务实施

使用虚拟仿真软件,完成自动报警装置相关设备的选择和模拟连线,正确选择人体红外线传感器、继电器以及报警灯等设备,并选择合适的工具完成这些设备的安装与接线,最终实现自动报警的功能。

1-3 安装人体红外传感器

一、模拟连线

建议使用"物联网云仿真实训平台"软件或"Microsoft Visio"软件完成自动报警装置相关设备的选择和模拟连线。

1. 使用"物联网云仿真实训平台"软件模拟连线

使用"物联网云仿真实训平台"软件,正确选择自动报警装置相关设备并完成这些设备之间的模拟连线。

步骤一:打开仿真软件。

打开本项目任务1中已经安装过的仿真软件,仿真软件界面如图1-43所示。

图1-43 虚拟仿真软件界面

步骤二：设备选型。

在仿真软件中打开左侧设备选型区中的"有线传感器"列表，选择"人体"设备，如图1-44所示，并将"人体"拖入工作台中。打开"执行器"列表，选择"继电器"设备，如图1-45所示，并将"继电器"拖入工作台中。打开"负载"列表，选择"警示灯"设备，如图1-46所示，并将"警示灯"拖入工作台中。最后打开"电源"列表，选择"24V电源"，如图1-47所示，并将其拖入工作台中。此时工作台中就包含"人体""继电器""警示灯"以及"24V电源"。

步骤三：线路连接以及功能测试。

如图1-48所示，正确连接各设备之间的线路。连接完成后，单击"连线验证"按钮，开启验证，如图1-49所示。验证成功后，再单击"模拟实验"按钮，检测自动报警装置功能，如图1-50所示。

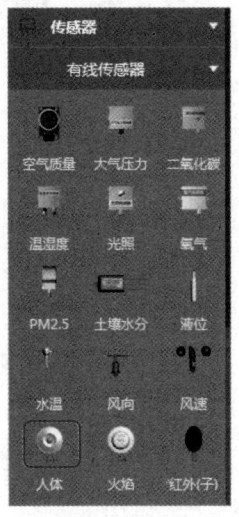

图1-44 选择"人体"设备

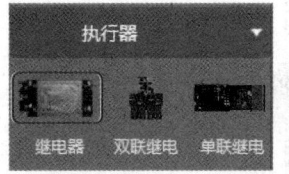

图1-45 选择"继电器"设备

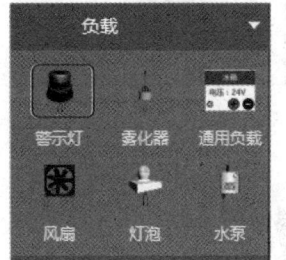

图1-46 选择"警示灯"设备

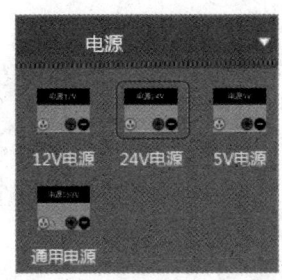

图1-47 选择"24V电源"

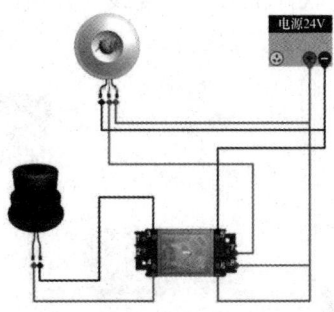

图1-48 自动报警装置线路连接

图1-49 连线验证开启

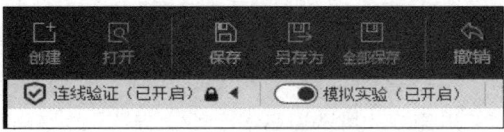

图1-50 功能测试

2. 使用"Microsoft Visio"软件模拟连线

使用"Microsoft Visio"软件，正确选择自动报警装置相关设备并完成这些设备之间的模拟连线。

步骤一：新建文件与导入模具。

打开Visio软件，执行"文件"→"新建"→"基本框图"命令，新建一个Visio文件，如图1-51所示。

导入Visio模具，执行"更多形状"→"打开模具"命令，然后选择模具文件存放的目录，单击打开，如图1-52所示。

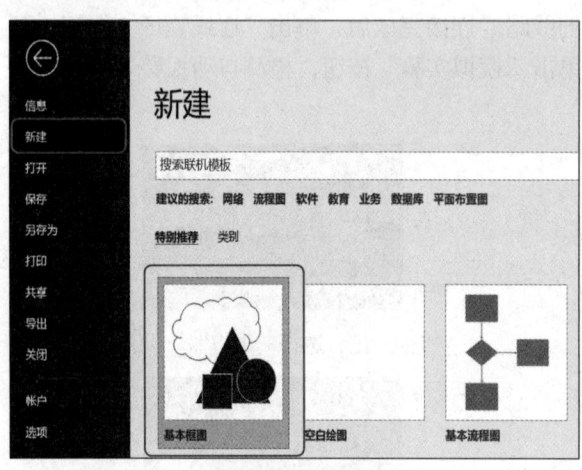

图1-51　Microsoft Visio软件新建文件　　　　图1-52　导入模具

步骤二：布置模具。

在模具库中选择"人体红外传感器""继电器""警示灯"以及"24V电源"，并拖至文件空白处，布局如图1-53所示。

步骤三：线路连接。

单击软件上方"连接线"并按照图1-54所示，正确完成"人体红外传感器""继电器""警示灯"以及"24V电源"之间的连线。

图1-53　自动报警装置相关设备布局　　　　图1-54　自动报警装置相关设备连接

二、设备搭建

步骤一：挑选设备。

挑选人体红外线传感器、继电器以及报警灯设备。

图1-55所示的是继电器以及报警灯,图1-56所示的是人体红外线传感器及其底座,要求根据图片所示找出本任务要安装的人体红外线传感器、继电器以及报警灯,并进行外观检查,主要检查它们的外观是否有损坏。

图1-55 继电器和报警灯　　　　　　图1-56 人体红外线传感器及其底座

步骤二:安装走线槽。

参考本项目任务2的操作步骤,根据实训工位的铁架尺寸,裁剪尺寸合适的走线槽。然后挑选合适尺寸的螺钉、螺母以及垫片,选用合适的工具,完成物联网实训工位铁架四周走线槽的安装以及报警灯、继电器和人体红外线传感器边上的走线槽的安装。

步骤三:安装设备。

安装报警灯、继电器和人体红外线传感器设备。

1)安装报警灯。挑选合适尺寸的螺钉、螺母以及垫片,并选用合适的螺丝刀,完成在物联网实训工位铁架上安装报警灯。注意在设备台子背面加不锈钢垫片并留出报警灯外接延长线。安装后的报警灯可参考图1-57。

图1-57 报警灯安装效果

2)安装继电器。

① 安装继电器底座。挑选合适尺寸的螺钉、螺母以及垫片,并选用合适的螺丝刀将继电器金属底座安装到实训工位上,注意在设备台子背面加不锈钢垫片,如图1-58所示。

 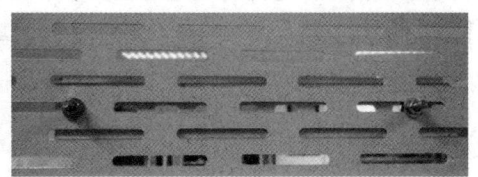

图1-58 继电器金属底座安装示意图

② 安装继电器。将继电器扣到继电器的金属底座上,如图1-59所示。

3)安装人体红外线传感器。

① 安装人体红外线传感器底座。挑选合适尺寸的螺钉、螺母以及垫片,并选用合适的螺丝刀将人体红外线传感器的底座安装到设备台子上,注意在设备台子背面加不锈钢垫片,如图1-60所示。

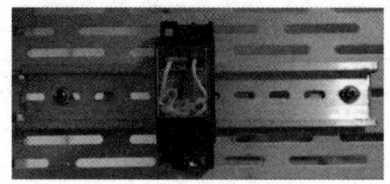 

图1-59 继电器安装示意图　　　　　图1-60 人体红外线传感器底座安装示意图

②安装人体红外线传感器。将人体红外传感器旋转安装到底座上，如图1-61所示。

步骤四：连接报警灯、继电器以及人体红外线传感器。

1）制作连接导线和信号线。根据人体红外线传感器与实训工位稳压电源接线端子的距离，剪取长度适宜的一根红黑平行导线。根据继电器与实训工位稳压电源接线端子的距离，剪取长度适宜的三根导线。根据人体红外线传感器与继电器的距离，剪取一根长度适宜的信号线。根据报警灯与继电器的距离，剪取长度适宜的两根信号线。

图1-61 人体红外传感器安装示意图

使用剥线钳，将导线和信号线两端各剥掉约0.8cm的绝缘皮。

2）报警灯、继电器以及人体红外线传感器的连接。

参考图1-47，使用黑色导线将人体红外线传感器的GND接24V电源的负极，使用红色导线将人体红外线传感器的"24V"端接24V电源的正极，使用信号线将人体红外线传感器的信号端接继电器的⑦号端子。

使用信号线将报警灯的GND端接继电器的③号端子，将报警灯的"24V"端接继电器的④号端子。

使用两根红色导线将继电器的⑥号端子和⑧号端子接24V电源的正极，使用黑色导线将继电器的⑤号端子接24V电源的负极。

步骤五：连接电源并测试。

首先，检测线路连接情况，同一小组成员相互检查各种线路连接情况。然后，使用数字万用表蜂鸣档测试线路正确连接情况，使用方法见本项目任务1中的"正确使用数字万用表"。检测完毕后将连接线塞进线槽并盖上线槽盖。接着，将实训工位的稳压电源开关开启，使用数字万用表电压档测量继电器的供电电压。记录测试出来的电压值为_____V。最后观察人经过时，报警灯的状态是_____（亮或灭）；人离开人体红外线传感器一段距离后，报警灯的状态是_____（亮或灭）。

任务检查

参照任务完成情况检查表1-6，团队成员相互检查、评价。每项评价内容分五档打分，A-优秀，B-良好，C-一般，D-合格，E-不合格。

表1-6 任务完成情况检查表

检查内容	检查结果
会陈述红外传感器、继电器的特点、应用领域和组成结构	A□ B□ C□ D□ E□
能正确找到实训设备中的传感器设备	A□ B□ C□ D□ E□
能正确找到实训设备中的报警灯、继电器设备	A□ B□ C□ D□ E□
能根据实训室工位情况，正确选择走线槽并进行走线槽的裁剪及安装	A□ B□ C□ D□ E□
能在教师指导下识读自动报警装置安装接线图	A□ B□ C□ D□ E□

（续）

检查内容	检查结果
能在教师指导下使用虚拟仿真软件，完成自动报警装置相关设备的选择和模拟连线	A□ B□ C□ D□ E□
能使用螺丝刀、剥线钳等常用工具在教师示范操作下完成继电器、报警灯以及人体红外线传感器的安装与接线	A□ B□ C□ D□ E□
上电前根据教师要求测量关键点的电性能是否正常	A□ B□ C□ D□ E□
任务完成后断电情况下完成设备拆卸	A□ B□ C□ D□ E□
能在教师指导下使用数字万用表测试线路的通断以及设备的通电电压（工位的设备供电电压）	A□ B□ C□ D□ E□
线缆连接正确、牢固、规范，无露铜现象	A□ B□ C□ D□ E□
继电器、人体红外线传感器等设备安装正确、牢固	A□ B□ C□ D□ E□
完成任务后工具正常归位并摆放整齐	A□ B□ C□ D□ E□
完成任务后工位及周边的卫生环境整洁	A□ B□ C□ D□ E□

知识补充

人体红外线传感器

人体红外线传感器的感应模块如图1-62所示，其具体电气参数见表1-7。

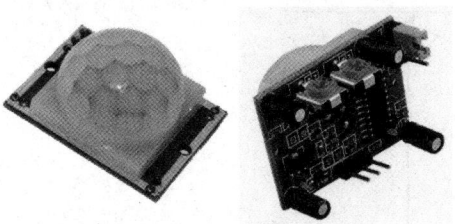

图1-62 人体红外线感应模块

表1-7 人体红外线感应模块电气参数

产品型号	HC-SR501人体感应模块
工作电压范围	DC 4.5~20V
静态电流	<50μA
电平输出	高3.3V/低0V
触发方式	L不可重复触发/H重复触发
延时时间	0.5~200s（可调），可制作范围：零点几秒至几十分钟
封锁时间	2.5s（默认），可制作范围：零点几秒至几十秒
电路板外形尺寸	32mm×24mm

（续）

感应角度	<100°锥角
工作温度	-15~70℃
感应透镜尺寸	直径：23mm（默认）

作用：可以检测和测量身体形成的红外辐射，从而实现对人体存在和活动的感知，可用于人体感应自动化、智能安防等场景。

特点：灵敏度高、可靠性强、低功耗等。

工作原理：人体都有恒定的温度，会发出特定波长10μm左右的红外线，该红外线通过菲泥尔滤光片增强后聚集到红外感应源上，红外感应源通常采用热释电传感器，热释电传感器接收到人体红外辐射温度发生变化时就会失去电荷平衡，向外释放电荷，从而输出电压变化。

触发方式：分为不可重复触发方式和重复触发方式。重复触发方式在感应输出高电平后，在延时时间段内，只要还有人体在其感应范围内活动，其输出将一直保持高电平，而且在检测到人体后会自动顺延一个延时时间段。而不可重复触发方式在延时时间内触发无效，只要延时时间一结束，输出将自动从高电平变为低电平。

感应范围：人体红外线传感器的有效距离为5~7m，水平角度为100°左右，如图1-63所示。此外，传感器的灵敏度也会影响其感应范围，一般而言，传感器的灵敏度越高，感应范围也越宽广。

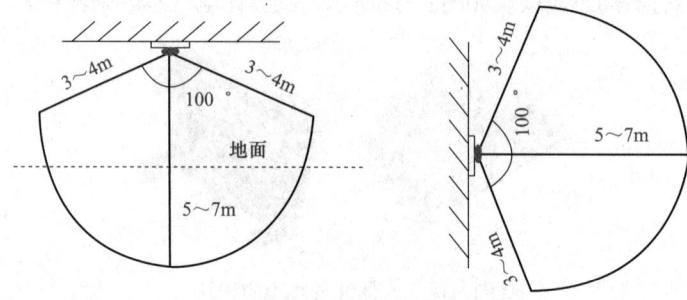

图1-63 感应范围图

知识测评

1. 人体红外线传感器主要用于检测_____。
   A. 声音　　　　　B. 温度　　　　　C. 光线　　　　　D. 人体红外辐射
2. 继电器的主要作用是_____。
   A. 放大电流　　　　　　　　　　　B. 转换电压
   C. 控制电路的通断　　　　　　　　D. 储存电能
3. 继电器通常由_____组成。
   A. 线圈和触点　　　　　　　　　　B. 电源和负载
   C. 输入端和输出端　　　　　　　　D. 控制器和执行器

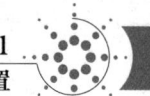

根据物联网设备安装调试岗位能力要求,由学生、同伴、教师、企业专家等进行多元评价。每项评价内容分五档打分,A-优秀,B-良好,C-一般,D-合格,E-不合格。

评价内容	自评	同伴	教师	企业专家
能根据工作指导手册,正确分辨感知传感类设备				
能根据工作指导手册,正确分辨执行类设备				
能根据产品型号、规格参数,准确核对进场设备,完成设备一致性检验				
能识读系统结构图、电器元件布置图、安装接线图				
能使用常用安装工具规范安装传感器、执行终端、网络通信等相关设备				
能根据安装接线图,使用线缆规范连接设备,并保证设备正常供电				
会使用万用表等测量工具测试线路的通断,测量设备的工作电压和电流				
具备一定的安全意识和整理意识,确保施工过程中人身安全和设备安全				

拓展任务:使用按钮控制报警灯与照明灯

1. 动手连接实现单个按钮控制报警灯,单个按钮控制LED灯,并将其原理连接图绘制在图1-64中。其中,按钮中的圆圈代表"关闭"状态,竖线代表接通"打开"状态。

2. 动手连接实现单个按钮控制报警灯与LED灯,并将其原理连接图绘制在图1-65中。

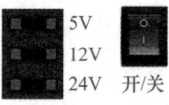   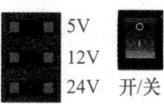

图1-64 拓展任务图1   图1-65 拓展任务图2

项目完成情况描述

存在问题描述

心得体会

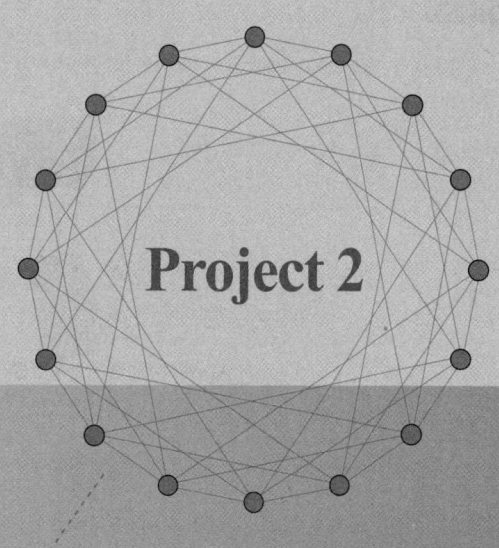

项目 2

安装仓库火灾报警系统

项目描述

当前,我国仓储物流行业借信息化浪潮之风和电商经济飞速发展开启上行周期。如何建成集机械化、自动化、智能化于一体的立体仓库系统是未来仓储物流行业的热点话题。本项目中,某物流仓库需要加装火灾报警系统。相较于传统的火灾监测只能简单地警示群众,无法实现远程报警的弊端,本项目中火灾报警系统结构设计如图2-1所示,主要包含烟雾传感器、火焰传感器、ADAM-4150数字量采集器、RS232转485转换器、继电器和报警灯,具有灵敏度高、可靠性强、传输距离远等特点。

通过本项目学习,读者能根据仓库火灾报警系统安装接线图,选用合适的工具规范安装烟雾传感器、火焰传感器、ADAM-4150数字量采集器、继电器和报警灯等设备,使用线缆实现设备之间的连接,在安装与调试过程中能使用万用表测试线路的连通状态,测量设备的电压情况。

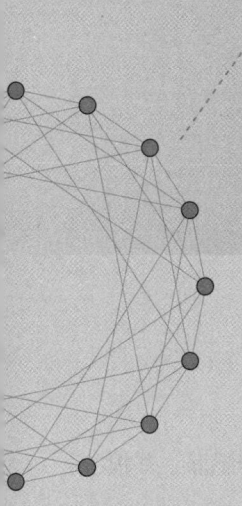

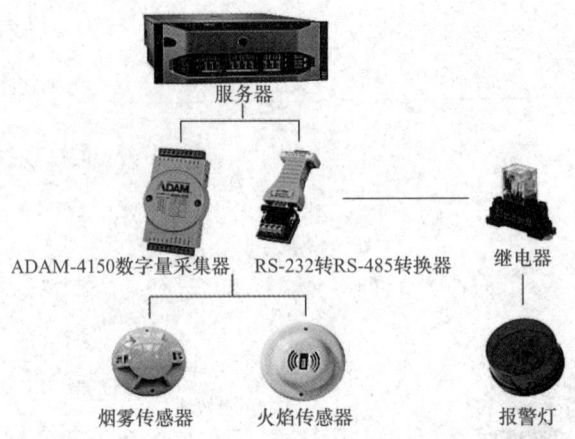

图2-1 火灾报警系统结构设计

学习目标

- 会描述烟雾传感器、火焰传感器和数字量采集器的用途与工作原理。
- 会列举火灾报警系统所使用的设备,并简述其相互关系。
- 能根据产品型号、规格参数,准确辨别与核对烟雾传感器、火焰传感器和数字量采集器等设备,完成设备一致性检验。
- 能合作识别系统结构图、电器元件布置图、安装接线图。
- 能使用虚拟仿真软件或绘图软件,完成烟雾传感器、火焰传感器和数字量采集器设备的选择和模拟连线。
- 能较熟练使用螺丝刀、剥线钳等常用工具完成烟雾传感器、火焰传感器和数字量采集器等设备的安装与接线。
- 能按指定要求使用万用表测试线路的通断、设备的工作电压和电流。
- 能使用系统调试工具进行故障排除与功能调试。
- 增强信息化学习意识。
- 形成自我探究意识。

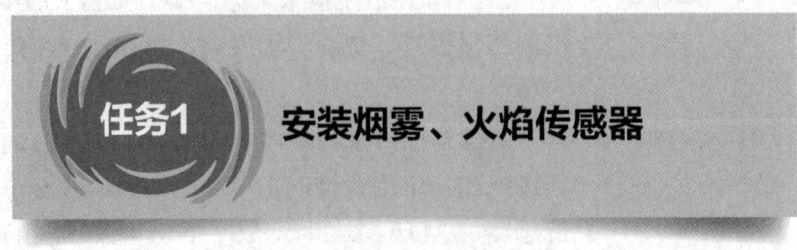

任务1　安装烟雾、火焰传感器

任务描述

火灾报警系统安装接线图如图2-2所示。本任务需要认知和辨别烟雾、火焰传感器,并根据系统安装接线图,安装烟雾、火焰传感器。

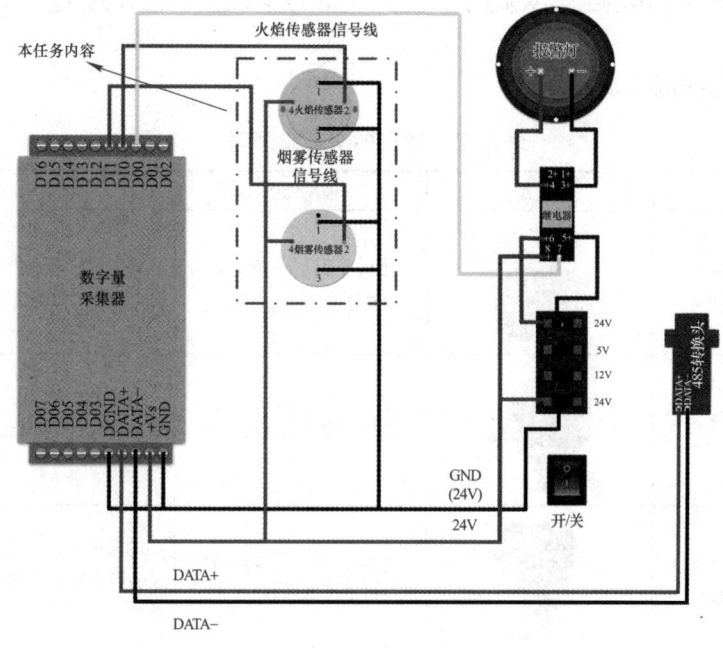

图2-2　火灾报警系统安装接线图

知识准备

一、烟雾传感器

烟雾传感器,也被称为烟雾探测器、感烟式火灾探测器、感烟探测器和烟感探头。它是一种典型的由太空消防措施转换为民用的设备,现在主要应用于消防系统。其工作过程是当传感器检测到烟雾时,会发出报警信号。

常见的烟雾传感器见表2-1。

表2-1　常见的烟雾传感器

名称	外观	适用场所	特点
联网型光电感烟火灾探测器（JTY-GD-DG311）		适用于家居、商店、歌舞厅、仓库等场所	灵敏度高、稳定可靠、耗电小、美观耐用、使用方便,可与安防系统配套使用
NB-IoT无线智能联网烟雾报警器（YJ-115B）		适用于家居、商店、工程、工厂、仓库等场所	采用无线通信方式,灵敏度高、稳定可靠、耗电小、使用方便
矿用本安型烟雾传感器（GQQ0.1）		适用于对煤矿井下橡胶、煤尘等因摩擦起热或其他原因产生的烟雾进行监测	传输距离远、灵敏度好、可靠性强、体积小、重量轻、密封性能好

二、火焰传感器

火焰传感器是专门用来搜寻火源的传感器，也可以用来检测光线的亮度，尤其对火焰特别灵敏。

常见的火焰传感器见表2-2。

表2-2 常见的火焰传感器

名称	外观	适用场所	特点
紫外火焰传感器（JTGB-ZW-CF6002）		适用于家居、商店、工厂、仓库等场所	进口紫外光敏管，灵敏度高，抗粉尘污染、抗潮湿及抗腐蚀能力强
红外火焰探测器（KF715/IR3）		适用于重工业应用场合	维护成本低，易于更新改进，探测距离40m。能探测多种燃料（正庚烷、汽油、柴油、酒精等）
隔爆型紫外火焰探测器（JTG-ZM-GST9614）		适用于隧道、工程、发电站、储罐区等场所	内置单片机，采用智能算法，三级灵敏度设置，适用于不同干扰程度的场所

任务实施

根据使用场所选择合适的烟雾、火焰传感器，根据系统结构图绘制虚拟仿真连线图，选用合适的工具安装烟雾、火焰传感器，利用万用表检测并确保线路正常连通。

2-1 安装烟雾、火焰传感器

一、模拟连线

建议使用"物联网云仿真实训平台"软件或"Microsoft Visio"软件完成设备供电部分的模拟连线。

1. 使用"物联网云仿真实训平台"软件模拟连线

步骤一：设备选型。

在左侧设备选型区的"有线传感器"列表中选择烟雾、火焰传感器，在"电源"列表中分别选择一个24V电源，所需设备见表2-3，将它们拖入工作台。

表2-3 任务1所需设备

烟雾传感器	火焰传感器	24V电源

步骤二：模拟连线。

参照图2-3，实现烟雾、火焰传感器设备模拟连线。

项目 2
安装仓库火灾报警系统

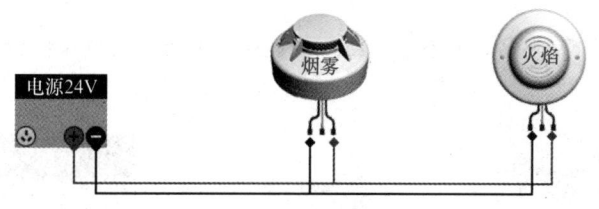

图2-3 烟雾、火焰传感器设备模拟连线图

步骤三：功能测试。

单击左上角"模拟实验"按钮，火焰、烟雾传感器上呈现"正常"两字，说明环境状态正常，如图2-4所示。双击打开烟雾传感器选项对话框，打开烟雾开关来模拟着火，若烟雾传感器上面呈现"警报"两字，说明功能有效，如图2-5所示。

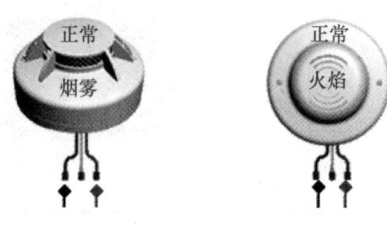

图2-4 常态下的传感器状态

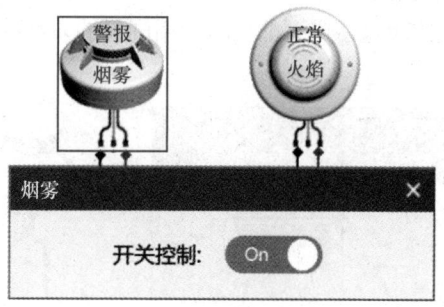

图2-5 非常态下的传感器状态

2. 使用"Microsoft Visio"软件模拟连线

步骤一：新建文件与导入模具。

打开Visio软件，执行"文件"→"新建"→"基本框图"命令，新建一个Visio文件，如图2-6所示。

导入Visio模具，执行"更多形状"→"打开模具"命令，然后选择模具文件存放的目录，单击打开，如图2-7所示。

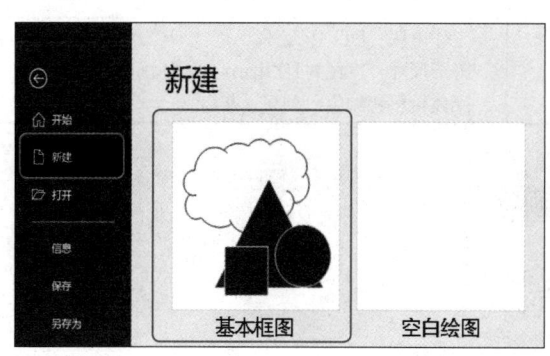

图2-6 Microsoft Visio软件新建文件

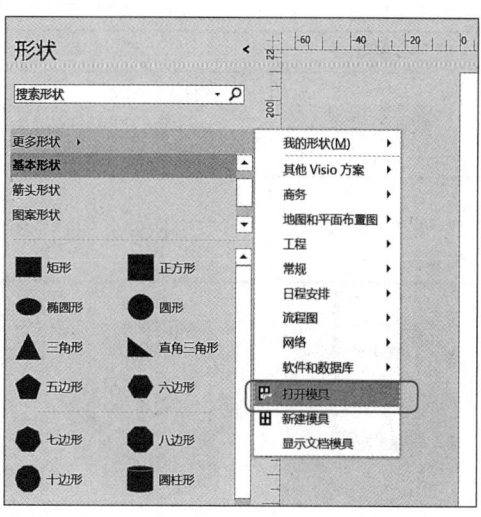

图2-7 导入模具

步骤二：布置模具。

在模具库中选择烟雾、火焰传感器，24V稳压电源并拖至文件空白处，如图2-8所示。

图2-8　选择烟雾、火焰传感器、24V稳压电源

步骤三：连接烟雾、火焰传感器与稳压电源。

选择连接线，如图2-9所示。烟雾传感器的红色导线连接24V稳压电源的正极，黑色导线连接24V稳压电源的负极，用同样的方法连接火焰传感器与24V稳压电源，如图2-10所示。

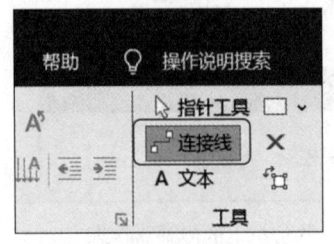 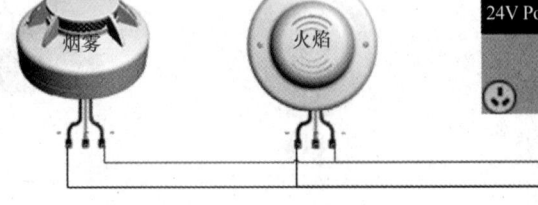

图2-9　选择连接线　　　　图2-10　烟雾、火焰传感器与稳压电源连线图

二、设备搭建

步骤一：设备选型。

本任务所需设备的名称、型号、规格参数见表2-4，根据设备信息检验设备的一致性，如图2-11所示。

表2-4　本任务所需设备信息

设备名称	设备型号	设备规格参数
烟雾传感器	JTY-GD-DG311型	工作电压：DC 9~28V 外形尺寸：103mm×50mm 壳体材质：ABS阻燃外壳
火焰传感器	JTGB-ZW-CF6002型	工作电压：DC 24V 外形尺寸：直径为103mm，高为45mm 壳体材料和颜色：ABS，灰白

图2-11　选择火焰和烟雾传感器

观察烟雾传感器和火焰传感器的外观，确认外观无损坏，将传感器上下层旋开，分离底座和外壳。

步骤二：安装走线槽。

根据实训工位的铁架尺寸安装线槽。挑选合适尺寸的线槽、螺钉、螺母、垫片，选用螺丝刀，完成物联网实训工位铁架四周走线槽以及传感器走线槽的安装。

步骤三：安装传感器。

挑选合适的螺钉（十字盘头螺钉M4×16）、螺母、垫片，选用十字螺丝刀，在物联网实训工位铁架上安装烟雾传感器和火焰传感器的底座。安装后的传感器底座可参考图2-12。安装完成后，检查底座安装是否牢固。

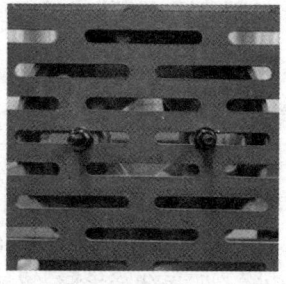

图2-12 安装固定烟雾传感器底座

步骤四：连接电源和信号延长线。

查看烟雾传感器端子说明，如图2-13所示。

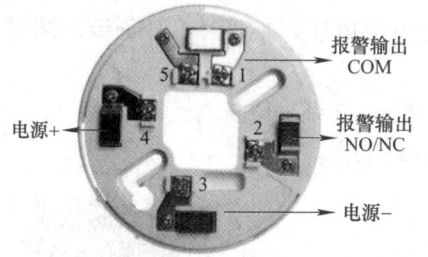
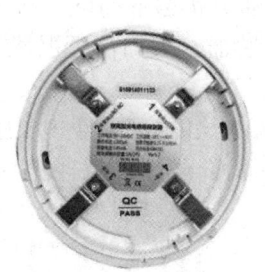

图2-13 烟雾传感器内部端子说明

根据图2-14所示线路连线示意图连接线路。

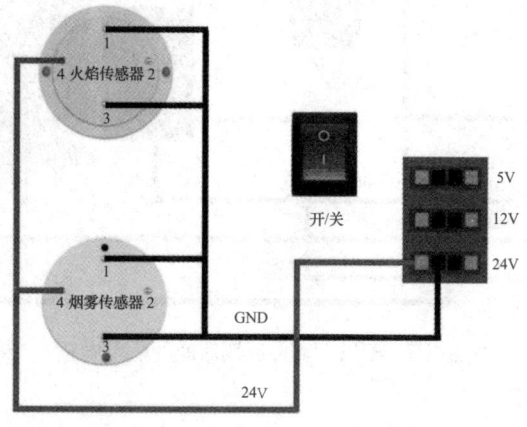

图2-14 烟雾、火焰传感器线路连线示意图

1）取长度适宜的红黑线，用剥线钳将红黑导线两端剥掉约0.8cm的绝缘皮，将红线连接烟雾传感器底座④端电源+，黑线连接③端电源-，红黑线另外一端接工位两侧的24V电源端子。

2）用相同的方法，将红线连接火焰传感器底座④端电源+，黑线连接③端电源-，红黑线另外一端接工位两侧的24V电源端子。

3）用黑色导线将烟雾传感器底座的①端报警输出COM端和③端电源-连接，接着再用一根信号线将底座②端从背后延长接出备用。

4）用黑色导线将火焰传感器底座的①端报警输出COM端和③端电源-连接，接着再用一根信号线将底座②端从背后延长接出备用。

5）检测线路连接情况。同一小组成员相互检查各种线路的连接情况是否正确。

三、调试验证

1. 线路通断测试

本环节在断电状态下测试。关闭设备电源，使用数字万用表蜂鸣档测试线路的连接情况。首先，表笔插接：将黑表笔插进"COM"孔中，红表笔插进"VΩ"孔中。其次，选择档位：把旋钮旋转到蜂鸣档。接着，红黑表笔分别接待测线路的两端。例如，先测烟雾传感器电源正极与24V正极之间的线路，如果线路导通，万用表的蜂鸣器会发出"滴"的警示声，并且万用表显示屏上显示"001.2"。用同样的方法完成全部安装线路的检测。

2. 设备供电电压测量

该环节在通电状态下测试。将实训工位的稳压电源开关开启，使用数字万用表电压档测量烟雾传感器、火焰传感器底座的供电电压，如图2-15所示。测试出来的电压值为_____V。

测量烟雾和火焰传感器的供电电压正常后，实训工位断电，将探测器按正确的方向扣在底座上，压下后顺时针方向旋紧。接通电源即可工作。

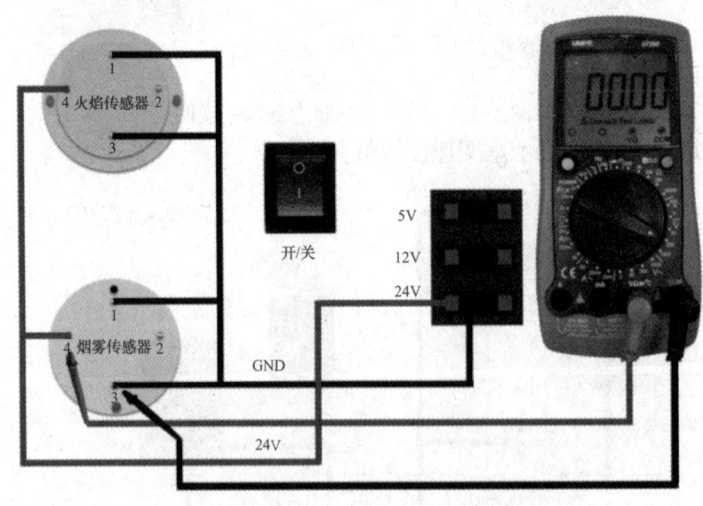

图2-15 测试烟雾传感器底座的供电电压

3. 设备工作电压测量

使用数字万用表电压档，选择合适量程，测量烟雾传感器输出信号两端的电压。红表笔接触烟雾传感器信号端延长线,黑表笔接24V负极,观察此时信号输出电压值为_____V。按下传感器上的一个黑色按钮,此时,烟雾传感器会发出"滴滴"的报警声,观察此时信号输出电压值为_____V。

使用数字万用表电压档,选择合适量程,测量火焰传感器输出信号两端的电压,如图2-16所示,红表笔接触火焰传感器信号端延长线,黑表笔接24V负极,观察此时信号输出电压值为_____V。在传感器前方点燃打火机,约2s后,火焰传感器上的红色LED报警指示灯会发出闪烁的报警提示,观察此时信号输出电压值为_____V。

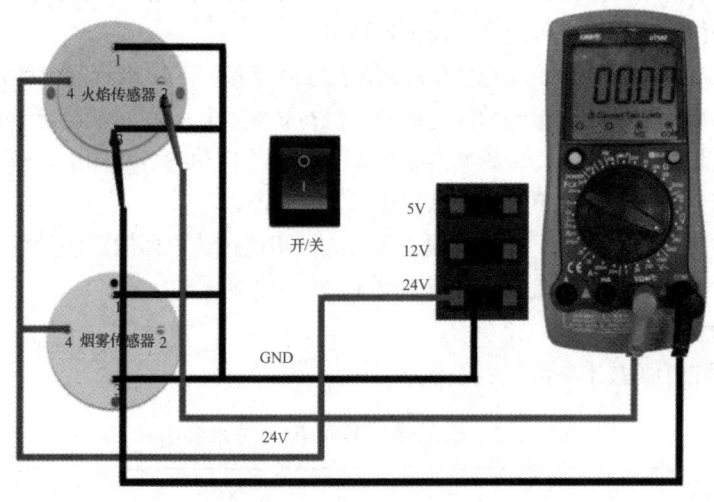

图2-16　测试火焰传感器输出信号两端的电压

任务检查

参照任务完成情况检查表2-5,团队成员相互检查、评价。每项评价内容分五档打分,A-优秀,B-良好,C-一般,D-合格,E-不合格。

表2-5　任务完成情况检查表

检查内容	检查结果
会陈述烟雾、火焰传感器的特点、应用领域和组成结构	A□　B□　C□　D□　E□
能根据工作指导手册,正确分辨烟雾、火焰传感器	A□　B□　C□　D□　E□
能根据产品型号、规格参数,准确核对进场设备,完成设备一致性检验	A□　B□　C□　D□　E□
能正确选用螺钉、垫片和螺母,合理使用螺丝刀、剥线钳等安装工具,在安装视频的指导下规范安装烟雾传感器、火焰传感器设备	A□　B□　C□　D□　E□
能识别安装接线图,使用线缆正确连接传感器与电源,并保证设备正常供电	A□　B□　C□　D□　E□
能使用数字万用表测试线路的通断以及设备的通电电压(工位的设备供电电压)	A□　B□　C□　D□　E□
线缆连接正确、牢固、规范,无露铜现象	A□　B□　C□　D□　E□
烟雾、火焰传感器安装正确、牢固	A□　B□　C□　D□　E□
完成任务后工具正常归位并摆放整齐	A□　B□　C□　D□　E□
完成任务后工位及周边的卫生环境整洁	A□　B□　C□　D□　E□

知识补充

一、烟雾传感器

JTY-GD-DG311型烟雾传感器是采用特殊结构设计的一款光电传感器,使用SMD贴片加工工艺生产,会发出红外光束。当室内存在烟粒子时会有光束散射到感应器上,感应器感应到一定的光束之后会发出报警声。

1. 工作方式

自检方式:按下检测按钮,探测器LED常亮,同时发出报警声(注:自检仅对于探测器本身内部功能进行检测,自检时无继电器信号输出。)

报警方式:正常情况下,传感器每隔6s指示灯会闪亮一下。传感器自动检测周围环境中的烟雾浓度,当烟雾浓度接近报警值时,传感器进行智能运算,同时报警指示灯开始闪亮。当运算结果达到或超过报警值时,传感器开始声光报警,并启动继电器输出。当周围环境的烟雾浓度降低到报警值以下时,传感器自动恢复正常工作状态。

输出方式:无源触点输出;触点容量24V/2A,可通过传感器内部的跳线,设置为常开或常闭触点输出。出厂时跳线默认设置触点为常闭。

2. 技术参数

烟雾传感器的相关技术参数见表2-6。

表2-6 烟雾传感器的相关技术参数

技术参数	说明
灵敏度	符合UL的217号标准
报警音量	≥80dB/3m
工作电压	DC 9～28V供电
工作电流	监控状态10μA,报警状态20mA
工作环境	温度-10～50℃,相对湿度≤95%RH
指示灯	监控时每6s闪烁一次,报警时每1s闪烁一次
触点容量	≤1A
远程报警	增配电话报警器后可实现远程电话报警

3. 性能特点

1)新型高性能传感器能够有效探测阴燃火灾的发生。
2)独立、无线报警器采用专业芯片设计,性能可靠。
3)联网报警器采用智能微处理器,多种火灾模型算法杜绝误报警。
4)继电器无源触点输出,可设置常开或常闭。
5)烟室采用防虫网设计,避免昆虫误入报警。
6)LED灯显示报警器正常工作和报警状态。

4. 使用注意事项

该产品不适宜在以下场所使用:

1)正常情况下有烟滞留的场所。

2）有较大粉尘、水雾、蒸汽、油雾污染。

3）腐蚀气体的场所。

4）相对湿度大于95%的场所。

5）通风速度大于5m/s的场所。

****

📶 使用配套资源中的"物联网AR"APP扫描AR学习资源中的烟雾传感器1和烟雾传感器2图标,查看其他型号烟雾传感器的功能介绍、技术参数和安装视频等信息,并进行学习。

****

二、火焰传感器

利用火焰发出的红外、紫外光探测火灾的传感器称为火焰探测器,分为红外线探测器和紫外线探测器。JTGB-ZW-CF6002型火焰传感器是一款紫外线探测器,利用紫外光敏电子管接收火焰放出的紫外线,发出火灾报警信号。这种探测器受环境影响小,对火焰反应快。

1. 工作方式

报警方式:探测器接通电源后,紫外辐射光源接近探测器,探测器发出报警信号,探测器的火警指示灯点亮,输出触点闭合(常开方式)或断开(常闭方式)。

自锁/非自锁方式:通过探测器内部PCB板上四位拨码SW1的第3位可设置为报警自锁(LOCK)和非自锁(UNLOCK)。报警自锁方式:探测器报警后,锁定报警状态,需断电后方可恢复到正常状态。报警非自锁方式(出厂默认方式):探测器报警后,待火警源撤销,探测器保持报警状态30s后,可自行恢复到正常工作状态。

2. 技术参数

火焰传感器的相关技术参数见表2-7。

表2-7 火焰传感器的相关技术参数

技术参数	说明
工作电压	额定工作电压:DC 24V,工作电压范围:DC 12~30V
工作电流	监视电流:≤10mA,报警电流:≤30mA
输出容量	常开或常闭触头(可通过探测器内部PCB上的JP1选定为常开-NO或常闭-NC)两种可选输出,触点容量1A,DC 24V,亦可调为传统电流型
输出控制方式	通过探测器内部PCB板上的跳线器(JP2)可设置为自锁(LOCK)和非自锁(UNLOCK)
指示灯	正常时,大约每隔5s闪亮一次,表示监测状态;报警时常亮
光谱响应范围	180~290nm
报警检测时间设定	当探测器检测到火焰持续一定时间时,探测器才会发出警报,该时间为探测器的检测设定时间。可通过探测器PCB板上的SW1四位拨码的1、2位来设定
上电时间	≤5s
探测距离	一级(25m),测试条件(GB 12791—2006):底面积为33cm×33cm,高为5cm的容器中的2000g工业乙醇燃烧产生的火焰
使用环境	温度:-20~55℃,相对湿度≤95%
安装孔距	45~75mm

3. 使用注意事项

1）请勿将探测器安装在下列对象的附近：卤素灯、放电灯、消毒灯、焊接火花、电火花、强电磁场、雷电放电，日光直射，所有放射紫外线的对象。

2）探测器无法检测到的对象：隔着玻璃或透明树脂的火焰，点燃的香烟，燃烧的木炭或煤饼，燃烧时不产生火焰的对象。

****

使用配套资源中的"物联网AR"APP扫描AR学习资源中的火焰传感器1和火焰传感器2图标，查看其他型号火焰传感器的功能介绍、技术参数和安装视频等信息，并进行学习。

****

知识测评

1. 烟雾传感器适合在_____使用。
   A．有较大粉尘、水雾污染的场所　　　B．有腐蚀气体的场所
   C．通风速度大于5m/s的场所　　　　D．存放布料的仓库
2. 火焰传感器的额定工作电压是_____。
   A．12V　　　B．16V　　　C．18V　　　D．24V
3. 火焰传感器能检测到_____。
   A．点燃的香烟　　　　　　　　　B．燃烧的木炭或煤饼
   C．隔着玻璃或透明树脂的火焰　　　D．燃烧的纸条
4. JTGB-ZW-CF6002型火焰传感器利用_____对火焰非常敏感的特点进行工作。
   A．红外线　　　B．紫外线　　　C．蓝光　　　D．绿光
5. 烟雾传感器的②号端子是_____。
   A．电源正极　　　B．电源负极　　　C．信号端

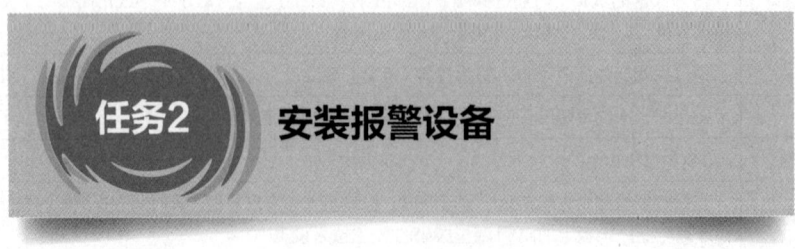

任务2　安装报警设备

任务描述

火灾报警系统安装接线图如图2-17所示，本任务需要认知继电器；根据系统安装接线图，在任务1的基础上安装继电器和报警灯，组成火灾报警装置。

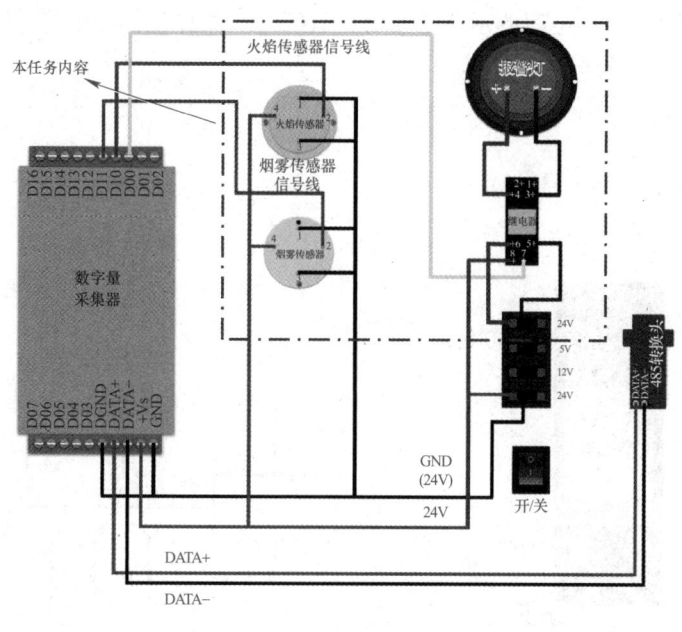

图2-17 火灾报警系统安装接线图

知识准备

电磁式继电器

电磁式继电器是一种电控制器件,具有控制系统(又称输入回路)和被控制系统(又称输出回路)之间的互动关系,通常应用于自动化控制电路中。它实际上是用较小的电流、较低的电压去控制较大的电流、较高的电压的一种"自动开关",在电路中起着自动调节、安全保护、转换电路等作用。电磁式继电器广泛应用于航空、航天、船舶、家电等领域。

常见的继电器见表2-8。

表2-8 常见的继电器

名称	外观	适用场所	特点
终端继电器模组 YK1H-16-T		适用于工业自动控制、舞台灯控、办公室复印机、电动机等设备	具有灵敏度高,安全耐用,接线简单,防火阻燃等特点
小型中间继电器(14脚) YJ4N-LY		适用于电机控制、照明控制、安全防护等设备	具有银合金触点反应灵敏,耐腐蚀寿命长,高强度插拔能力,承载电流大等特点
小型中间继电器(8脚) LY2N-J		适用于工业控制与家庭电路	具有工作流畅,安全稳定,反应灵敏,可靠耐用等特点

其中LY2N-J型中间继电器的示意图如图2-18所示，继电器的图形符号如图2-19所示。继电器的引脚端口关系如下：

开关常闭端：①、②；

开关常开端：③、④；

开关COM端：⑤、⑥；

线圈两端：⑦、⑧。

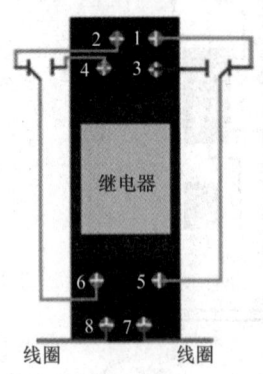

图2-18　LY2N-J型中间继电器示意图

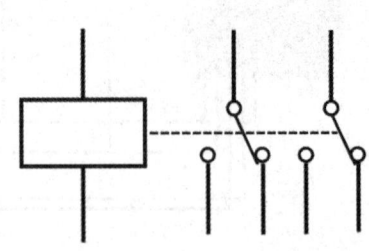

图2-19　继电器图形符号

任务实施

根据使用场所选择合适的继电器、报警灯，根据系统结构图绘制模拟连线，选用合适的工具安装继电器、报警灯，进行通电测试，并结合烟雾、火焰传感器组成火灾报警装置。

2-2　安装报警设备

一、模拟连线

建议使用"物联网云仿真实训平台"软件或"Microsoft Visio"软件完成设备之间的模拟连线。

1. 使用"物联网云仿真实训平台"软件模拟连线

步骤一：设备选型。

在任务1的基础上选择设备，在左侧设备选型区的"执行器"列表中选择继电器，在"负载"列表中选择报警灯，在"电源"列表中选择24V电源，所需设备见表2-9，将它们拖入工作台。

表2-9　任务2所需设备

| 继电器 | 报警灯 | 24V电源 |

步骤二：模拟连线。

参照图2-20，实现烟雾、火焰传感器、继电器、报警灯设备组成的火灾报警装置的模拟连线。

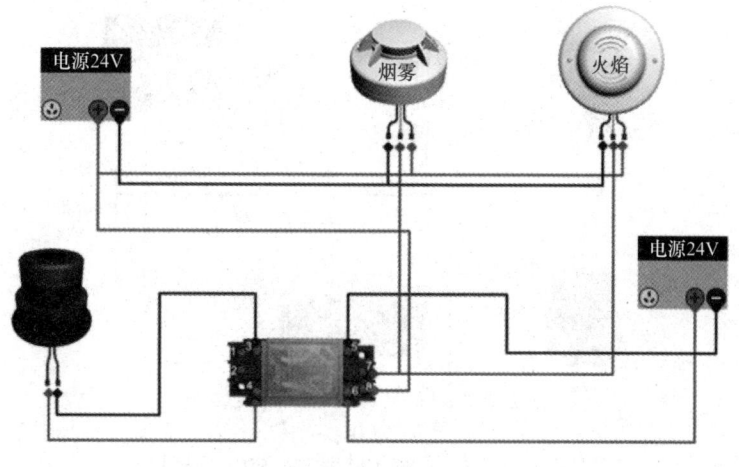

图2-20 火灾报警装置模拟连线图

步骤三：功能测试。

单击左上角"模拟实验"按钮，火焰、烟雾传感器上呈现"正常"两字，说明环境状态正常。双击打开烟雾传感器选项对话框，打开烟雾开关模拟着火，烟雾传感器上面呈现"警报"两字，并且报警灯能亮灯闪烁，说明功能有效。

2. 使用"Microsoft Visio"软件模拟连线

步骤一：新建文件与导入模具。

打开Visio软件，执行"打开"→"浏览"，找到任务1的文件所在位置，打开文件，如图2-21所示。

步骤二：布置模具。

在模具库中选择继电器、报警灯，拖至文件空白处，调整好模具大小，如图2-22所示。

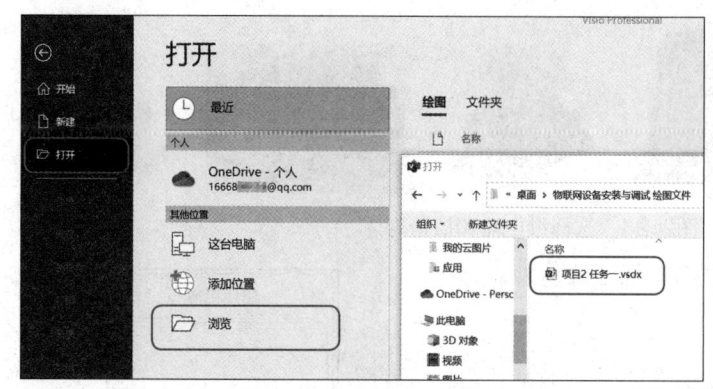

图2-21 打开Visio文件

图2-22 选择继电器、报警灯

步骤三：连接传感器、继电器与报警灯。

选择连接线。继电器的③号端子和④号端子分别连接报警灯的黑线和红线，继电器的⑤号端子和⑥号端子分别连接稳压电源24V的负极和正极，继电器的⑧号端子连接稳压电源24V的正极，烟雾、火焰传感器黄色信号线均连接继电器的⑦号端子，如图2-23所示。

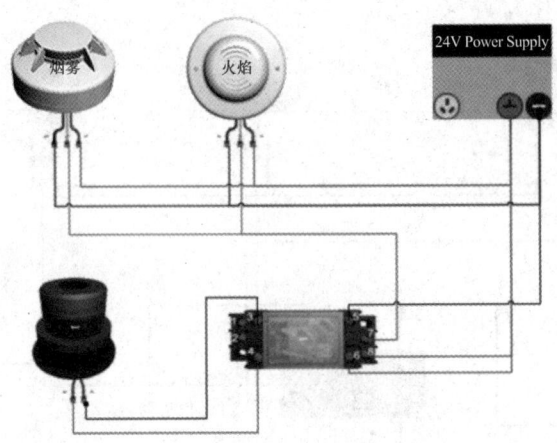

图2-23 烟雾、火焰传感器与直流电源连线图

二、设备搭建

步骤一:设备选型。

本任务所需设备的名称、型号、规格参数见表2-10,根据设备信息检验设备的一致性,如图2-24所示。

表2-10 任务所需设备信息

设备名称	设备型号	设备规格参数
电磁式中间继电器	LY2N-J型	工作电压:DC 24V 引脚:8宽脚
报警灯	LTE-5095型	类别:螺钉款 工作电压:DC 24V,工作电流:250mA 红色:正极;黑色:负极

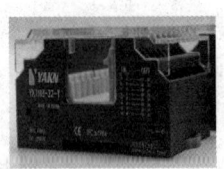

图2-24 选择继电器和报警灯

观察电磁式继电器和报警灯的外观,确认外观无损坏。

步骤二:安装走线槽。

根据实训工位的铁架尺寸安装线槽。挑选合适尺寸的线槽、螺钉、螺母、垫片,使用螺丝刀,完成物联网实训工位铁架四周走线槽以及传感器走线槽的安装。

步骤三:安装设备。

参照图2-25所示电器元件布置图,在物联网实训工位铁架上安装火灾报警装置设备。

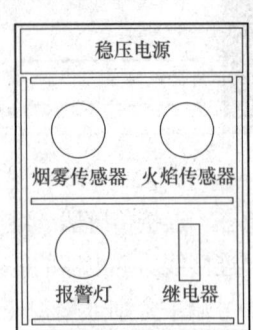

图2-25 火灾报警装置电器元件布置图

1)安装烟雾、火焰传感器。挑选M4×16十字盘头螺钉、螺母、垫片,使用十字螺丝刀,安装烟雾传感器、火焰传感器,安装完成后,检查底座安装是否牢固。

2)安装继电器。

①安装继电器底座。挑选十字盘头螺钉、螺母、垫片,使用十字螺丝刀,安装继电器金属底座,安装完成后,检查底座安装是否牢固,如图2-26所示。

②安装继电器。将继电器扣到继电器的金属底座上,如图2-27所示。

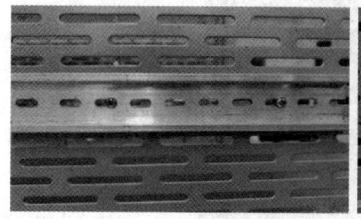 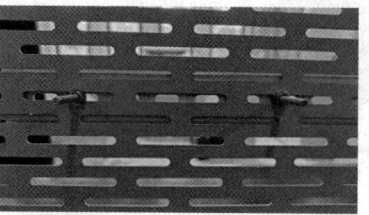 

图2-26 继电器金属底座安装示意图　　　　图2-27 继电器安装示意图

3)安装报警灯。挑选十字盘头螺钉、螺母、垫片,选用十字螺丝刀,安装报警灯。安装完成后,检查底座安装是否牢固。

步骤四:连接设备供电电源、各设备之间的连线。

1)根据任务1内容取长度适宜的红黑线连接烟雾、火焰传感器的①号、③号、④号端子和工位上方的24V电源端子。

2)根据继电器与实训工位稳压电源接线端子的距离,剪取长度适宜的一根红黑平行导线。用剥线钳将红黑导线两端剥掉约0.8cm的绝缘皮,参照模拟连线图,用红黑导线的红线连接继电器的⑥号端子,黑线连接继电器的⑤号端子,导线走背线,经过工位铁架背面引出,红黑导线的另外一端连接工位上方24V电源端子。

3)取一根稍短一些的红色导线,两端剥掉约0.8cm的绝缘皮,连接继电器的⑥号端子和⑧号端子。

4)根据继电器与烟雾、火焰传感器的距离,剪取长度适宜的两根黄色信号线,两端剥掉约0.8cm的绝缘皮。两根信号线的一端分别连接烟雾、火焰传感器的②号端子,走背线,两根信号线的另一端接继电器的⑦号端子。

5)根据继电器与报警灯的距离,剪取长度适宜的一根红黑平行导线,两端剥掉约0.8cm的绝缘皮,延长报警灯的导线,走背线,导线另一端红色线接继电器的④号端子,黑色线接继电器的③号端子。

6)检测线路连接情况。同一小组成员相互检查各种线路的连接情况是否正确。

三、调试验证

1. 线路通断测试

该环节在断电状态下测试。关闭设备电源,使用数字万用表蜂鸣档测试线路的连接情况。首先,表笔插接:将黑表笔插进"COM"孔中,红表笔插进"VΩ"孔中。其次,选择档位:把旋钮旋转到蜂鸣器档。接着,用红黑表分别接待测线路的两端。例如,先测继电器⑥号端子与24V正极之间的线路。如果线路导通,万用表的蜂鸣器会发出"滴"的警示声,并且万用表显示屏上显示"001.2"。用同样的法完成全部安装线路的检测。

2. 设备供电电压测量

该环节在通电状态下测试。将实训工位的稳压电源开关开启，使用万用表电压档测量继电器的供电电压，如图2-28所示。测量出来的电压值为＿＿＿＿＿＿V。

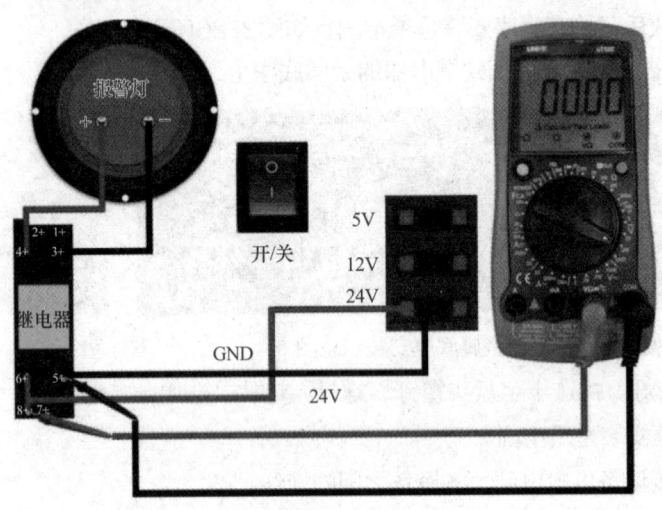

图2-28 继电器供电电压测量示意图

3. 功能测试

按下烟雾传感器上的黑色按钮模拟触发状态，观察继电器的指示灯的亮灭情况、继电器的吸合情况和报警灯的亮灭情况。此时继电器的指示灯为：＿＿＿＿＿＿状态，继电器为：＿＿＿＿＿＿状态，报警灯为：＿＿＿＿＿＿状态。

完成以上内容后，实训工位及时断电。

任务检查

参照任务完成情况检查表2-11，团队成员相互检查、评价。每项评价内容分五档打分，A-优秀，B-良好，C-一般，D-合格，E-不合格。

表2-11 任务完成情况检查表

检查内容	检查结果
会陈述继电器、报警灯的特点、应用领域和组成结构	A□ B□ C□ D□ E□
能根据工作指导手册，正确分辨继电器、报警灯	A□ B□ C□ D□ E□
能根据产品型号、规格参数，准确核对进场设备，完成设备一致性检验	A□ B□ C□ D□ E□
能正确选用螺钉、垫片和螺母，合理使用螺丝刀、剥线钳等安装工具，在安装视频的指导下规范安装火灾报警装置	A□ B□ C□ D□ E□
能识别安装接线图，使用线缆正确连接火灾报警装置，并保证设备正常供电	A□ B□ C□ D□ E□
能使用数字万用表测试线路的通断以及设备的通电电压（工位的设备供电电压）	A□ B□ C□ D□ E□
线缆连接正确、牢固、规范，无露铜现象	A□ B□ C□ D□ E□
继电器、报警灯安装正确、牢固	A□ B□ C□ D□ E□
完成任务后工具正常归位并摆放整齐	A□ B□ C□ D□ E□
完成任务后工位及周边的卫生环境整洁	A□ B□ C□ D□ E□

知识补充

电磁式中间继电器

1. 电磁式中间继电器结构

电磁式中间继电器由线圈、磁路、反力弹簧（也称复位弹簧）和触点等结构组成，其中磁路包括铁芯、铁扼和衔铁，如图2-29所示。

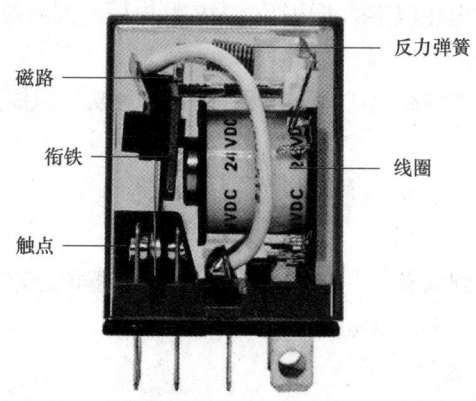

图2-29　电磁式中间继电器的结构示意图

2. 电磁式中间继电器工作原理

电磁式中间继电器基于电磁效应和杠杆（带动开关动作）原理工作。它的具体工作过程是：继电器线圈通电以后，它所产生的磁场力就会带动机械杠杆，使之发生移位，从而使得原来处于闭合的开关触点（即常闭触点）变为断开，同时原来处于断开的开关触点（即常开触点）变为闭合。由此，实现了对被控制电路的供电切换，达到对被控制电路的控制。继电器线圈断电后，线圈失去了磁性，机械杠杆在复位弹簧的作用下，完成了复位位移。机械杠杆在复位过程中又带动常闭开关触点恢复到原来的闭合状态，常开开关触点也恢复到原来的断开状态。

3. 电磁式中间继电器作用

电磁式中间继电器用于在控制电路中传递中间信号，常在工业控制电路和家用电器控制电路中使用，它的作用主要有以下几种：

1）代替小型接触器。中间继电器的触点只能通过小电流，但也有一定的带负载能力，当负载容量比较小时，可以用来代替小型接触器使用，如电动卷闸门和小家电，可以起到节约空间的作用。

2）增加接点数量。在电路控制系统中，线路中增加一个中间继电器，就能增加接点数量，便于维修。

3）用作开关。在一些控制电路中，一些电器元件的通断可以使用中间继电器，利用触点的闭合和断开来控制，如显示器中常见的自动消磁电路的通断。

4）转换电压。在工业控制线路中电压是DC 24V，而电磁阀的线圈电压是AC 220V，安装一个中间继电器，可以将直流与交流、高压与低压分开，便于以后的维修，有利于安全使用。

5）消除电路中的干扰。在工业控制或计算机控制线路中，会存在一些电路干扰现象，在电路中加入中间继电器，可以达到消除干扰的目的。

4．电磁式中间继电器故障处理方法

电磁式中间继电器最常见的故障是触头虚接。这种故障的产生原因是控制回路的接触电阻变化，使得电磁式电器线圈两端的实际电压低于85%额定电压，故衔铁不能吸合，引起电路失控。消除故障的办法是：

1）尽量避免采用额定电压以下的低电压作为控制电压，因为在这种低电压电路中，容易发生触头虚接故障。

2）控制回路采用24V作控制电压时，应采用并联型触头，以提高其工作可靠性。

知识测评

1．当烟雾传感器检测到烟雾时，输出_____，继电器能正常工作，报警灯会亮起。
   A．高电平　　　　B．低电平　　　　C．12V　　　　D．24V

2．继电器的①②端子属于_____。
   A．开关COM端　　　　　　　B．开关常开端
   C．开关常闭端　　　　　　　D．线圈正极端

3．继电器的⑦⑧端子属于_____。
   A．开关COM端　　　　　　　B．开关常开端
   C．开关常闭端　　　　　　　D．线圈正极端

4．电磁式继电器的工作原理是基于_____和_____原理。
   A．电磁效应　　B．热释电效应　　C．杠杆　　D．浮力

5．继电器在电路中起到_____的作用。
   A．自动调节　　B．安全保护　　C．转换电路　　D．以上都是

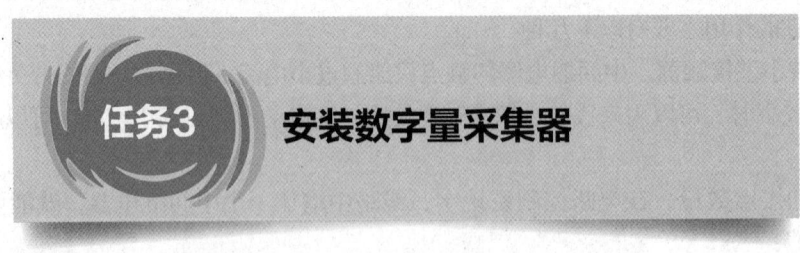

任务描述

火灾报警系统安装接线图如图2-30所示。本任务需要认知和辨别数字量采集器、RS-232转RS-485转换器。再根据系统安装接线图安装数字量采集器，完善火灾报警系统。

项目2
安装仓库火灾报警系统

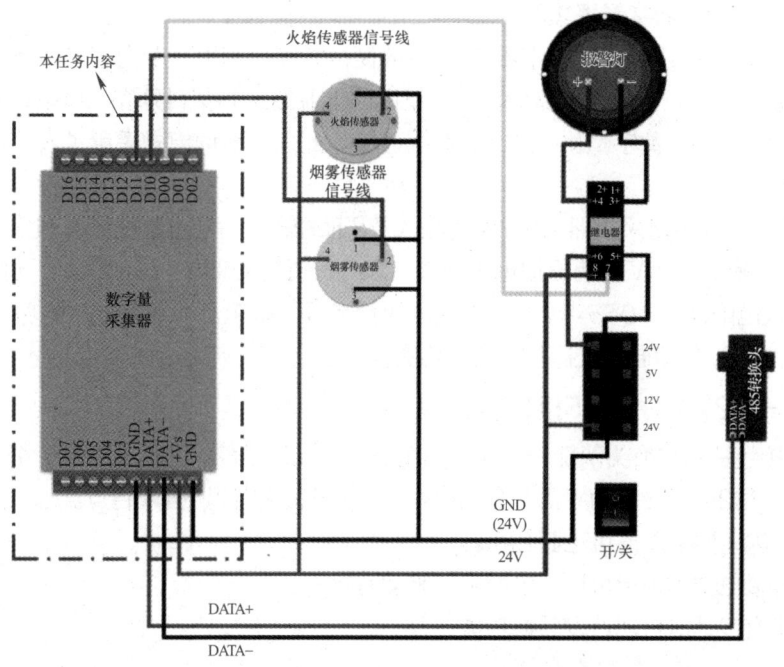

图2-30 火灾报警系统安装接线图

知识准备

一、数字量采集器

1. 常见的数字量采集器

采集器是一种具有现场实时数据采集、处理功能的自动化设备,具备实时采集、自动存储、即时显示、即时反馈、自动处理、自动传输等功能。而数字量采集器是专门采集数字量数据的设备,常见的数字量采集器见表2-12。

表2-12 常见的数字量采集器

名称	外观	适用场所	特点
8路远程I/O控制器 (ZLAN6802)		适用于工业自动化系统、智能门锁、智能仪表、智能家居等应用场景	支持8路DI/DO/AI控制,WiFi网络控制,支持Modbus通信,可提供远程软件控制
数字量输入输出模块 (ADAM-4150)		适用于自动化控制、仪器仪表、工业监控等领域	支持7路数字输入和8路输出,支持3kHz计数器和频率输入等
数字量8通道隔离电压输入I/O控制器 (UT-5528)		适用于多路信号状态监控,实验室自动化控制,感应电眼监视,自动化生产线控制等领域	8通道隔离开关量输入,8位光电隔离数据并行输入I/O控制器

2. ADAM-4150数字量采集器

ADAM-4100系列是通用传感器到计算机的便携式接口模块,专为恶劣环境下的可靠操作而设计。该系列产品具有内置的微处理器,坚固的工业级ABS塑料外壳,可以独立提供智能信号调理、模拟量I/O、数字量I/O和LED数据显示。此外,地址模式采用了人性化设计,可以方便读取模块地址。

ADAM-4150数字量采集器采用7通道输入及8通道输出,坚固型设计(-40~85℃),宽温运行,高抗噪性;1kV浪涌保护电压输入,3kV EFT及8kV ESD保护,过流/短路保护;宽电源输入范围DC 10~48V;易于监测的状态LED指示灯,数字滤波器功能,DI通道可以用1kHz计数器,DO通道支持脉冲输出功能。

二、RS-232转RS-485接口转换器

转换器由接线柱和转换头两部分组成,如图2-31所示,兼容RS-232、RS-485标准,能够将单端的RS-232信号转换为平衡差分的RS-485信号,它有以下4个特点。

1)双向传输,通信距离可达1.2km。
2)无须外接电源,采用串口"电荷泵"驱动方案。
3)内部带有零延时自动首发转换功能。
4)I/O电路自动控制数据流方向。

DB9 Male (PIN)	输出信号	RS-485半双工接线
1	T/R+	RS-485 (A+)
2	T/R-	RS-485 (B-)
3	RXD+	空
4	RXD-	空
5	GND	地线
6	VCC	+5V备用电源输入

DB9 Female (PIN)	RS-232C接口信号
1	保护地
2	发送数据SOUT (TXD)
3	接收数据SIN (RXD)
4	数据终端准备DTR
5	信号地GND
6	数据装置准备DSR
7	请求 发送RTS
8	清除 发送CTS
9	响铃 指示RI

图2-31 RS-232转RS-485转换器

RS-232转RS-485转换器支持两种通信方式:①点到点/两线半双工,②点到多点/两线半双工,广泛应用于工业自动化控制系统、一卡通、门禁系统、停车场系统、自助银行系统、公共汽车收费系统、饭堂售饭系统、公司员工出勤管理系统、公路收费站系统等。

任务实施

根据火灾报警系统选择数字量采集器,根据系统结构图绘制虚拟仿真连线图,选用合适的工具安装、测试数字量采集器,搭建火灾报警系统,能使用系统调试工具进行功能调试。

2-3 安装数字量采集器

一、模拟连线

建议使用"物联网云仿真实训平台"软件或"Microsoft Visio"软件完成模拟连线。

1. 使用"物联网云仿真实训平台"软件模拟连线

步骤一:设备选型。

在左侧设备选型区的"I/O模块"列表中选择ADAM-4150数字量采集器,在"其他外设"列表中选择RS-232转RS-485转换器,在"电源"列表中分别选择一个220V通用电源

和24V电源,在"终端"列表中选择PC终端,所需设备见表2-13,将它们拖入工作台。

表2-13 任务3所需设备

烟雾传感器	火焰传感器	继电器
ADAM-4150数字量采集器	RS-232转RS-485转换器	220V通用电源
24V稳压电源	PC终端	报警灯

步骤二:模拟连线。

参照图2-32,完成火灾报警系统的模拟连线。

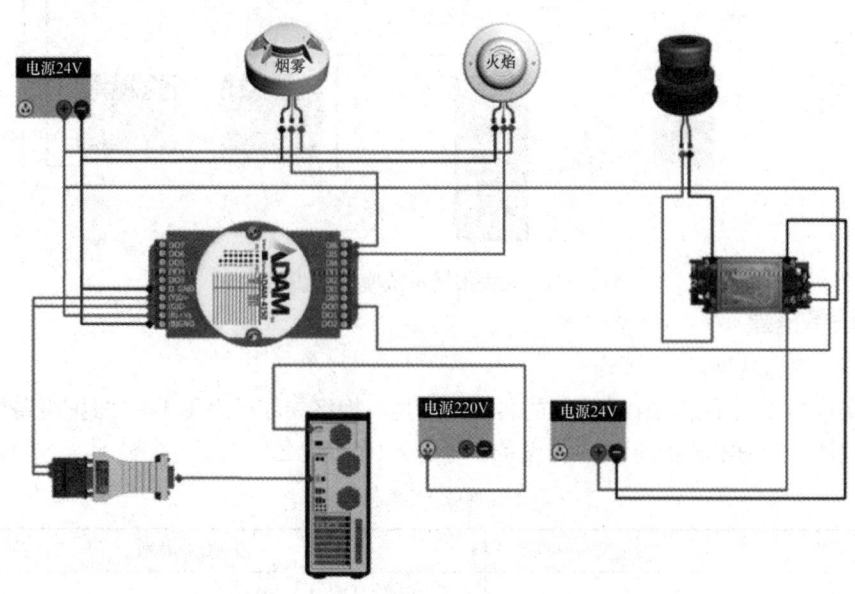

图2-32 火灾报警系统模拟连线图1

步骤三:功能测试。

单击左上角"连线验证"按钮,线路没有报错。再单击"模拟实验"按钮,火焰、烟雾传感器上呈现"正常"两字,说明环境状态正常。双击打开烟雾传感器选项对话框,打开烟雾开关来模拟着火,若烟雾传感器上面呈现"警报"两字,说明功能有效。

2. 使用"Microsoft Visio"软件模拟连线

步骤一：新建文件与导入模具。

打开Visio软件,执行"文件"→"新建"→"基本框图"命令,新建一个Visio文件。导入Visio模具,执行"更多形状"→"打开模具"命令,然后选择模具文件存放的目录,单击打开。

步骤二：布置模具。

在模具库中选择烟雾、火焰传感器、继电器、ADAM-4150数字量采集器、RS-232转RS-485转换器、220V通用电源、24V稳压电源、PC终端、报警灯设备,拖至文件空白处。

步骤三：连接火灾报警系统相关设备。

选择连接线,参考图2-33完成火灾报警系统的模拟连线。

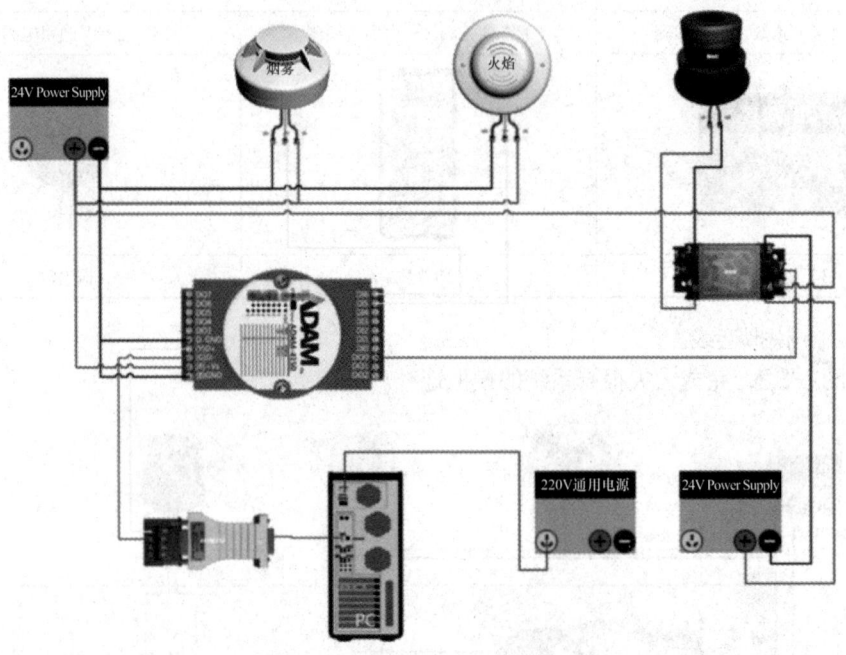

图2-33　火灾报警系统模拟连线图2

二、设备搭建

步骤一：设备选型。

本任务中数字量采集器和转换器的名称、型号、规格参数见表2-14,根据设备信息检验设备的一致性,如图2-34所示,其他设备参考任务1和任务2。

表2-14　任务所需设备信息

设备名称	设备型号	设备规格参数
数字量采集器	研华ADAM-4150	工作电压：DC 10~48V 7通道输入,8通道输出,配备对应的LED指示灯
转换器	宇泰高科 UT-201B	插头：采用DB-9/DB-9通用转接插头 外形尺寸：63mm×33mm×17mm 使用环境：-25~70℃

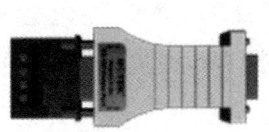    

图2-34 选择数字量采集器和转换器

观察数字量采集器和转换器的外观,确认外观无损坏。

步骤二:安装走线槽。

根据实训工位的铁架尺寸安装线槽,挑选合适尺寸的线槽、螺钉、螺母、垫片,选用螺丝刀,完成物联网实训工位铁架四周走线槽以及传感器走线槽的安装。

步骤三:安装设备。

参照图2-35所示的电器元件布置图在物联网实训工位铁架上安装火灾报警系统设备。

1)安装烟雾、火焰传感器。挑选M4×16十字盘头螺钉、螺母、垫片,选用十字螺丝刀,安装烟雾传感器、火焰传感器。安装完成后,检查底座安装是否牢固。

2)安装数字量采集器。将数字量采集器的绿色接线端子取下,挑选十字盘头螺钉、螺母、垫片,选用十字螺丝刀,安装采集器。安装完成后,将接线端子重新固定,检查采集器是否牢固,如图2-36所示。

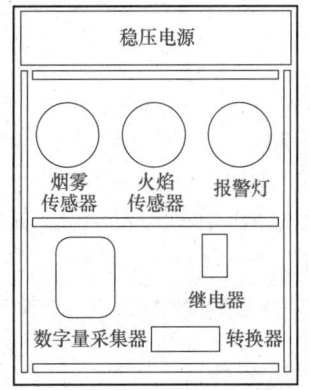 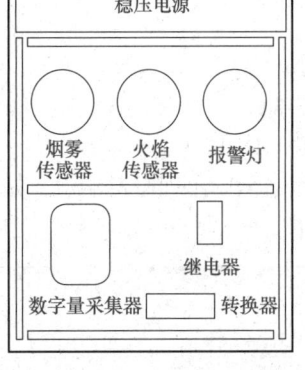

图2-35 火灾报警系统电器元件布置图　　图2-36 安装固定数字量采集器

3)安装继电器。挑选十字盘头螺钉、螺母、垫片,选用十字螺丝刀,安装继电器底座,然后将继电器扣在继电器底座上。安装完成后,检查继电器是否牢固。

4)安装报警灯。挑选十字盘头螺钉、螺母、垫片,选用十字螺丝刀,安装报警灯。安装完成后,检查底座安装是否牢固。

步骤四:连接采集器线路,测试功能。

1)连接导线。剪取长度适宜的红黑线,用剥线钳将红黑导线两端剥掉约0.8cm的绝缘皮,用红黑导线的一端分别连接ADAM-4150数字量采集器的(R)+Vs和(B)GND两个端子,红黑导线另一端分别连接24V稳压电源的正极和负极。

剪取长度适宜的黄色、蓝色导线,剥除绝缘皮后,一端分别连接采集器的(Y)DATA+和(G)DATA-两个端子,另一端分别连接转换器的T/R+和T/R-两个端子。

再取一根黑色导线连接采集器的D.GND和24V稳压电源的负极。

转换器的转换头插至PC终端的COM口并锁上螺钉。

2)测试采集器功能。查看ADAM-4150右侧的拨钮,将其拨到"Init",并通上电源。

右击桌面上的计算机图标,在弹出的快捷菜单中选择"管理"命令,进入"设备管理器",双击右边的"端口(COM和LPT)",确认计算机后的COM端口号,在这台算机上显示的是"COM6",如图2-37所示。

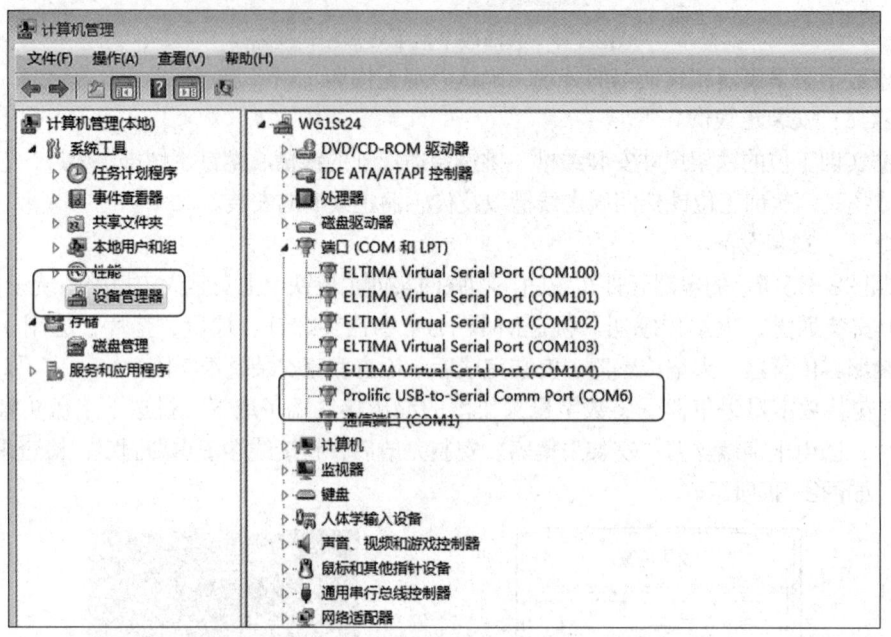

图2-37 查看设备端口

打开安装好的ADAM软件(Adam/Apax.NET Utility)。

双击左边的"Serial",选择"Refresh Subnodes"出现设备端口,如图2-38所示,右击"COM6"端口,单击"搜索"(search)按钮。

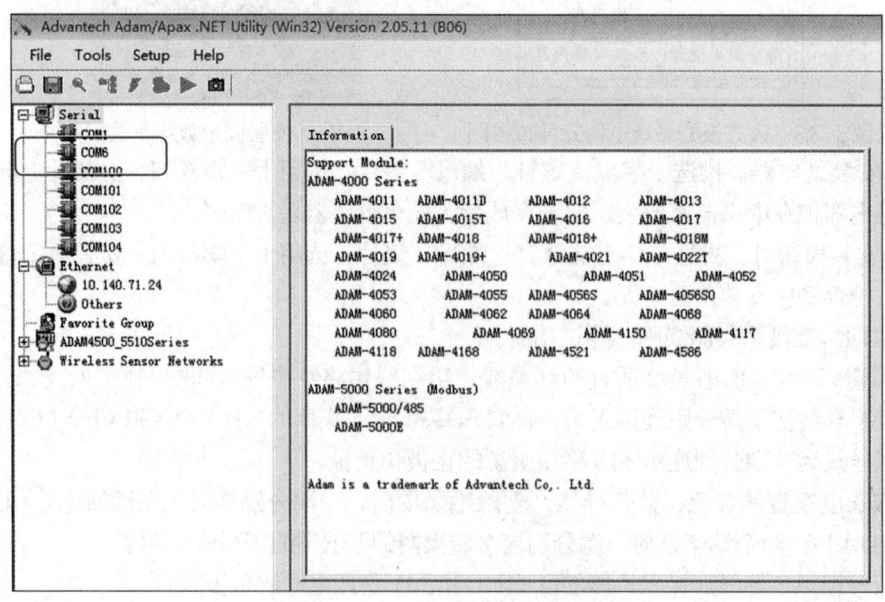

图2-38 ADAM测试软件界面

单击"Start"按钮开始扫描,如图2-39所示。

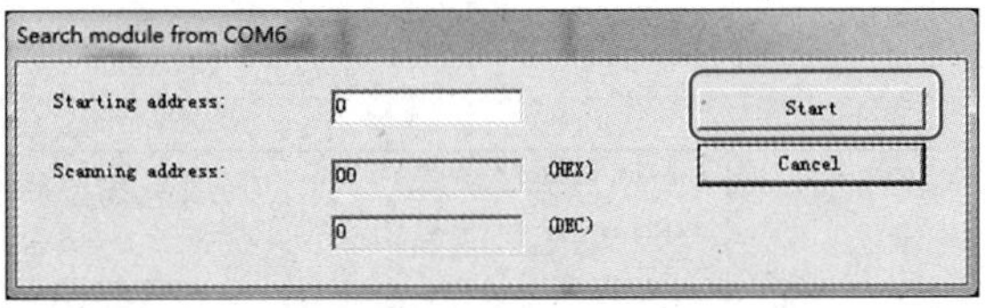

图2-39 搜索设备界面

在看到左边出现"4150(*)"时,单击"Cancel"(取消)按钮,如图2-40所示。

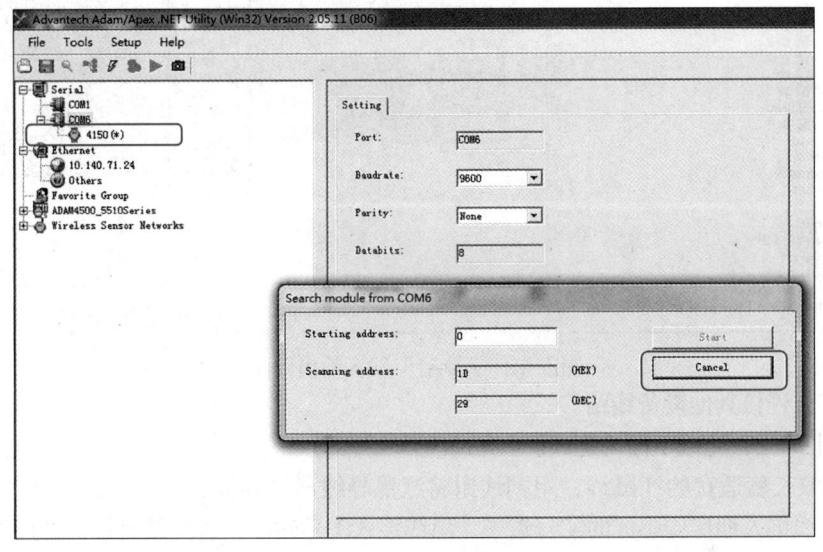

图2-40 搜索到设备

双击"4150(*)",按照图2-41进行配置并单击"Apply change"按钮。

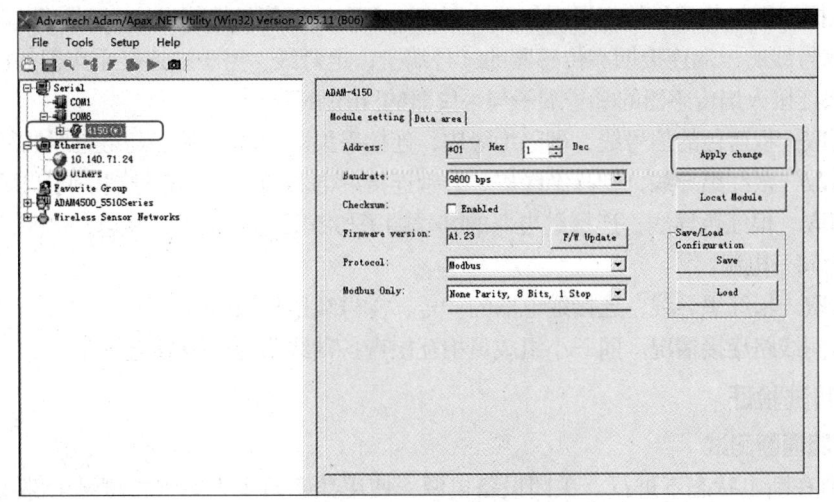

图2-41 ADAM参数配置界面

将ADAM-4150设备的电源断开,将右侧拨钮拨至"Normal"后重新上电。

重新打开软件,搜索设备,单击"Data area"选项卡,如图2-42所示,逐个单击"DO 0"~"DO 7"按钮,可以看到界面上对应的LED灯会亮起,工位支架上的数字量采集器面板上的LED指示灯也会相应亮起，说明设备输出功能正常。

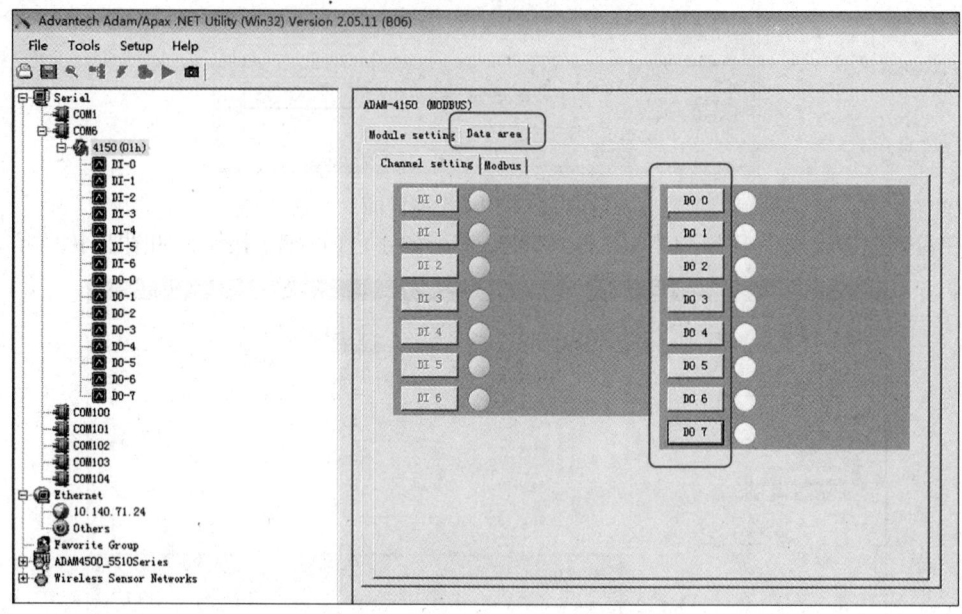

图2-42　ADAM 输入输出界面

步骤五：连接其他设备线路。

参考图2-32，完成下面的连线。

1）剪取长度适宜的红黑线，用剥线钳将红黑导线两端剥掉约0.8cm的绝缘皮，用十字螺丝刀将红线接入烟雾传感器的④号端子，黑线接入①号端子，红黑线另外一端接工位上方的24V电源端子。再取一根稍短的黑线，连接①号端子和③号端子。使用同样的方法连接火焰传感器。

2）根据烟雾传感器和数字量采集器的距离，剪取一根黄色的信号线，剥除两端0.8cm的绝缘皮，信号线的一端连接烟雾传感器的②号端子，走背线，另一端连接采集器的DI6端子。同样的方法连接火焰传感器的②号端子与采集器的DI5端子。

3）剪取一根蓝色的信号线，剥除绝缘皮，连接采集器的DO0端子与继电器的⑦号端子。

4）剪取一根红黑导线，剥除绝缘皮，分别连接继电器的⑤号、⑥号端子与24V电源。

5）剪取一根红色导线，连接继电器的⑧号端子与24V电源正极，注意，这里的电源需要与采集器为同一电源。

6）剪取一根红黑导线，连接继电器的③号、④号端子与报警灯。

7）检测线路连接情况。同一小组成员相互检查各种线路的连接情况是否正确。

三、调试验证

1. 线路通断测试

该环节在断电状态下进行。关闭设备电源，使用数字万用表蜂鸣档测试全部线路的连接情况。

2. 设备供电电压测量

该环节在通电状态下测试。将实训工位的稳压电源开关开启，使用数字万用表电压档测量ADAM-4150数字量采集器的供电电压，测试出来的电压值为_____V。

3. 查看采集器输入状态

打开ADAM软件，进入图2-42所示的界面，触发烟雾、火焰传感器，查看界面上DI5和DI6的输入状态的变化情况，并填入表2-15中。

表2-15　DI端口输入状态的变化

外界状况	DI5的状态	DI6的状态
有烟雾时		
有火焰时		

4. 查看系统的联动情况

打开文件中的执行文件，如图2-43所示，选择串口COM6，根据采集器上的端子接线情况选择好通道，此处烟雾传感器接在DI6，火焰传感器接在DI5，继电器接在DO0，单击"开始采集"按钮，触发烟雾、火焰传感器，界面上对应的报警灯会闪烁，如图2-44所示，工位支架上的报警灯也会开始闪烁，整个火灾报警系统联动成功。

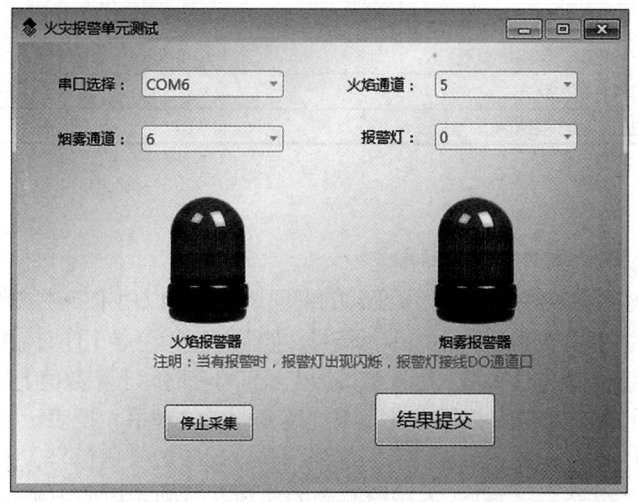

图2-43　火灾报警系统端口设置

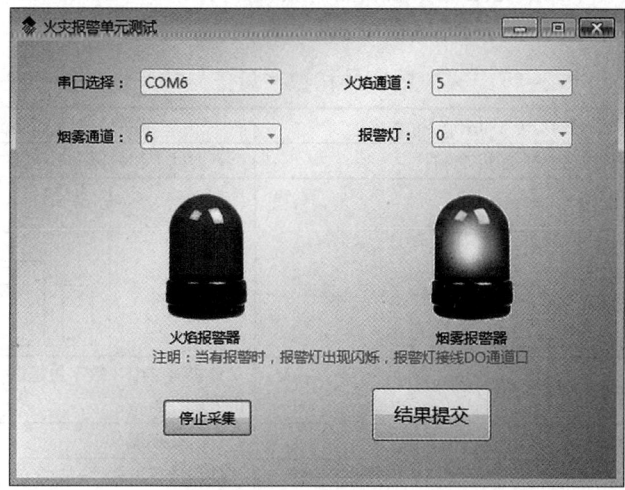

图2-44　报警灯报警状态

任务检查

参照任务完成情况检查表2-16,团队成员相互检查、评价。每项评价内容分五档打分,A-优秀,B-良好,C-一般,D-合格,E-不合格。

表2-16 任务完成情况检查表

检查内容	检查结果
会陈述数字量采集器等采集设备的特点、应用领域和组成结构	A□ B□ C□ D□ E□
能根据工作指导手册,正确分辨数字量采集器、RS-232转RS-485转换器	A□ B□ C□ D□ E□
能根据产品型号、规格参数,准确核对进场设备,完成设备一致性检验	A□ B□ C□ D□ E□
能识别电器元件布置图,正确选用螺钉、垫片和螺母,合理使用螺丝刀、剥线钳等安装工具,在安装视频的指导下规范安装采集器及其他设备	A□ B□ C□ D□ E□
能识别安装接线图,使用线缆正确连接采集器、转换器与电源及其他设备,并保证设备正常供电	A□ B□ C□ D□ E□
能使用调试软件进行功能调试	A□ B□ C□ D□ E□
能使用数字万用表测试线路的通断以及设备的通电电压(工位的设备供电电压)	A□ B□ C□ D□ E□
线缆连接正确、牢固、规范,无露铜现象	A□ B□ C□ D□ E□
数字量采集器等设备安装正确、牢固、美观	A□ B□ C□ D□ E□
完成任务后工具正常归位并摆放整齐	A□ B□ C□ D□ E□
完成任务后工位及周边的卫生环境整洁	A□ B□ C□ D□ E□

知识补充

一、模拟量、数字量和开关量信号

模拟量是指在时间和数值上都是连续变化的物理量,它可以用来描述物理现象,如温度、速度、压力等。把表示模拟量的信号称为模拟量信号,如温湿度传感器工作时输出的电流信号就属于模拟量信号,因为温度不会发送跳变,因此测得的电流信号在时间上和数值上都是连续变化的。

数字量是指在时间和数值上都是离散、不连续变化的物理量,把表示数字量的信号称为数字量信号,如人体红外传感器工作时输出的电流信号就属于数字量信号,因为每检测到一次人经过,就会输出一个信号,记为1,人被检测到的次数在时间和数值上都是不连续变化的。数字量的表示和传输具有较高的稳定性和准确性,因此在计算机和通信系统中运用比较广泛。

模拟量信号和数字量信号的其他区别见表2-17。

表2-17 模拟量信号和数字量信号的其他区别

名称	模拟量信号(Analog Signal)	数字量信号(Digital Signal)
定义	在时间上与数值上都是连续的信号	在时间上和数值上不连续的(即离散的)信号
信号波形		
应用场合	电压、电流、电阻等连续的物理量	计机科学中,数字量是以二进制编码的形式来表示和传输
转化方式	A/D转换器	D/A转换器
测量方式	使用专门的测量仪器,如示波器、信号发生器等	使用计算机软件对数字信号进行采集、存储和分析
调试方式	通过对电路和程序的调试,确保模拟量和数字量的正确性和稳定性	

开关量只有两种状态，0和1，包括开入量和开出量，反映的是状态。开关量常用于表示设备的状态，如开关、继电器等。由于开关量只有两种状态，其信息量较低，但在某些情况下，它们可以提供足够的信息来控制或监测系统。

二、串行通信接口

串行通信接口简称串口（通常指COM接口），是采用串行通信方式的扩展接口。串行接口（Serial Interface）是指数据一位一位地顺序传送。其特点是通信线路简单，只要一对传输线就可以实现双向通信（可以直接利用电话线作为传输线），从而大大降低了成本，特别适用于远距离通信，但传送速度较慢。

串行接口按电气标准及协议来分包括RS-232、RS-422、RS-485等。

1. RS-232接口

RS-232接口是个人计算机上的通信接口之一，是由电子工业协会（Electronic Industries Association，EIA）制定的异步传输标准接口。通常，RS-232接口以9个引脚（DB-9，见图2-45）或25个引脚（DB-25）的形态出现。一般个人计算机上会有两组RS-232接口，分别称为COM1和COM2。

图2-45　RS-232（9针）接口

在串行通信时，要求通信双方都采用一个标准接口，方便连接进行通信。RS-232-C接口（又称EIA RS-232-C）是目前常用的一种串行通信接口，其中"RS-232-C"中的"-C"表示RS-232的版本，所以与"RS-232"简称是一样的。

工业控制的RS-232接口一般只使用RXD、TXD、GND三条线。

RS-232-C标准规定的数据传输速率为50、75、100、150、300、600、1200、2400、4800、9600、19200、38400Bd（波特）。RS-232-C标准规定，驱动器允许2500pF的电容负载，通信距离将受此电容限制。例如，采用150pF/m的通信电缆时，最大通信距离为15m；若每米电缆的电容量减小，则通信距离可以增加。传输距离短的另一个原因是RS-232属于单端信号传送，存在共地噪声和不能抑制共模干扰等问题，因此一般用于20m以内的接口通信。具体通信距离还与通信速率有关。例如，在9600bit/s时，使用普通双绞屏蔽线进行通信，距离可达30～35m。

2. RS-485接口

RS-485接口采用差分信号逻辑，2～6V表示"1"，-6～-2V表示"0"。RS-485接口有两线制和四线制两种接线。四线制是全双工通信方式，两线制是半双工通信方式。在RS-485通信网络中一般采用的是主从通信方式，即一个主机带多个从机。很多情况下，连接RS-485通信线路时只是简单地用一对双绞线将各个接口的"A""B"端连接起来，而忽略了信号地的连接，这种连接方法在许多场合是能正常工作的。

知识测评

1. ADAM-4150数字量采集器的供电电压是_____。
   A．5V　　　　　　B．12V　　　　　　C．24V　　　　　　D．36V
2. 下面选项中不属于ADAM-4150数字量采集器特点的是_____。
   A．采用7通道输入及8通道输出

B．支持3kHz计数器和频率输入
C．宽温运行，高抗噪性
D．无须外接电源，采用串口"电荷泵"驱动方案

3．RS-232转RS-485转换器支持的两种通信方式是_____。
  A．点到点/两线半双工　　　　　　B．点到点/两线全双工
  C．点到多点/两线全双工　　　　　D．点到多点/两线半双工

4．仿真连线时，烟雾、火焰传感器的信号输出端可以接入数字量采集器的_____端口。
  A．DI　　　　B．DO　　　　C．Data+　　　　D．Data-

5．下面选项中关于RS-232接口和RS-485接口描述不正确的是_____。
  A．在RS-485通信网络中一般采用的是主从通信方式
  B．RS-485接口采用差分信号逻辑，2~6V表示"1"，-6~-2V表示"0"
  C．工业控制的RS-232接口一般只使用RXD和TXD两条线
  D．通常RS-232接口以9个引脚（DB-9）或25个引脚（DB-25）的形态出现

项目评价

根据物联网设备安装调试岗位能力要求，由学生、同伴、教师、企业专家等进行多元评价。每项评价内容分五档打分，A-优秀，B-良好，C-一般，D-合格，E-不合格。

评价内容	自评	同伴	教师	企业专家
能根据工作指导手册，正确分辨感知传感类设备				
能根据工作指导手册，正确分辨执行类设备				
能根据产品型号、规格参数，准确核对进场设备，完成设备一致性检验				
能识读系统结构图、电器元件布置图、安装接线图				
能使用常用安装工具规范安装传感器、执行终端、网络通信等相关设备				
能根据安装接线图，使用线缆规范连接设备，并保证设备正常供电				
会使用万用表等测量工具测试线路的通断，测量设备的工作电压和电流				
会使用调试软件与工具进行系统故障排除与功能调试				
具备一定的安全意识和整理意识，确保施工过程中人身安全和设备安全				
具备一定的学习新技术的能力，能够迅速掌握新型设备安装与调试的方法				

拓展任务：烟雾、火焰传感器与执行器件的联动

1．报警灯与火焰传感器联动连接，有火焰时自动开启报警灯，同时也可手动开启报警灯。为实现上述功能进行设备的连接并在图2-46中完成电路的绘制工作。

2．LED灯与烟雾传感器联动连接，有烟雾时自动关闭LED灯，同时也可手动关闭LED灯。为实现上述功能进行设备的连接并在图2-47中完成电路的绘制工作。

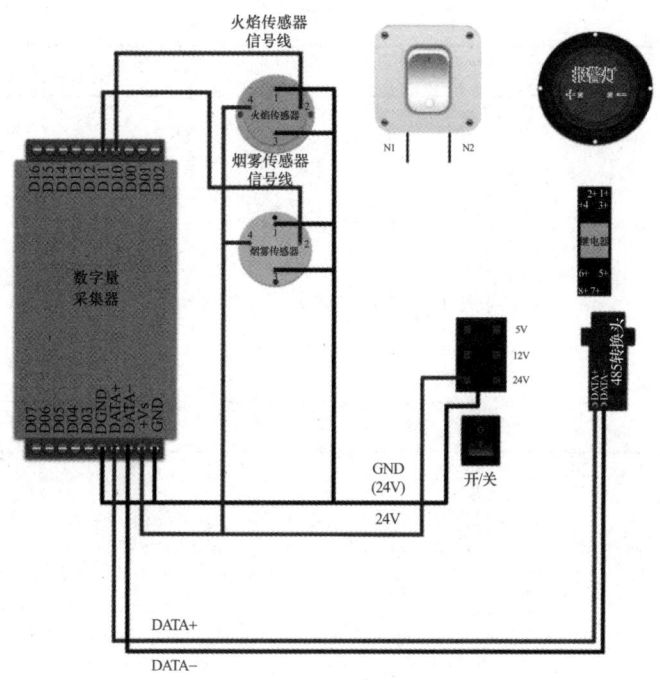

图2-46　拓展任务图1

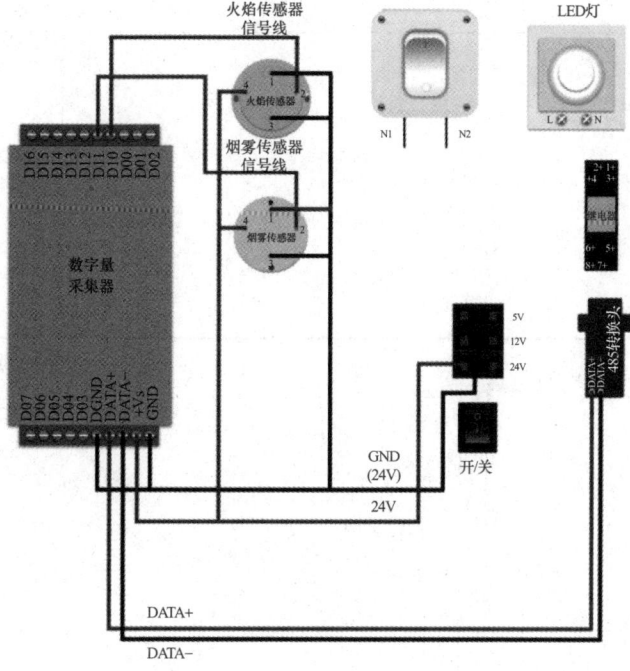

图2-47　拓展任务图2

项目完成情况描述

存在问题描述

心得体会

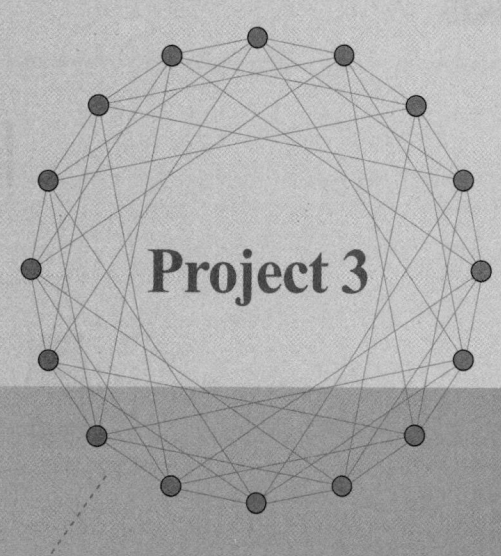

项目 3

安装农业气象站监测系统

项目描述

农业气象站监测系统项目旨在提高农业生产效率、优化资源利用、降低环境影响,为现代农业发展提供重要支持。本项目旨在研发一套智能农业气象站监测系统,以满足现代农业生产对气象信息的精细化需求,同时提高农业生产抗灾能力,为农业生产提供可靠保障。本项目中农业气象站监测系统结构设计如图3-1所示,主要包含风速传感器、二氧化碳传感器、大气压力传感器和ADAM-4017+模拟量采集器,具有灵敏度高、可靠性强,传输距离远等特点。

通过本项目学习,学习者能根据农业气象检测站系统安装接线图,选用合适的工具规范安装风速、二氧化碳、大气压力传感器,以及ADAM-4017+模拟量采集器,使用线缆实现设备之间的连接,在安装与调试过程中能使用万用表测试线路的连通状态,测量设备的电压情况。

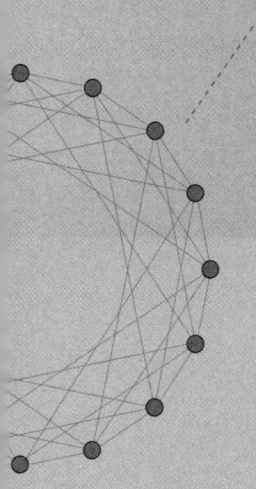

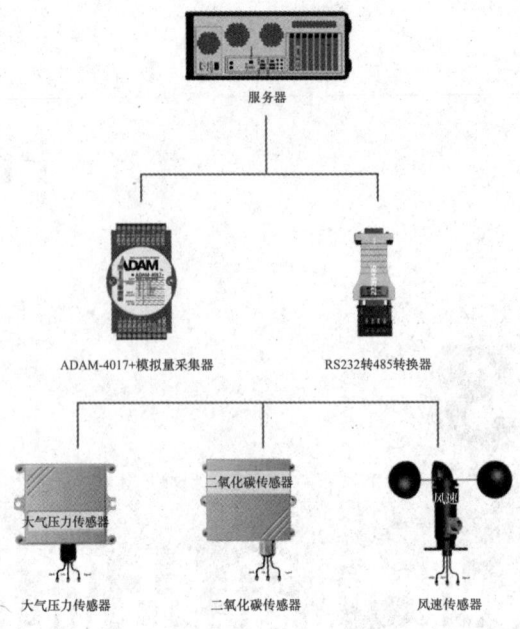

图3-1　农业气象站监测系统结构设计

学习目标

- 会描述风速、二氧化碳、大气压力传感器,以及模拟量采集器的用途与工作原理。
- 会列举农业气象站监测系统所使用的设备,并简述相互关系。
- 能根据产品型号、规格参数,准确辨别与核对风速、二氧化碳、大气压力传感器,以及模拟量采集器等设备,完成设备一致性检验。
- 能根据说明书,检查风速、二氧化碳、大气压力传感器,以及模拟量采集器等产品外观,清点附件,利用万用表电流档完成设备完好检测。
- 能合作识别系统结构图、电器元件布置图、安装接线图。
- 能使用虚拟仿真软件或绘图软件,完成风速、二氧化碳、大气压力传感器,以及模拟量等设备选择和模拟连线。
- 能熟练使用螺丝刀、剥线钳等常用工具完成风速、二氧化碳、大气压力传感器和模拟量采集器等设备的规范安装与接线。
- 能择机使用万用表测试线路的通断,测量设备的工作电压和电流。
- 能使用系统调试工具进行故障排除与功能调试。
- 增强职业认同感。
- 形成职业责任与质量意识。

项目3
安装农业气象站监测系统

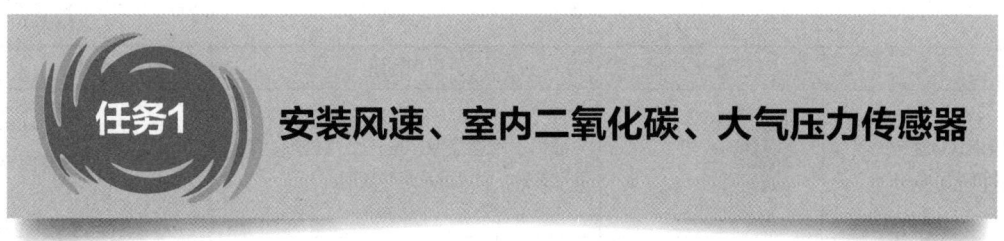

任务1　安装风速、室内二氧化碳、大气压力传感器

任务描述

农业气象站监测系统安装接线图如图3-2所示。本任务需要认知和辨别风速、室内二氧化碳、大气压力传感器。再根据系统安装接线图，安装风速、室内二氧化碳、大气压力传感器。

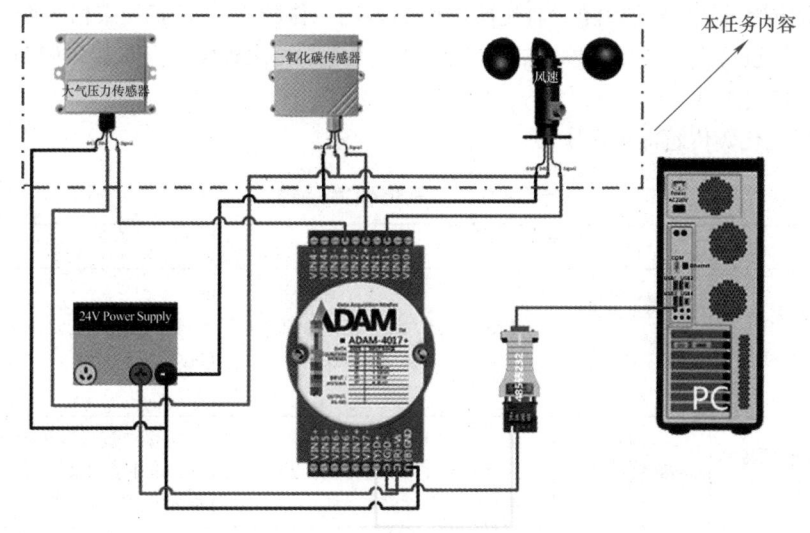

图3-2　农业气象站监测系统安装接线图

知识准备

一、风速传感器

风速传感器是用来测量风速的智能设备，按照工作原理可粗略分为机械式风速传感器、超声波式风速传感器。其壳体采用优质铝合金型材或聚碳酸酯复合材料，具有防雨水、耐腐蚀、抗老化的特点，主要用在气象、农业、船舶等领域，可长期在室外使用。常见的风速传感器见表3-1。

表3-1　风速传感器

名称	外观	适用场所	特点
三杯式风速传感器（YJ-FS100-24M）		工程机械（起重机、门吊、塔吊等）、交通（铁路、港口、码头、索道等）、农业（环境、温室、养殖等）、气象（如空气调节、节能监控）等场所	具有高精度、稳定可靠、快速响应等优点

（续）

名称	外观	适用场所	特点
管道式风速传感器（FST200-206）		适用于暖通空调、电厂烟气处理、管道空气流量、变风量系统等场所	具有功耗低、抗外界干扰能力强、测量精度高等优点
矿用风速传感器[GFW15（B）]		适用于煤矿安全监测、矿井通风系统、工程施工等场所	具有耐用坚固、高精度、实时监测等优点

二、二氧化碳传感器

二氧化碳传感器是用于检测二氧化碳浓度的机器。作物干重的95%来自光合作用，二氧化碳是绿色植物进行光合作用的原料之一。因此，使用二氧化碳传感器监测和调节二氧化碳浓度能直接影响作物产量。

常见的二氧化碳传感器见表3-2。

表3-2 二氧化碳传感器

名称	外观	适用场所	特点
二氧化碳传感器（PR-3002-CO2-I20）		适用于农业大棚、花卉培养、工厂车间等需要CO_2检测的场合	精准度高、稳定性好、一致性好等优点
防爆二氧化碳传感器（FST100-G101）		可广泛应用于城市综合管廊、矿井、冶炼制造、石油化工、天然气场合	防爆二氧化碳传感器原装进口探头，电化学式原理；Exd Ⅱ CT6防爆等级，性能稳定，响应灵敏
无线二氧化碳传感器（FST100-G2104）		暖通制冷及室内空气监测；农业温室大棚、花卉种植、畜牧业养殖、办公楼、商业楼宇控制等需测CO_2场合	无线二氧化碳传感器测量准确度高；壁挂式外壳，安装方便；无线传输免布线；性能优越，长期稳定性好

三、大气压力传感器

大气压力传感器是一种用于测量大气压力变化的传感器，其主要特点包括灵敏度高、测量范围广、精度高等特点。主要应用场合有车载应用、医疗领域、工业等领域。

常见的大气压力传感器见表3-3。

表3-3 大气压力传感器

名称	外观	适用场所	特点
大气压力传感器（PR-3002-QY-I20）		适用于大气、气象研究；小型气象站、温室、农业大棚等场所	具有低功耗、高灵敏、稳定输出等优点

（续）

名称	外观	适用场所	特点
无线大气压力传感器（FST100-2102）		大气、气象研究；小型气象站、温室、农业大棚；风力资源评估、环境监测等场所	无线大气压力传感器测量准确度高；壁挂式外壳，安装方便；无线传输免布线；性能优越，长期稳定性好
百叶箱气象传感器（FST100-2201）		百叶箱气象监测传感器：大气压力、温湿度、光照度等多种参数同时测量；宽范围气压量程，可应用于各种海拔高度	广泛应用于城市环境测量、农业监控、工业治理等多种场合

任务实施

根据使用场所选择合适的风速传感器、室内二氧化碳传感器、大气压力传感器，根据系统结构图绘制虚拟仿真连线图，选用合适的工具安装风速传感器、室内二氧化碳传感器、大气压力传感器，利用万用表检测并确保线路正常连通。

3-1 安装风速传感器

3-2 安装二氧化碳传感器

一、模拟连线

建议使用"物联网云仿真实训平台"软件或"Microsoft Visio"软件完成设备供电部分的模拟连线。

1. 使用"物联网云仿真实训平台"软件模拟连线

步骤一：设备选型。

在左侧设备选型区的"有线传感器"列表中选择风速传感器、室内二氧化碳传感器、大气压力传感器，在"电源"列表中分别选择一个24V电源，所需设备见表3-4，将它们拖入工作台。

表3-4 任务1所需设备

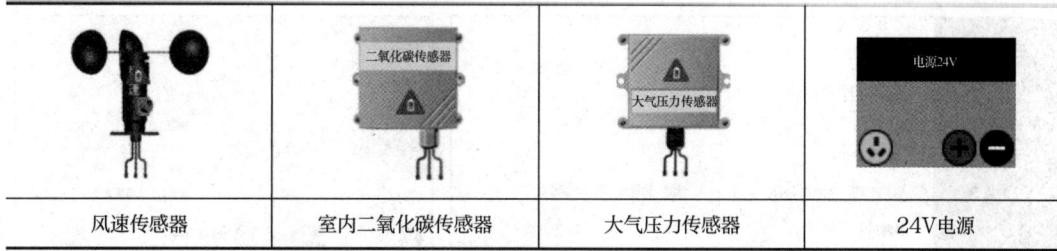

| 风速传感器 | 室内二氧化碳传感器 | 大气压力传感器 | 24V电源 |

步骤二：模拟连线。

参照图3-3，实现风速传感器、二氧化碳传感器、大气压力传感器设备模拟连线。

步骤三：功能测试。

单击左上角"模拟实验"按钮，风速传感器、二氧化碳传感器、大气压力传感器上出现数值，说明设备运行正常，功能有效，如图3-4所示。

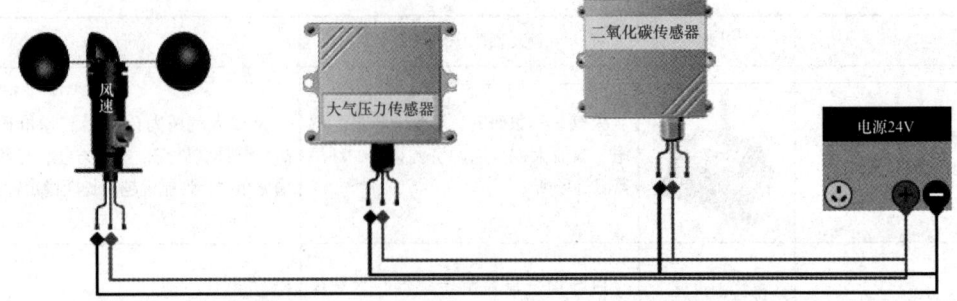

图3-3 风速传感器、二氧化碳传感器、大气压力传感器设备模拟连线图

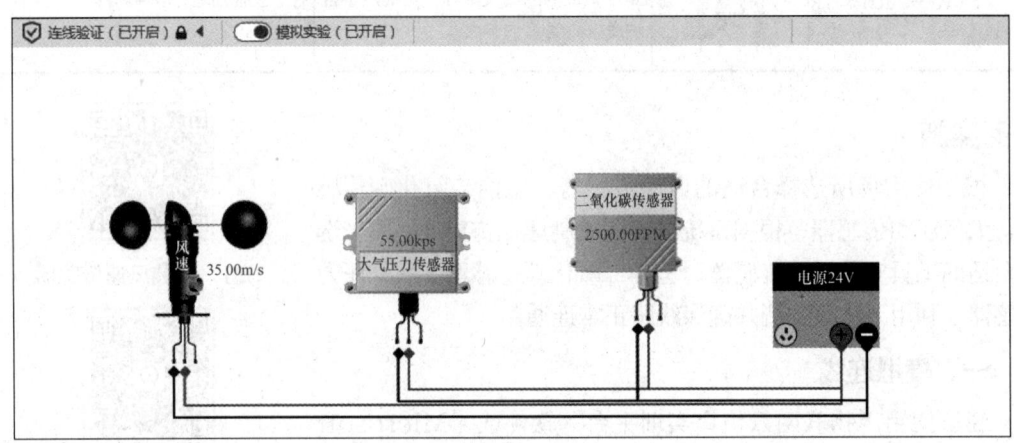

图3-4 常态下的传感器状态

2. 使用"Microsoft Visio"软件模拟连线

步骤一：新建文件与导入模具。

打开Visio软件，执行"文件"→"新建"→"基本框图"命令，新建一个Visio文件，如图3-5所示。

导入Visio模具，执行"更多形状"→"打开模具"命令，然后选择模具文件存放的目录，单击打开，如图3-6所示。

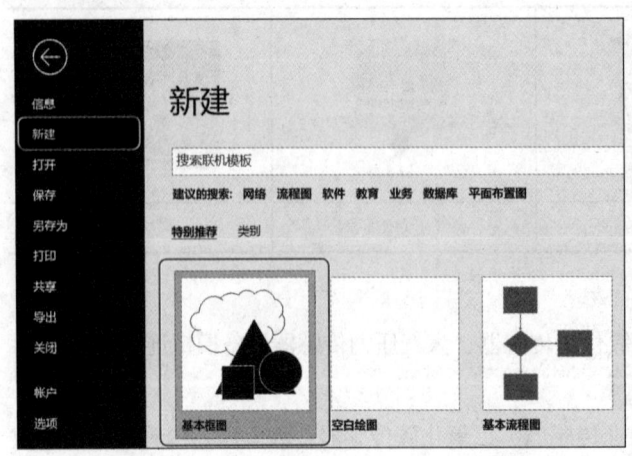 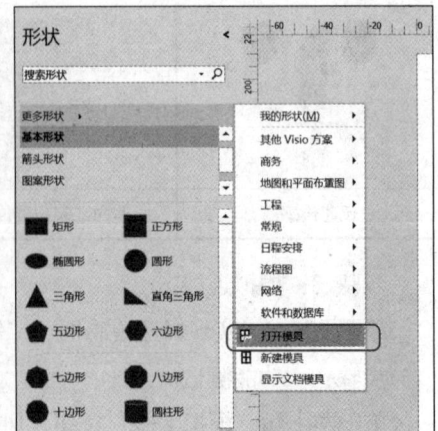

图3-5 Microsoft Visio软件新建文件   图3-6 导入模具

步骤二：布置模具。

在模具库中选择风速传感器、二氧化碳传感器、大气压力传感器，拖至文件空白处，如图3-7所示。

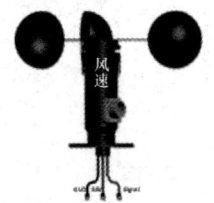  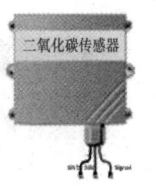

图3-7 风速传感器、二氧化碳传感器、大气压力传感器

放置电源端子，单击左侧的工具栏，执行"基本项"→"工程"→"电气工程"→"基本项"命令，如图3-8所示，将DC直流电源端子拖至文件空白处。

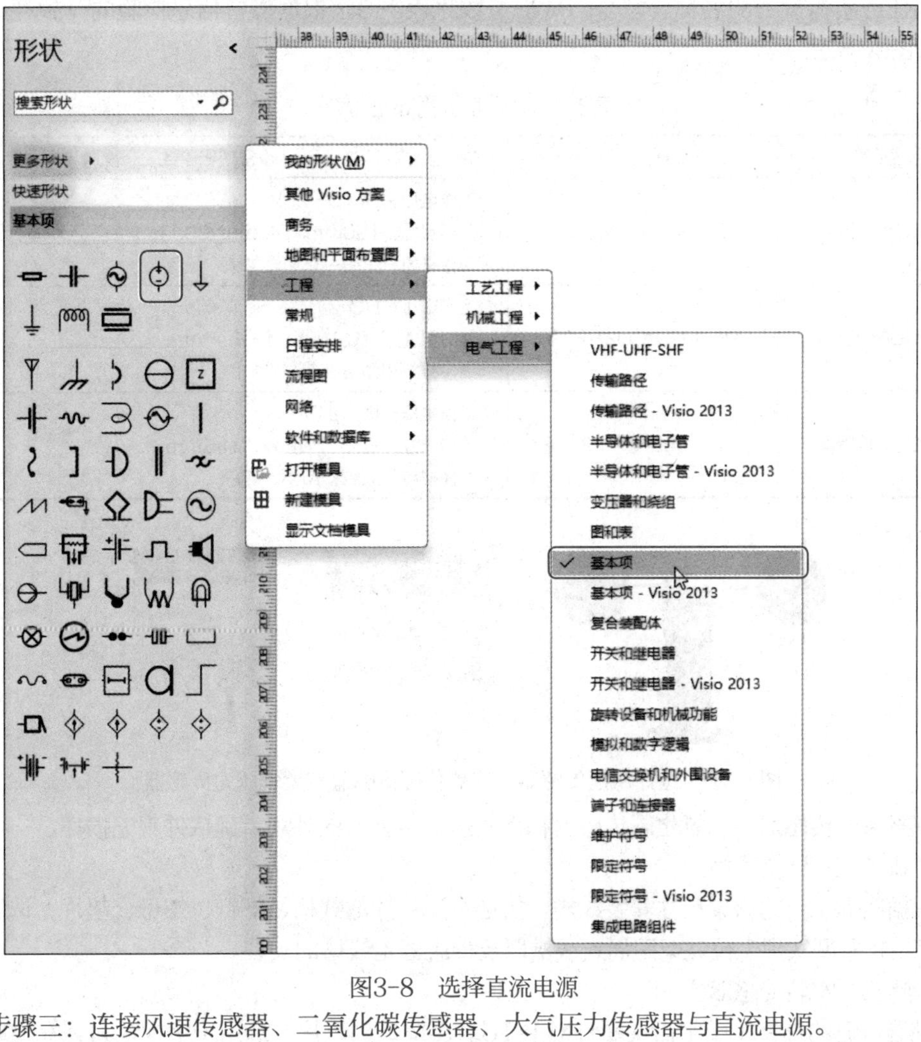

图3-8 选择直流电源

步骤三：连接风速传感器、二氧化碳传感器、大气压力传感器与直流电源。

选择连接导线。风速传感器的黑色线连直流24V电源负极，红色线连直流24V电源正极。用同样的方法连接二氧化碳传感器与大气压力传感器，如图3-9所示。

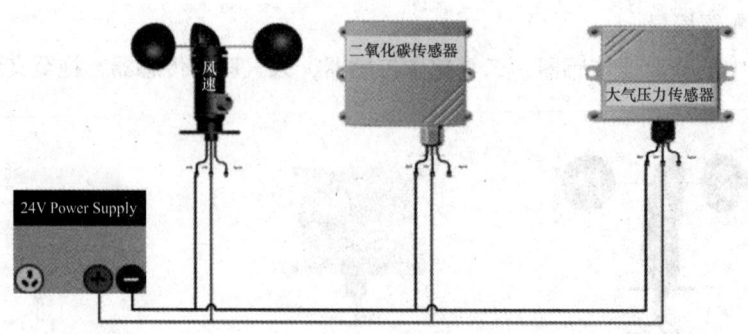

图3-9 风速传感器、二氧化碳传感器、大气压力传感器与直流电源连线图

二、设备搭建

步骤一：设备选型。

本任务所需设备的名称、型号、规格参数见表3-5，根据设备信息检验的一致性选择设备，如图3-10所示。

表3-5 任务所需设备信息

设备名称	设备型号	设备规格参数
风速传感器	YJ-FS100-24M型	工作电压：DC 9~28V 外形尺寸：180mm×180mm×200mm 壳体材质：工程ABS阻燃外壳，黑色
二氧化碳传感器	PR-3002-CO2-I20型	工作电压：DC 24V 外形尺寸：直径103mm，高45mm 壳体材料和颜色：ABS，灰白
大气压力传感器	PR-3002-QY-I20型	工作电压：DC 24V 外形尺寸：直径117mm，高85mm 壳体材料和颜色：ABS，灰白

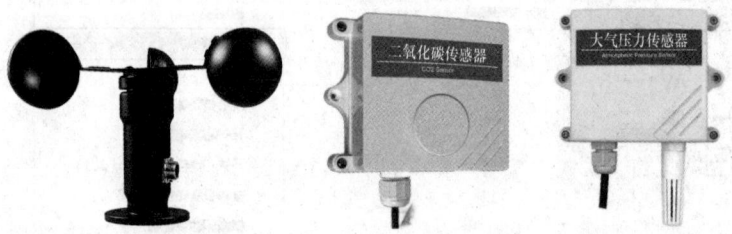

图3-10 选择风速传感器、二氧化碳传感器和大气压力传感器

观察风速传感器、二氧化碳传感器和大气压力传感器的外观，确认外观无损坏。

步骤二：安装走线槽。

根据实训工位的铁架尺寸安装线槽。挑选合适尺寸的线槽、螺钉、螺母、垫片，选用螺丝刀，完成物联网实训工位铁架四周走线槽以及传感器走线槽的安装。

步骤三：安装传感器。

挑选合适的螺钉（十字盘头螺钉M4×16）、螺母、垫片，选用十字螺丝刀，在物联网实训工位铁架上安装风速传感器、二氧化碳传感器、大气压力传感器。安装完成后，检查安装是否牢固，如图3-11所示。

  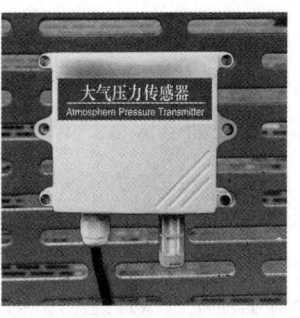

图3-11 安装固定风速传感器、二氧化碳传感器、大气压力传感器

步骤四：连接电源和信号延长线。

查看风速传感器端子说明，如图3-12所示。

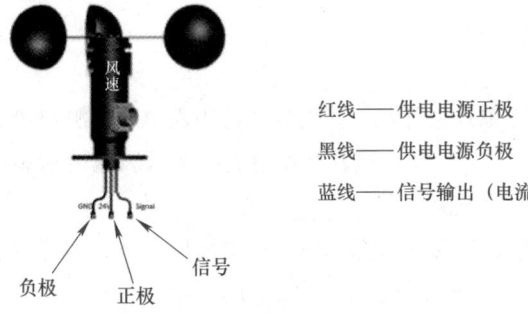

图3-12 风速传感器端子说明

根据图3-13线路连线示意图连接线路。

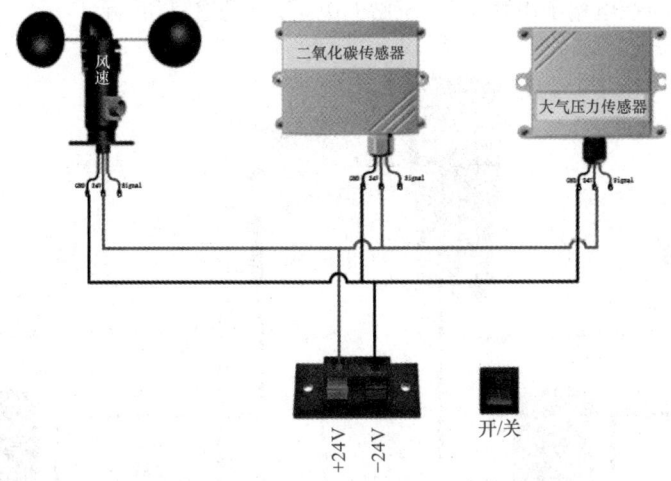

图3-13 风速传感器、二氧化碳传感器、大气压力传感器线路连线示意图

1）用红黑电源线将红线连接风速传感器红色线端电源正极，黑线连接黑色线端电源负极，红黑线另外一端接工位两侧的24V电源端子。

2）用相同的方法，将红线连接二氧化碳传感器、大气压力传感器红线端电源正极，黑线连接黑色线端电源负极，红黑线另外一端接工位两侧的24V电源端子。

3）检测线路连接情况。同一小组成员相互检查各种线路的连接情况是否正确。

三、调试验证

1. 线路通断测试

本环节在断电状态下测试。关闭设备电源,使用数字万用表蜂鸣档测试线路的连接情况。首先,表笔插接:将黑表笔插进"COM"孔中,红表笔插进"VΩ"孔中。其次,选择档位:把旋钮旋转到蜂鸣档。接着,红黑表笔分别接待测线路的两端。例如,先测风速传感器电源正极与24V正极之间的线路,如果线路导通,万用表的蜂鸣器会发出"滴"的警示声,并且万用表显示屏上显示"001.2"。用同样的方法完成全部安装线路的检测。

2. 设备供电电压测量

本环节在通电状态下测试。将实训工位的稳压电源开关开启,使用数字万用表电压档测量风速传感器、二氧化碳传感器、大气压力传感器底座的供电电压,测试出来的电压值为_____V。

3. 设备功能测试

将实训工位的稳压电源开关开启,使用数字万用表电压档测量风速传感器的供电压,并记录测试出来的电压值为_____V。接着使用电流档测量风速传感器转动时(可用手拨动风速传感器的三杯转轴)输出的电流值为_____mA。

注意,为了和后续传感器接采集器时输入的电流值一致,风速传感器测量信号端输出电流值时应在电路中串联一个150Ω的电阻,如图3-14所示。

使用数字万用表电流档测量室内二氧化碳传感器输出端的电流值为_____mA。

注意,为了和后续模拟量传感器接采集器时输入的电流值一致,室内二氧化碳传感器测量信号端输出电流值时应在电路中串联一个150Ω的电阻,如图3-15所示。

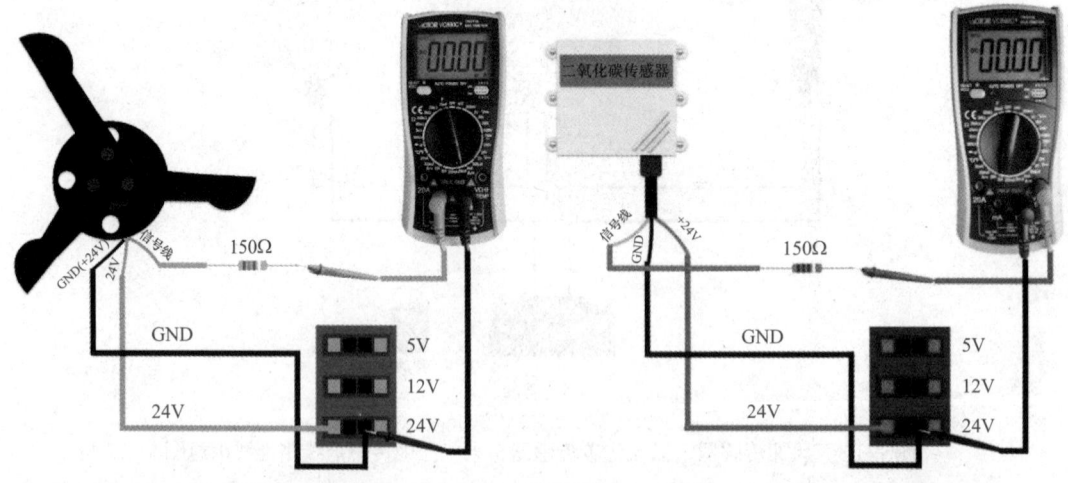

图3-14　测试风速传感器工作电流　　　图3-15　测量二氧化碳传感器工作电流

使用数字万用表电流档测量室内大气压力传感器输出端的电流值为_____mA。注意,为了和后续模拟量传感器接采集器时输入的电流值一致,大气压力传感器测量信号端输出电流值时应在电路中串联一个150Ω的电阻,如图3-16所示。

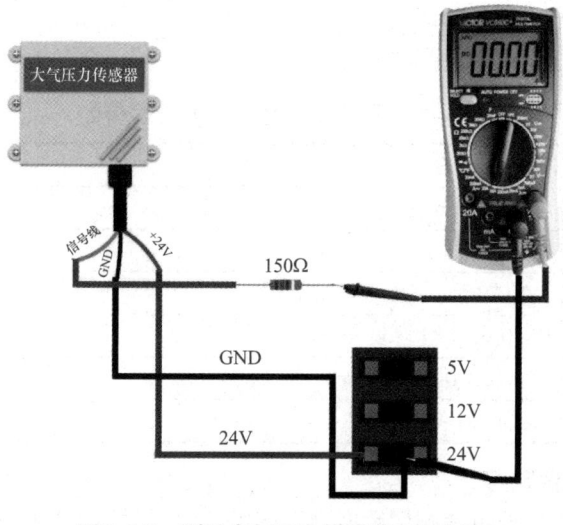

图3-16 测量大气压力传感器工作电流

任务检查

参照任务完成情况检查表3-6，团队成员相互检查、评价。每项评价内容分五档打分，A-优秀，B-良好，C-一般，D-合格，E-不合格。

表3-6 任务完成情况检查表

检查内容	检查结果
会陈述模拟量传感器技术的特点、应用领域	A□ B□ C□ D□ E□
能根据工作指导手册，正确分辨风速传感器、二氧化碳传感器、大气压力传感器	A□ B□ C□ D□ E□
能根据产品型号、规格参数，准确核对进场设备，完成设备一致性检验	A□ B□ C□ D□ E□
能正确选用螺钉、垫片和螺母，合理使用螺丝刀、剥线钳等安装工具，在安装视频的指导下规范安装传感器设备	A□ B□ C□ D□ E□
能识别安装接线图，使用线缆正确连接传感器与电源，并保证设备正常供电	A□ B□ C□ D□ E□
能使用数字万用表测试线路的通断以及设备的通电电压（工位的设备供电电压）	A□ B□ C□ D□ E□
线缆连接正确、牢固、规范，无露铜现象	A□ B□ C□ D□ E□
风速、二氧化碳、大气压力传感器设备安装正确、牢固、美观	A□ B□ C□ D□ E□
完成任务后工具正常归位并摆放整齐	A□ B□ C□ D□ E□
完成任务后工位及周边的卫生环境整洁	A□ B□ C□ D□ E□

知识补充

一、风速传感器

YJ-FS100-24M型风速传感器是采用传统三风杯结构，由三个碳纤维风杯和杯架组成，转换器为多齿转杯和狭缝光耦。当风杯受水平风力作用而旋转时，通过活轴转杯在狭缝光耦中的转动，输出频率的信号，经过变送板可以输出电流、电压、数字信号等。

1. 技术参数

风速传感器的相关技术参数见表3-7。

表3-7　风速传感器的相关技术参数

工作电压	DC 10～30V
启动风速	≤0.5m/s
分辨率	0.1m/s
测量范围	0～70m/s
动态响应时间	≤0.5s
风速精度	±（0.3+0.03V）m/s
工作环境	温度-40～50℃

2. 风速传感器的优缺点

风速传感器的优点主要包括测量精度高、使用方便、适用于各种环境和气候条件等。然而，风速传感器也存在一些缺点，如易受干扰、需要定期维护、价格较高等。

3. 使用注意事项

1）不得自行拆卸，更不能触碰传感器芯体，以免造成产品损坏。
2）尽量远离大功率干扰设备，以免造成测量不准确。
3）防止化学试剂、油、粉尘等直接侵害传感器。

****

　　使用配套资源中的"物联网AR"APP扫描AR学习资源中的风速传感器1和风速传感器2图标，查看其他型号风速传感器的功能介绍、技术参数和安装视频等信息，并进行学习。

****

二、二氧化碳传感器

常用的二氧化碳传感器主要有两种，一种是固态电解质传感器，另一种是红外二氧化碳传感器。其中固态电解质传感器原理是气敏材料在通过气体时会产生离子，从而形成电动势，通过测量电动势来测量气体浓度。这种传感器由于电导率高、灵敏度和选择特性好，得到广泛应用，如图3-17所示。红外二氧化碳传感器原理是CO_2对特定波段红外辐射有吸收作用，会使透过测量室的辐射能量减弱。通过检测能量的衰减量来得知被测气体中CO_2的含量，如图3-18所示。

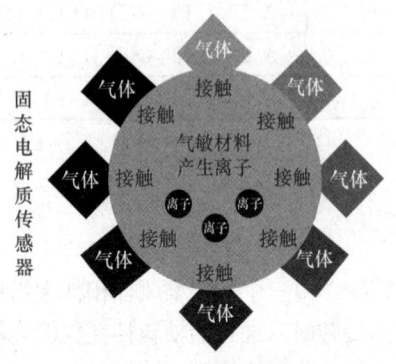
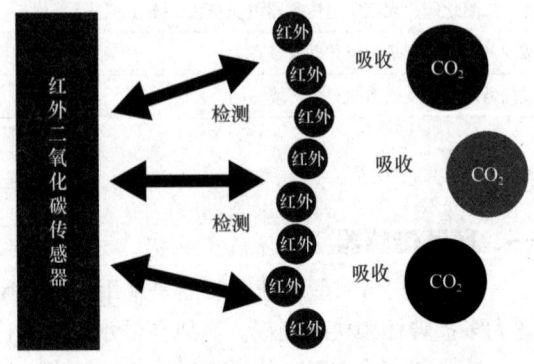

图3-17　固态电解质传感器工作原理　　　图3-18　红外二氧化碳传感器工作原理

1. 技术参数

二氧化碳传感器的相关技术参数见表3-8。

表3-8 二氧化碳传感器的相关技术参数

工作电压	额定工作电压：DC 24V，工作电压范围：DC 12～30V
CO_2测量范围	0～5000ppm
CO_2测量精度	±（50ppm+3% F·S）
工作环境	-10～50℃
响应时间	90%阶跃变化时小于30s
稳定性	＜2% F·S

2. 安装注意事项

1）应尽量避免传感器直接暴露在高温、高湿、灰尘或腐蚀性气体的环境中，这些因素可能会影响传感器的正常工作。

2）要确保传感器所在的环境中没有强烈的电磁干扰，以避免信号干扰问题。

3）二氧化碳传感器的安装高度一般为1.5～2m之间。

三、大气压力传感器

大气压力传感器是一种用于测量大气压力的传感器，它能够将压力变化转化为电信号输出。这种传感器在结构上通常包括传感元件、感应装置、封装外壳和接口电路等主要部分。

传感元件是传感器中最关键的部分，常用的传感元件有压电传感器、微机电系统传感器和压力传感器等。这些传感元件能够感受和理解外界压力的变化，并将这些变化转换为电信号。大气压力传感器的精度和分辨率是衡量其性能的重要指标。精度通常指传感器输出结果与实际值之间的误差范围，分辨率通常指传感器能够测量并输出的最小单位。

大气压力传感器的相关技术参数见表3-9。

表3-9 大气压力传感器的相关技术参数

工作电压	DC 9～30V
气压精度	±0.15kPa（25℃，101kPa）
工作温度	-80～80℃
气压量程	26～126kPa
输出信号	4～20mA
功耗	≤0.5W

知识测评

1. 以下选项中属于农业气象站检测系统特性的是_____。
   A. 高精度测量、数据存储、远程传输
   B. 高精度测量、智能预警、数据分析
   C. 无线通信、远程监控、智能预警
   D. 数据存储、智能预警、数据分析

2. 当风速增加时，_____的读数会增加。
   A．温度传感器　　　B．压力传感器　　　C．湿度传感器　　　D．速度传感器
3. 风速传感器的额定工作电压是_____。
   A．12V　　　　　　B．16V　　　　　　C．18V　　　　　　D．24V
4. 以下领域中属于大气压力传感器的主要应用范围的是_____。
   A．航空航天　　　　B．环保监测　　　　C．工业生产　　　　D．医疗健康
5. 以下选项中不属于二氧化碳传感器的应用范围的是_____。
   A．空气质量监测　　　　　　　　　　　B．实验室环境控制
   C．智能家居应用　　　　　　　　　　　D．汽车尾气监测

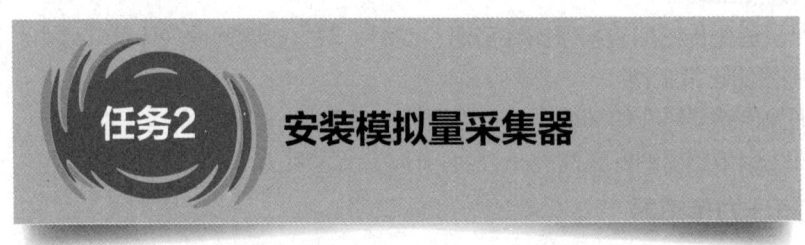

任务2　安装模拟量采集器

任务描述

农业气象站监测系统安装接线图如图3-20所示。本任务需要认知和辨别模拟量采集器、RS-232转RS-485转换器。再根据系统安装接线图安装模拟量采集器，完善农业气象站检测系统。

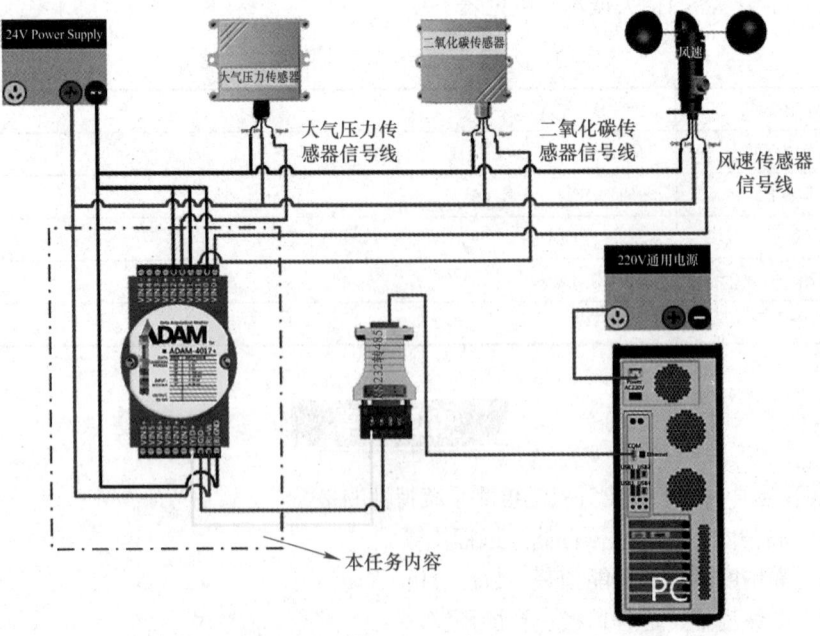

图3-19　农业气象站监测系统安装接线图

知识准备

一、常见的模拟量采集器

模拟量采集器是一种用于采集模拟量数据的设备,如电压、电流、温度、压力等。它通常由一个模拟量输入模块和一个数据处理单元组成,常见的模拟量采集器见表3-10。

表3-10 常见的模拟量采集器

名称	外观	适用场所	特点
模拟量输入输出模块（ADAM-4017+）		适用于具有高电压输入的工业测量和监控场所	8路模拟量输入模块,带Modbus的8路差分模拟量输入模块
以太网模拟量采集模块（IT-30）		适用于机械、电气、电信、石油、化工等工业测控领域	4~20mA转Modbus tcp以太网模拟量采集,支持传输较大的数据量,数据传输安全性更高
8路远程I/O控制器（ZLAN6808-8）		适用于工业自动化、智能家居、医疗设备、环境监测领域	支持多串口服务器功能、支持8路DI/DO/AI控制

二、ADAM-4017+模拟量采集器功能

ADAM-4017+模拟量采集器是一款用于采集0~5V电压信号,4~20mA电流信号的智能采集模块,也称为模拟量采集模块。其主要原理是将电压和电流信号采集输入,然后通过RS-485通信接口与上位机PC相连接,通信协议采用工业通信标准的Modbus RTU协议。

功能特点如下:

1) 模拟量采集器的电源具有防反接、过压过流保护。

2) 采用工业通信标准的RS-485接口,接口带有防雷保护,并且RS-485芯片采用高速光耦合隔离,保证通信稳定。

3) 通信速率默认为9600bit/s,也可以定制相应的波特率。

4) 支持8路模拟量采集输入,支持DIN导轨安装。

任务实施

根据农业气象站监测系统选择模拟量采集器,根据系统结构图绘制虚拟仿真连线图,选用合适的工具安装、测试模拟量采集器,搭建农业气象站监测系统,能使用系统调试工具进行功能调试。

一、模拟连线

建议使用"物联网云仿真实训平台"软件或"Microsoft Visio"软件完成模拟连线。

1. 使用"物联网云仿真实训平台"软件模拟连线

步骤一：设备选型。

在左侧设备选型区的"I/O模块"列表中选择ADAM-4017+模拟量采集器，在"其他外设"列表中选择RS-232转RS-485转换器，在"电源"列表中分别选择一个220V通用电源和24V电源，在"终端"列表中选择PC终端，所需设备见表3-11，将它们拖入工作台。

表3-11 任务2所需设备

大气压力传感器	二氧化碳传感器	风速传感器
ADAM-4017+数字量采集器	RS-232转RS-485转换器	220V通用电源
24V稳压电源	PC终端	

步骤二：模拟连线。

参照图3-20，完成农业气象站监测系统的模拟连线。

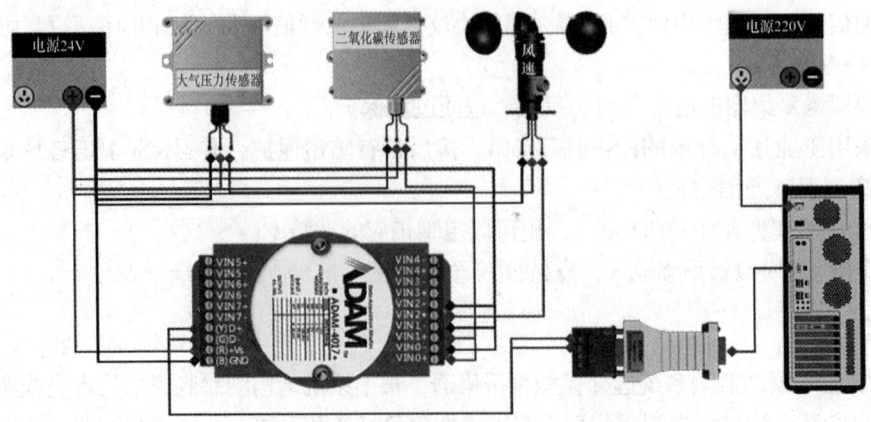

图3-20 农业气象站监测系统模拟连线图1

步骤三：功能测试。

单击左上角"连线验证"按钮，线路没有报错，再单击"模拟实验"按钮，大气压力传感器、二氧化碳传感器、风速传感器有数值显示，说明环境状态正常。

2. 使用"Microsoft Visio"软件模拟连线

步骤一：新建文件与导入模具。

打开Visio软件，执行"文件"→"新建"→"基本框图"命令，新建一个Visio文件。导入Visio模具，执行"更多形状"→"打开模具"命令，然后选择模具文件存放的目录，单击打开。

步骤二：布置模具。

在模具库中选择风速传感器、二氧化碳传感器、大气压力传感器、ADAM-4017+模拟量采集器、RS-232转RS-485转换器、220V通用电源、24V稳压电源、PC终端、报警灯设备，拖至文件空白处。

步骤三：连接农业气象站检测系统相关设备。

选择连接线，参考图3-21完成农业气象站监测系统的模拟连线。

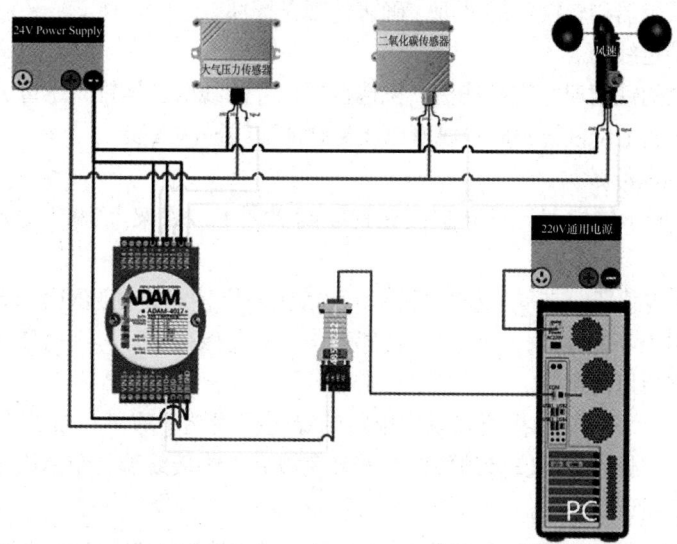

图3-21　农业气象站监测系统模拟连线图2

二、设备搭建

步骤一：设备选型。

本任务中模拟量采集器和转换器的名称、型号、规格参数见表3-12，根据设备信息检验设备的一致性，如图3-22所示，其他设备参考任务1。

表3-12　任务所需设备信息

设备名称	设备型号	设备规格参数
模拟量采集器	研华ADAM-4017+	8路模拟量输入模块 输入范围：4～20mA 隔离电压：DC 3000V 精度：±0.1%或更高 采样速率：10S/s

（续）

设备名称	设备型号	设备规格参数
转换器	宇泰高科 UT-201B	插头：采用DB-9/DB-9通用转接插头 外形尺寸：63mm×33mm×17mm 使用环境：-25～70℃ 相对湿度：5%～95%

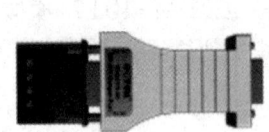  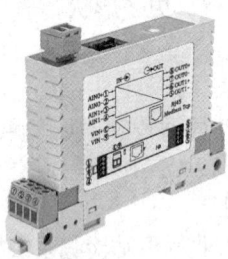 

图3-22　选择模拟量采集器和转换器

观察模拟量采集器和转换器的外观，确认外观无损坏。

步骤二：安装走线槽。

根据实训工位的铁架尺寸安装线槽。挑选合适尺寸的线槽、螺钉、螺母、垫片，选用螺丝刀，完成物联网实训工位铁架四周走线槽以及传感器走线槽的安装。

步骤三：安装设备。

参照图3-23所示的电器元件布置图在物联网实训工位铁架上安装农业气象站监测系统设备。

1）安装风速传感器、二氧化碳传感器、大气压力传感器。挑选M4×16十字盘头螺钉、螺母、垫片，选用十字螺丝刀，安装风速传感器、二氧化碳传感器、大气压力传感器，安装完成后，检查底座安装是否牢固。

2）安装模拟量采集器。将模拟量采集器的绿色接线端子取下，挑选十字盘头螺钉、螺母、垫片，选用十字螺丝刀，安装采集器，安装完成后，将接线端子重新固定，检查采集器是否牢固，如图3-24所示。

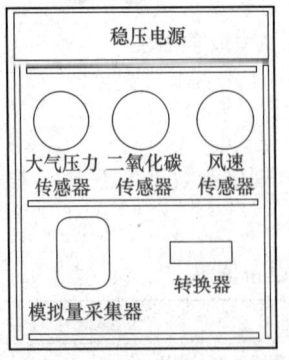 

图3-23　农业气象站监测系统电器元件布置图　　图3-24　安装固定模拟量采集器

步骤四：采集器线路连接与功能配置。

1）连接导线。剪取长度适宜的红黑线，用剥线钳将红黑导线两端剥掉约0.8cm的绝缘皮，用红黑导线的一端分别连接ADAM-4017+模拟量采集器的（R）+Vs和（B）GND两个端子，红黑导线另一端分别连接24V稳压电源的正极和负极。

剪取长度适宜的黄色、蓝色导线，剥除绝缘皮后，一端分别连接采集器的（Y）DATA+和（G）DATA-两个端子，另一端分别连接转换器的T/R+和T/R-两个端子。

转换器的转换头插至PC终端的COM口并锁上螺钉。

2）测试采集器功能。查看ADAM-4017+右侧的拨钮，将其拨到"Init"，并通上电源。

在桌面的计算机图标上单机鼠标右键，在弹出的快捷菜单中选择"管理"命令，进入"设备管理器"，双击右边的端口（COM和LPT）确认计算机后的COM端口号，在这台算机上显示的是COM8，如图3-25所示。

打开安装好的ADAM软件（Adam/Apax.NET Utility）。

单击COM8，如图3-26所示，鼠标右键单击"搜索"（search）按钮。

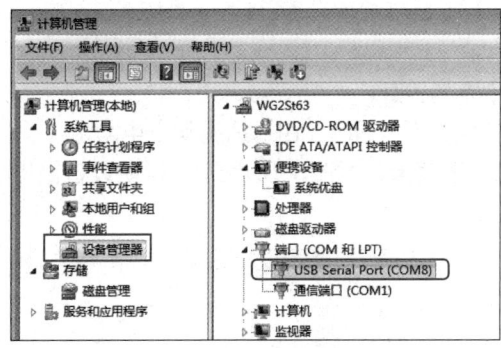
图3-25　查看设备端口

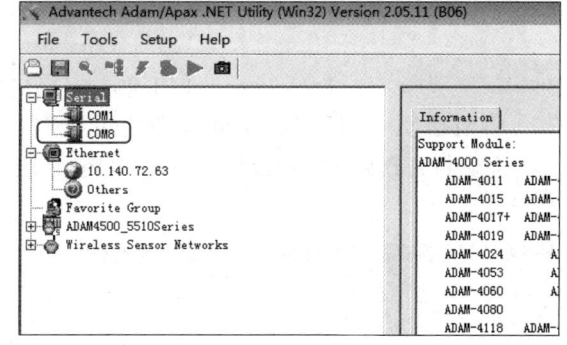
图3-26　ADAM测试软件界面

单击"Start"按钮开始扫描，如图3-27所示。

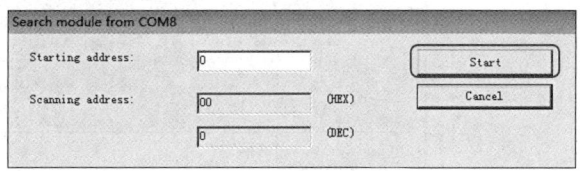
图3-27　搜索设备界面

在看到左边出现"4017P（*）"时，单击"Cancel"（取消）按钮，如图3-28所示。

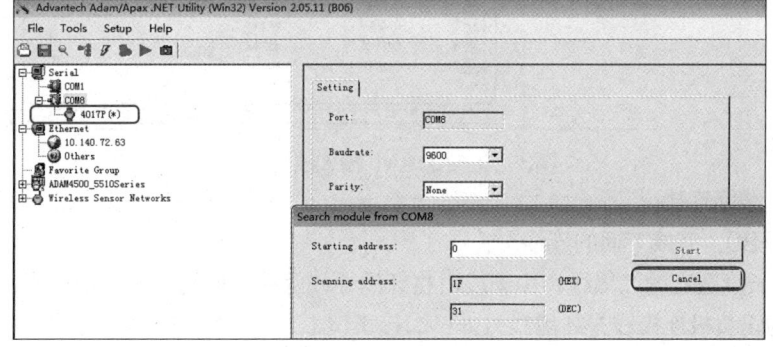
图3-28　搜索到设备

双击"4017P（*）"，按照图3-29进行配置并单击"Apply change"按钮。

— 81 —

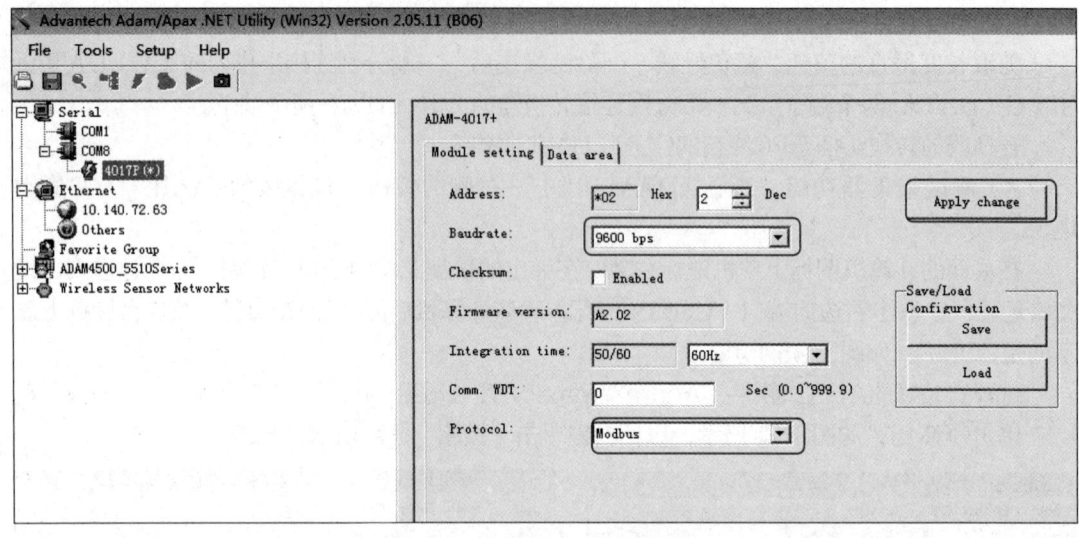

图3-29 ADAM参数配置界面

将ADAM-4017+采集器的电源断开,将右侧拨钮拨至"Normal"后重新上电。

重新打开软件,搜索设备,单击"Data area"选项卡,如图3-30所示,说明设备输出功能正常。

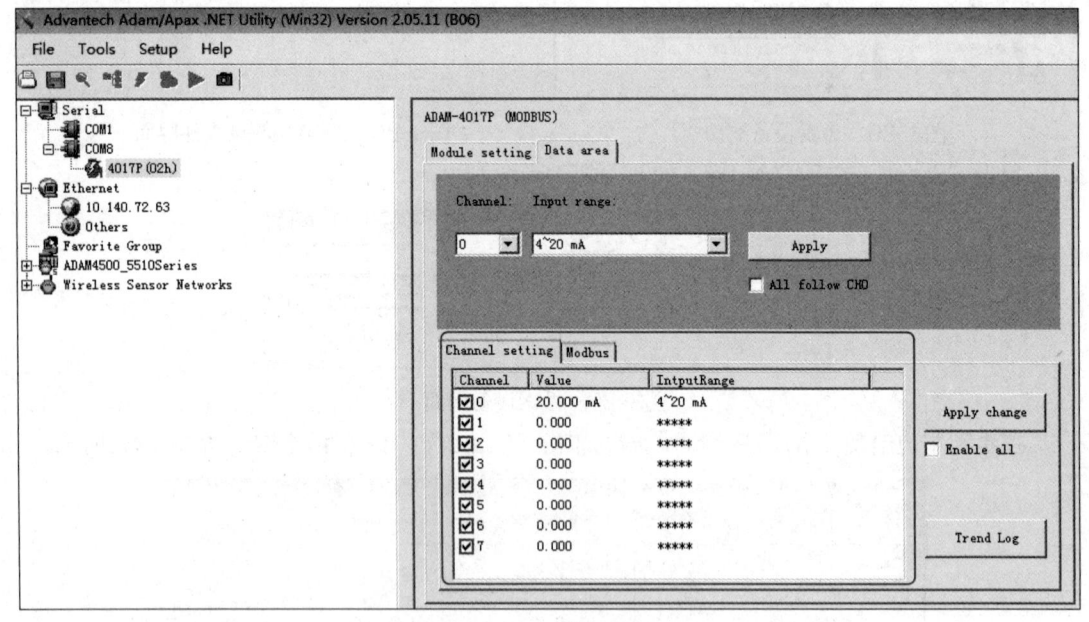

图3-30 ADAM 输入输出界面

步骤五:线路连接。

参考图3-20,完成下面的连线。

1)剪取长度适宜的红黑线,用剥线钳将红黑导线两端剥掉约0.8cm的绝缘皮,延长大气压力传感器的正负极连接线,红黑线另外一端接工位上方的24V电源端子。使用同样的方法连接二氧化碳传感器和风速传感器。

2)根据大气压力传感器和模拟量采集器的距离,剪取一根黄色的信号线,剥除两端

0.8cm的绝缘皮，信号线的一端连接大气压力传感器的信号端子，走背线，另一端连接采集器的Vin0+端子。使用同样的方法连接二氧化碳传感器的信号端子与采集器的Vin1+端子，风速传感器的信号端子与采集器的Vin2+端子。

3）根据模拟量采集器和24V稳压电源的距离，剪取一根黑色导线，剥除两端0.8cm的绝缘皮，导线的一端连接模拟量采集器的Vin0-端子，走背线，另一端连接24V稳压电源负极。使用同样的方法连接模拟量采集器的Vin1-端子与24V稳压电源负极，风速传感器的Vin3-端子与24V稳压电源负极。

4）检测线路连接情况。同一小组成员相互检查各种线路的连接情况是否正确。

三、调试验证

1. 线路通断测试

本环节在断电状态下测试。关闭设备电源，表笔插接方法：将黑表笔插进"COM"孔中、红表笔插进"VΩ"孔中。其次，选档：把旋钮旋转到"蜂鸣器档"中所需的量程。接着，用红黑表笔分别接待测线路的两端。例如，先测ADAM-4017+采集器Vs端与24V正极之间的线路。如果线路导通，万用表的蜂鸣器会发出"滴"的报警声，并且数字万用表屏幕上显示"001.2"。用同样的方法完成全部安装线路的检测。

2. 设备供电电压测试

本环节在通电状态下测试。将实训工位的稳压电源开关开启，使用数字万用表电压档测量ADAM-4017+采集器的供电电压，测试出来的电压值为_____V。

3. 查看采集器输入状态

打开ADAM测试软件，观测ADAM-4017+输入端Vin0、Vin1、Vin2通道输入的电流值。Vin0、Vin1、Vin2通道输入的电流值的变化情况，填入表3-13中。

表3-13 端口采集电流值

	Vin0	Vin1	Vin2
大气压力传感器			
二氧化碳传感器			
风速传感器			

任务检查

参照任务完成情况检查表3-14，团队成员相互检查、评价。每项评价内容分五档打分，A-优秀，B-良好，C-一般，D-合格，E-不合格。

表3-14 任务完成情况检查表

检查内容	检查结果
会陈述模拟量采集器等采集设备的特点、应用领域和组成结构	A□ B□ C□ D□ E□
使用调试工具软件检测风速传感器、二氧化碳传感器、大气压力传感器输出电流值是否正确	A□ B□ C□ D□ E□
能根据产品说明书准确检测进场设备的完整性和完好性	A□ B□ C□ D□ E□
能正确选用螺钉、垫片和螺母，合理使用螺丝刀、剥线钳等安装工具，在安装视频的指导下规范安装模拟采集器设备	A□ B□ C□ D□ E□

（续）

检查内容	检查结果
能使用数字万用表测试线路的通断以及设备的通电电压（工位的设备供电电压）	A☐ B☐ C☐ D☐ E☐
根据设备指示灯状态或使用万用表检测ADAM-4017+设备正常工作	A☐ B☐ C☐ D☐ E☐
线缆连接正确、牢固、规范，无露铜现象	A☐ B☐ C☐ D☐ E☐
ADAM-4017+及外围设备安装正确、牢固、美观	A☐ B☐ C☐ D☐ E☐
完成任务后工具正常归位并摆放整齐	A☐ B☐ C☐ D☐ E☐
完成任务后工位及周边的卫生环境整洁	A☐ B☐ C☐ D☐ E☐

知识补充

一、Modbus协议简介

Modbus是一种串行通信协议，是Modicon公司（现为施耐德电气 Schneider Electric）于1979年为使用可编程逻辑控制器（PLC）通信而发表的。Modbus提供通用语言用于控制器之间、控制器经由网络和其他设备之间，比如基于RS-232、RS-485或以太网等物理层进行彼此通信。

Modbus已经成为工业领域通信协议的业界标准，并且现在是工业电子设备之间常用的连接方式。Modbus作为目前工业领域应用最广泛的协议，有以下几方面优点：

1）Modbus协议标准开放、公开发表且无版权要求。

2）Modbus协议支持多种电气接口，包括RS-232、RS-485、TCP/IP等，还可以在各种介质上传输，如双绞线、光纤、红外线、无线等。

3）Modbus协议消息帧格式简单、紧凑、通俗易懂，用户理解和使用简单，厂商容易开发和集成，方便形成工业控制网络。

二、Modbus通信模式

Modbus协议是典型的主—从通信结构，链路中只能有一台主设备，可以有多台从设备，从设备地址具有唯一性，范围是1~247。主从设备之间的通信模式包括单播模式和广播模式。

在单播模式中，主设备发送请求至某个特定的从设备，请求的消息帧中会包含功能代码和数据，比如功能代码"01"用来读取离散量线圈的状态。从设备接到请求后，进行应答并把消息反馈到主设备。

在广播模式中，Modbus主设备可同时向多个从设备发送请求（设备地址0用于广播模式），从设备对广播请求不进行响应。

在通信过程中，从设备不能主动向主设备发送指令，并且从设备之间也不能进行通信。

Modbus协议通过这些请求、响应指令，实现了主设备对从设备中数字量或模拟量数据的访问和控制。通常，主设备可以是人机界面、监控或数据采集系统，从设备可以是传感器、可编程自动化控制器或智能仪器仪表等。

知识测评

1. ADAM-4017+模拟量采集器的供电电压是_____。
   A．5V　　　　　　B．12V　　　　　　C．24V　　　　　　D．36V
2. ADAM-4017+有_____个模拟输出端口。
   A．8　　　　　　　B．16　　　　　　　C．2　　　　　　　D．4
3. 模拟量具有_____特性。
   A．离散性　　　　　B．连续性　　　　　C．二值性　　　　　D．随机性
4. 仿真连线时，二氧化碳传感器的信号输入端可以接入采集器的_____端口。
   A．Vin0-　　　　　B．Vin0+　　　　　C．GND　　　　　　D．Data-
5. ADAM-4017+的_____特性使其适合用于二氧化碳（CO_2）浓度监测。
   A．高精度模拟输入　B．快速采样速率　　C．低噪声性能　　　D．以上都是

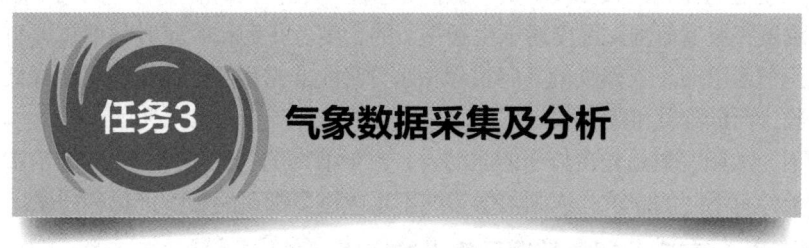

任务3　气象数据采集及分析

任务描述

农业气象站监测系统安装接线图如图3-31所示。本任务需要使用虚拟仿真软件采集气象数据，使用解析软件采集硬件数据。再根据系统安装接线图配置相应端口，完成农业气象站监测系统实时数据采集。

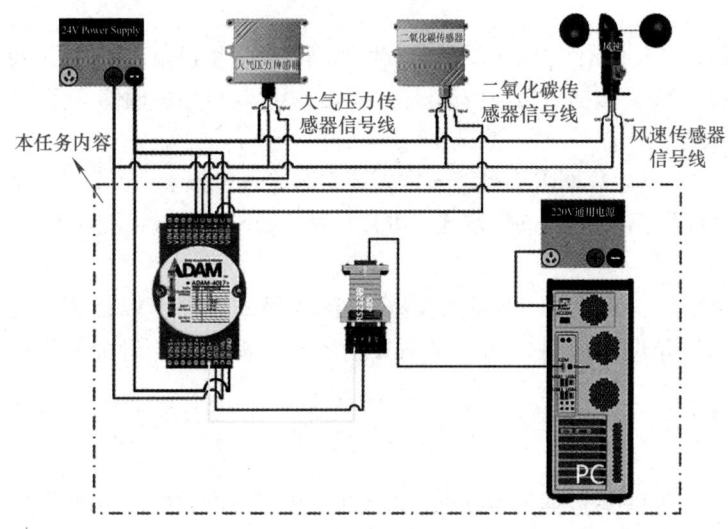

图3-31　农业气象站监测系统安装接线图

知识准备

一、气象数据对农作物的影响

气象数据的采集和分析在农业中扮演着至关重要的角色。这些数据包括大气压力、风速、降水、温度、湿度和太阳辐射等参数,对农作物的生长、发育和产量产生直接影响。以下是一些关键的气象参数以及它们对农作物的影响。

大气压力:大气压力是大气中气体的重力压力。高压区通常表示晴朗的天气,而低压区可能伴随着降水。大气压力的变化会影响气象条件,如降水和风。这对农作物的水分供应和风害风险产生影响。

风速:风速对于农作物的通风、蒸发和温度调节至关重要。适量的风能够帮助降低农作物病虫害的风险,但过大的风速可能损害植物结构和减少水分利用效率。

降水:降水是农作物生长所需的水源。降水不足可能导致干旱,而过多的降水则可能引发洪涝。降水的分布和频率对于农作物的水分供应和产量至关重要。

温度:温度是农作物生长和发育的关键因素。不同农作物对温度有不同的要求,包括最低温度、最高温度和温度范围。温度对于生长季节的长度、花期和收获时间都有影响。

湿度:空气湿度对于农作物的蒸腾过程和水分吸收非常重要。高湿度可能降低蒸腾速率,影响水分吸收,而低湿度可能导致过多的水分散失。

太阳辐射:太阳辐射是光合作用的驱动力,对于植物的生长和养分吸收非常重要。不同农作物对光照条件有不同的需求,太阳辐射量的不足或过多都可能影响产量和质量。

二、Modbus在农业气象数据采集中的应用

Modbus是一种流行的通信协议,已经在不同领域得到广泛应用,包括农业。在农业气象数据采集中,Modbus协议为数据采集设备和系统提供了可靠的通信方式,以有效地收集、传输和管理气象数据,有助于提高农业生产的质量和效率。

传感器连接:农业气象数据采集系统通常包括多个传感器,如温度传感器、湿度传感器和风速传感器。这些传感器可以使用Modbus通信协议与数据采集设备连接,实现数据的实时采集。

数据采集设备:Modbus协议可用于配置和控制数据采集设备,以确保传感器的正常运行和数据采集参数的设定。数据采集设备通过Modbus协议与传感器通信,将采集的数据传输到数据中心或存储设备。

实时监测:农业气象数据采集系统通常需要实时监测气象参数,以及时调整农业生产策略。Modbus协议提供了高效的通信方式,可将实时数据传输到决策制定者的终端设备上,以支持决策制定。

数据存储和管理:采集的气象数据需要进行存储和管理,以备将来的分析和报告。Modbus协议可以帮助用户将数据传输到数据库或云端存储,确保数据的可访问性和完整性。

任务实施

根据农业气象监测系统数据采集要求,采集相关传感器的数据,通过虚拟仿真软件获取虚拟数据,在获取仿真数据的基础上,通过解析软件获取设备硬件数据,实现数据实时呈现。

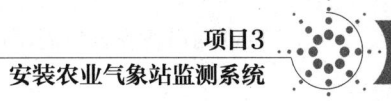

项目3 安装农业气象站监测系统

一、虚拟仿真数据采集

使用"物联网云仿真实训平台"软件,打开任务2已建立的"农业气象站监测系统",如图3-32所示。

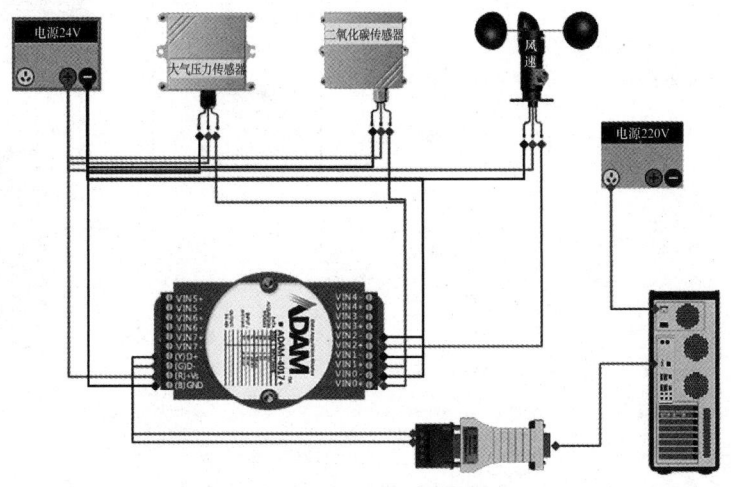

图3-32 农业气象站监测系统连线图

步骤一:打开2D仿真实训软件——农业气象站监测系统,双击PC的COM口位置,如图3-33所示。

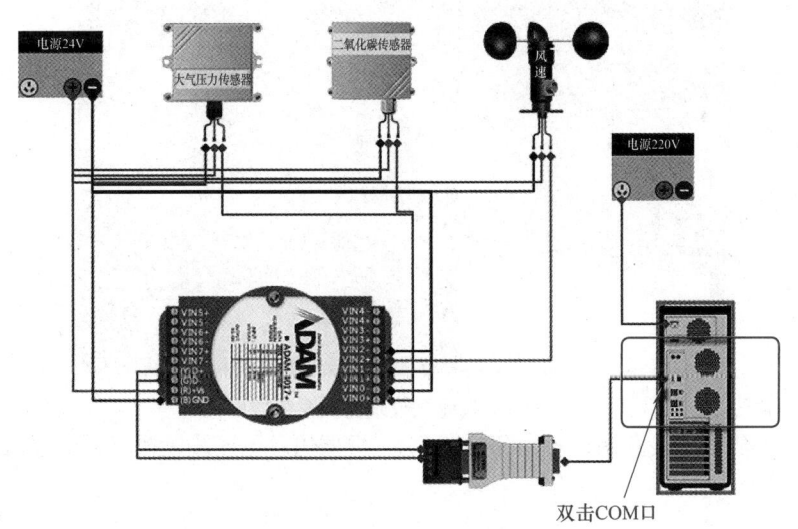

图3-33 COM口

步骤二:双击COM口位置,显示串口管理界面,串口管理界面的接线端共有两种,一个是USB口,另一个是COM口,在本系统的连线图中PC通过串口连接采集设备,故此处的接线端口号是COM。

步骤三:打开串口号设置界面,设置虚拟串口号,选择COM102,开启模拟实验,如图3-34所示。

步骤四:打开配套资源中的"农业气象站监测系统",农业气象站监测系统界面如图3-35所示。

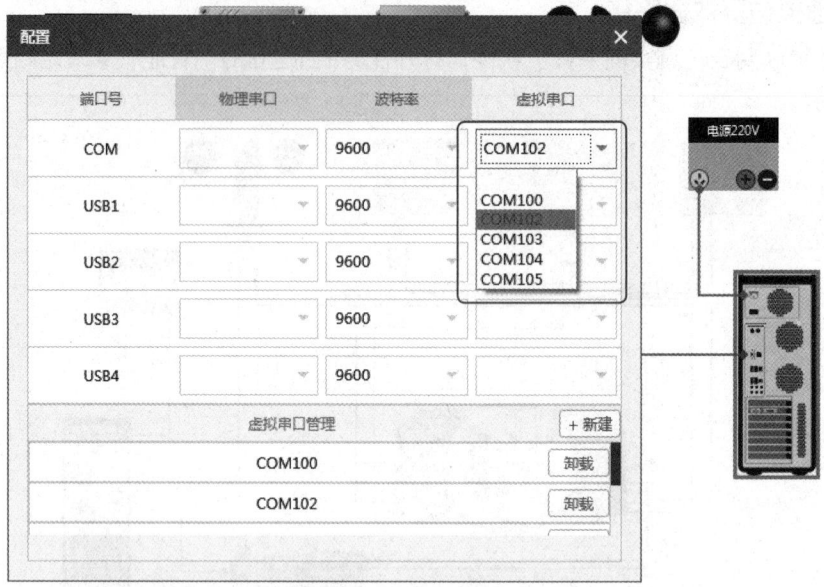

图3-34 设置虚拟串口号

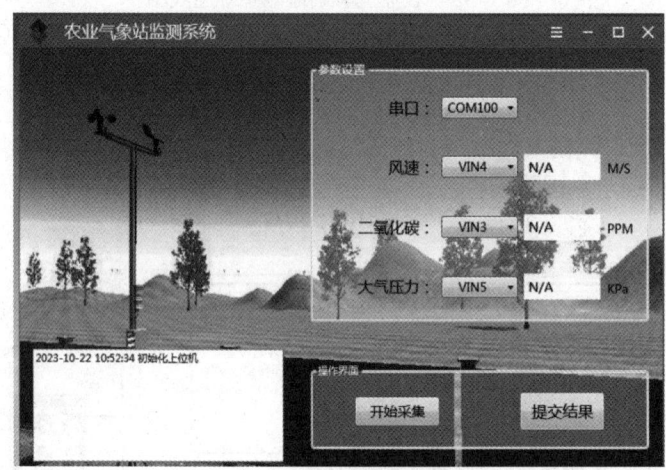

图3-35 农业气象站监测系统界面

步骤五：在界面中设置串口号为COM102，根据仿真包连线设置三个传感器的端口号，见表3-15。

表3-15 端口分配表

序号	传感器名称	供电电压	模拟量采集器
1	大气压力传感器	红色线DC24V+	信号线Vin0+
2	二氧化碳传感器	红色线DC24V+	信号线Vin1+
3	风速传感器	红色线DC24V+	信号线Vin2+

开启仿真软件的"模拟实验"，在监测界面上单击"开始采集"按钮，仿真界面中的各设备的数据已经上传至监测界面，如图3-36所示。

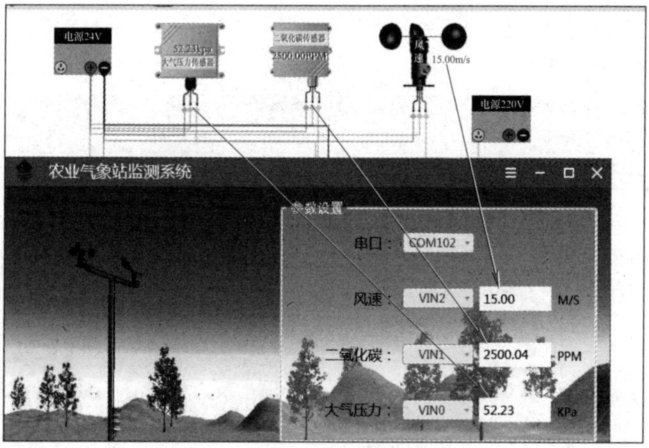

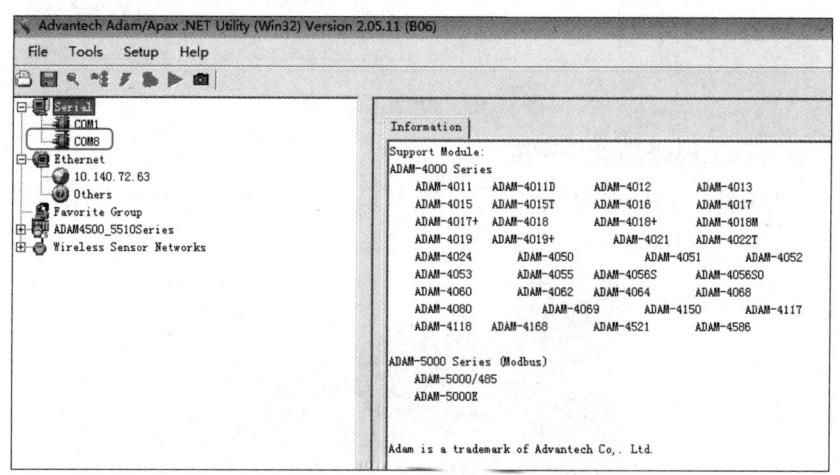

图3-36 采集界面

二、使用ADAM软件采集硬件数据

步骤一：打开ADAM软件，驱动程序安装成功后，可以在Utility软件界面左侧"Serial"中看到"COM8"，如图3-37所示。

图3-37 ADAM测试软件界面

步骤二：右击选择"Search Device"搜索设备。模块搜索从0开始，单击"Start"按钮。搜索成功后可以看到4017+设备，如图3-38所示。

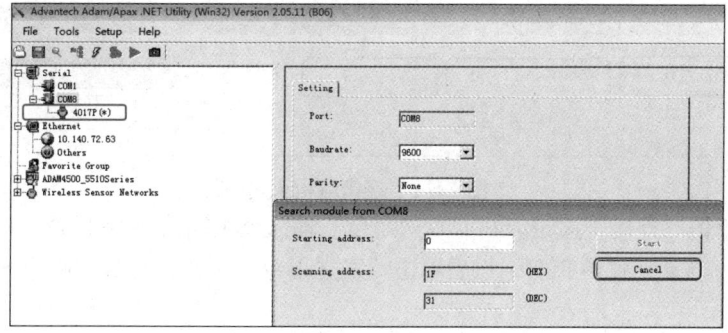

图3-38 查看ADAM-4017+设备

步骤三：双击ADAM-4017+图标，选择"Data area"，查看数据，此时数据是各通道电流的大小，如图3-39所示。

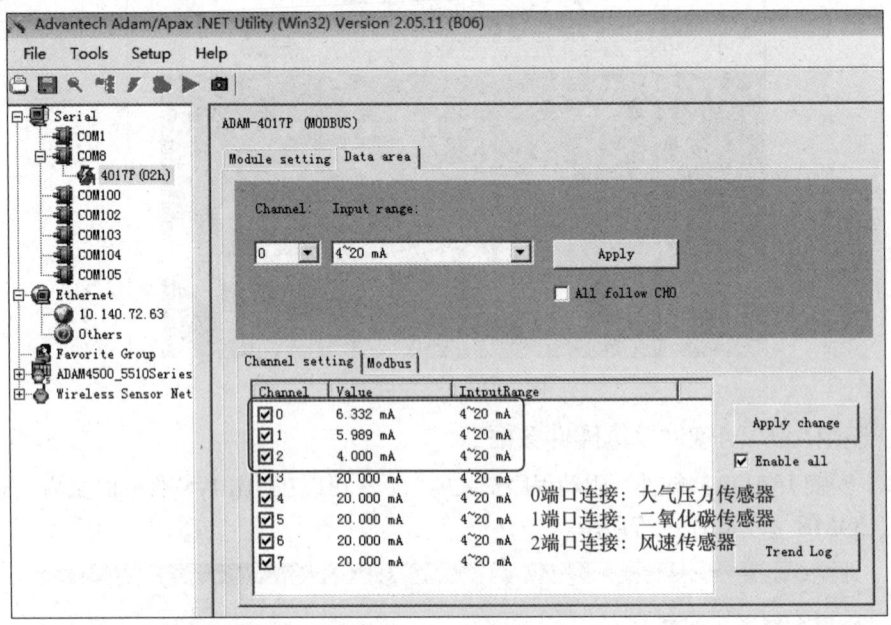

图3-39　查看电流大小

三、使用解析工具采集硬件数据

步骤一：关闭模拟实验 ，将ADAM-4017+通过USB转串口线连接到PC上，如图3-40所示，查看串口号，默认为COM1口。

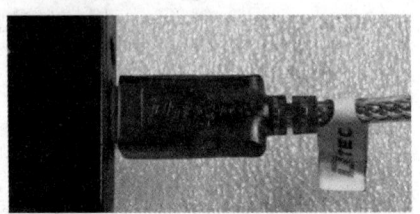

图3-40　连接计算机

步骤二：打开典型物联网"解析工具"软件 ，设置好串口及波特率，单击"连接"按钮，如图3-41所示。

图3-41　连接解析工具

步骤三：单击"连接"按钮。在"发送命令"输入框中输入指令（02 03 00 00 00 08 44 3F），转动风速传感器，然后单击"发送指令"按钮，在数据响应区得到结果，如图3-42所示。

步骤四：对结果进行解析，得到三个通道对应的硬件设备的解析结果，如图3-43所示。

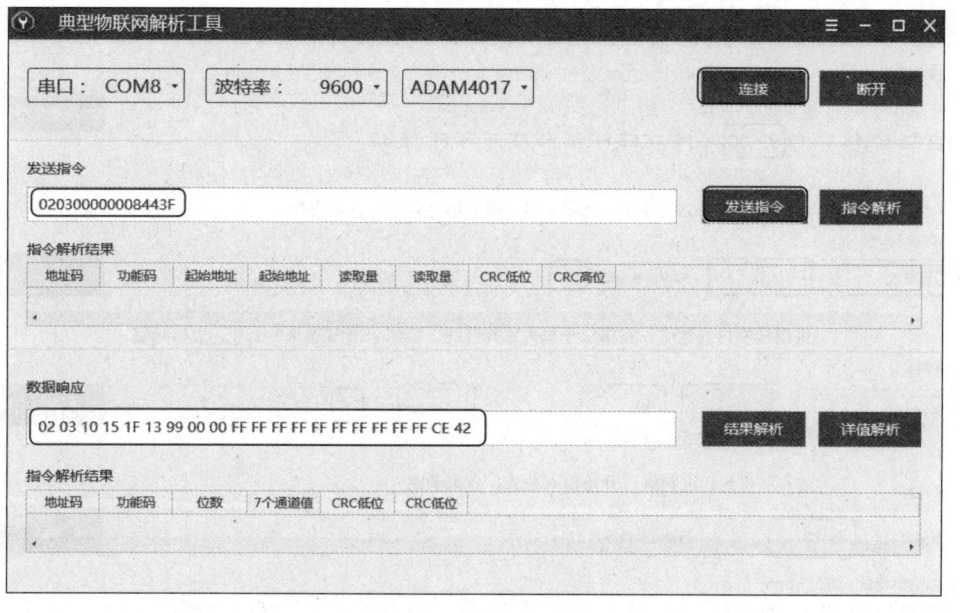

图3-42 发送指令

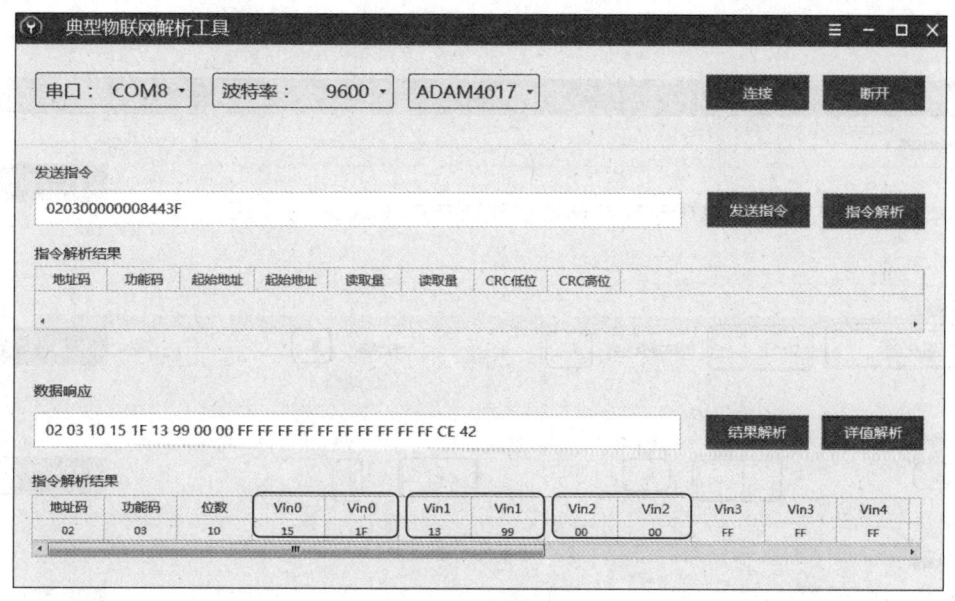

图3-43 端口对应

步骤五：打开详值解析界面。二氧化碳对应的是Vin0口，并且采集的数据在指令解析结果的第7位和第8位，风速传感器对应的是Vin1口，采集的数据在指令解析结果的第9位和第10位。对第7位和第8位的数据进行进制转换，得到十进制值。数据转换按照图3-44设置。

步骤六：在转换公式框内输入公式：（最大量程-最小量程）/65535×模拟量值+最小量程，得到当前监测到的二氧化碳的数值，如图3-45所示。和软件计算的结果对比，是否一致。

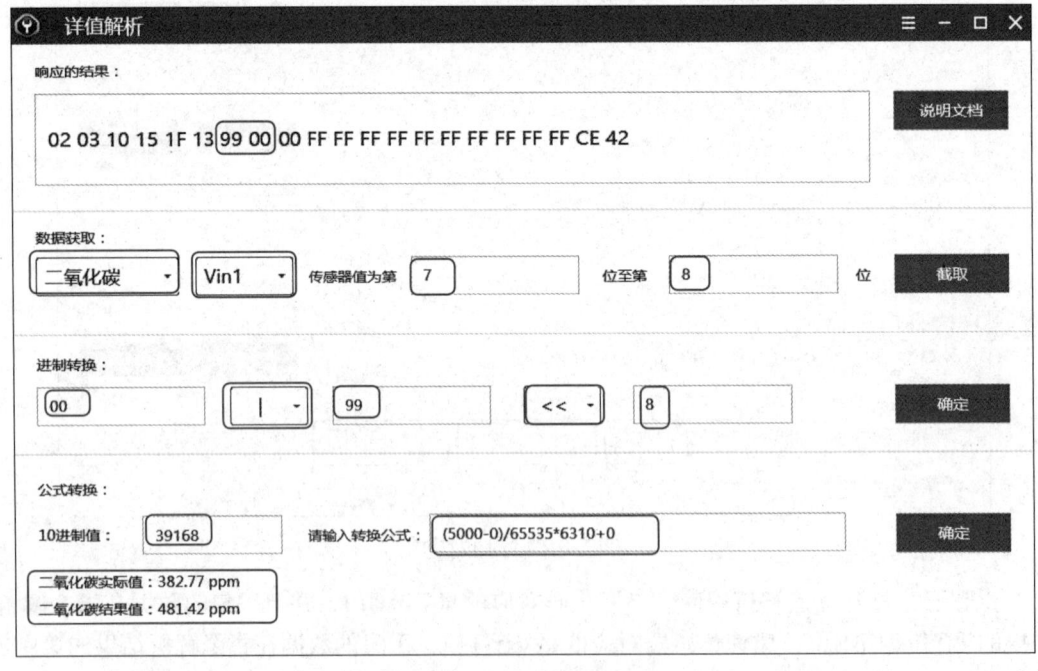

图3-44　数据转换

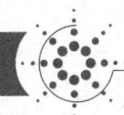

图3-45　查看监测数据

任务检查

参照任务完成情况检查表3-16，团队成员相互检查、评价。每项评价内容分五档打分，A-优秀，B-良好，C-一般，D-合格，E-不合格。

表3-16 任务完成情况检查表

检查内容	检查结果
会列举农业气象站监测系统所使用的设备，并简述相互关系	A□ B□ C□ D□ E□
能配置"物联网云仿真实训平台"串口	A□ B□ C□ D□ E□
能通过"农业气象站监测系统"获取模拟数据	A□ B□ C□ D□ E□
能根据系统图正确配置ADAM-4017+Vin端口	A□ B□ C□ D□ E□
能使用ADAM软件搜索设备	A□ B□ C□ D□ E□
ADAM软件采集硬件数据完整	A□ B□ C□ D□ E□
能正确使用解析工具获取硬件数据	A□ B□ C□ D□ E□
能理解Modbus报文帧结构	A□ B□ C□ D□ E□
完成任务后工具正常归位并摆放整齐	A□ B□ C□ D□ E□
完成任务后工位及周边的卫生环境整洁	A□ B□ C□ D□ E□

知识补充

一、Modbus通信协议格式

Modbus已经成为工业领域通信协议的业界标准，它的格式主要有三种：Modbus RTU、Modbus ASCII和Modbus TCP，一个设备只会有一种协议，且大部分的设备都支持Modbus RTU协议。

1. Modbus RTU

Modbus RTU是在串行通信中使用的Modbus协议，它将数据编码为二进制格式，并通过串行通信线路进行传输。Modbus RTU易于安装在现场设备中，可以实现较高的数据传输速率和可靠的通信质量，如果出现问题，也能比较轻松排除故障，成本相对低，但通信距离较短。

2. Modbus ASCII

Modbus ASCII消息使用ASCII字符集传递，使人们更容易阅读。它的主要缺点是传输效率低，因为它传输的都是可见的ASCII字符，原来用RTU传输数据的每一个字节，用ASCII就要把这个字节拆分成两个字节，比如RTU传输一个十六进制数0XF9,ASCII，就需要传输字符F和字符9，对应的ASCII码是0x46和0x39两个字节，这样它的传输效率肯定比RTU低，所以一般来说，如果需要传输的数据量较小，则可以考虑使用ASCII协议。

3. Modbus TCP

Modbus TCP是在以太网上运行的Modbus协议，它将Modbus RTU封装在TCP/IP协议中。使用Modbus TCP，可以通过以太网远程访问Modbus设备，支持高速数据传输和较长的通信距离。

二、Modbus通信帧结构

Modbus通信帧由以下几个部分组成。

1）地址码：1字节，标识设备地址。

2）功能码：1字节，标识要执行的操作类型，具体功能见表3-17。

3）数据字段：可变长度，包含具体的数据信息，具体格式取决于功能码，但通常包括寄存器地址、数据值等信息。

4）校验码：2字节，用于校验通信帧的完整性，通常使用CRC-16算法进行计算，以确保通信帧的完整性。

总体结构如下：

| 地址码 | 功能码 | 数据字段 | 校验码 |

|--------|--------|----------|--------|

表3-17　Modbus功能码

序号	功能	功能码
1	读取线圈状态（Read Coil Status）	0x01
2	读取输入状态（Read Input Status）	0x02
3	读取保持寄存器（Read Holding Registers）	0x03
4	读取输入寄存器（Read Input Registers）	0x04
5	写单个线圈（Write Single Coil）	0x05
6	写单个寄存器（Write Single Register）	0x06
7	读取异常状态（Read Exception Status）	0x07
8	连续写多个线圈（Write Multiple Coils）	0x0F
9	连续写多个寄存器（Write Multiple Registers）	0x10

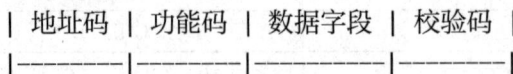

1．在使用ADAM软件搜索设备时，第一步是_____。
　　A．配置网络参数　　　　　　　　　　B．打开设备电源
　　C．安装ADAM软件　　　　　　　　　D．连接设备到计算机
2．在搜索设备时，ADAM 软件通常会显示_____信息。
　　A．设备型号和序列号　　　　　　　　B．设备尺寸和颜色
　　C．设备生产日期和保修期限　　　　　D．设备操作指南和技术支持联系方式
3．在Modbus数据结构中，_____字段用于唯一标识设备或寄存器。
　　A．功能码　　　B．数据字节　　　C．地址　　　D．校验和
4．在Modbus数据结构中，_____字段用于传输实际数据。
　　A．功能码　　　B．数据字节　　　C．地址　　　D．校验和
5．在Modbus数据结构中，功能码_____用于读取输入寄存器的数据。
　　A．01　　　　　B．02　　　　　C．03　　　　　D．04

根据物联网设备安装调试岗位能力要求，由学生、同伴、教师、企业专家等进行多元评价。每项评价内容分五档打分，A-优秀，B-良好，C-一般，D-合格，E-不合格。

评价内容	自评	同伴	教师	企业专家
能根据工作指导手册,正确分辨感知传感类设备				
能根据产品型号、规格参数,准确核对进场设备,完成设备一致性检验				
能根据说明书等,检查产品外观,清点附件,完成设备完好检测				
能识读系统结构图、电器元件布置图、安装接线图				
能使用常用安装工具规范安装传感器、执行终端、网络通信等相关设备				
能根据安装接线图,使用线缆规范连接设备,并保证设备正常供电				
会使用万用表等测量工具测试线路的通断,测量设备的工作电压和电流				
会使用调试软件与工具进行系统故障排除与功能调试				
具备一定的信息技术能力,掌握基础的通信技术,办公软件的使用				
具备一定的安全意识和整理意识,确保施工过程中人身安全和设备安全				

拓展任务:室内、室外二氧化碳信号采集状况分析

1. 根据室内二氧化碳量指标,计算电流值并将其转换成二氧化碳数值填写至表3-18中,如有错误,请在错误原因列中写明。

表3-18 室内二氧化碳信号采集状况分析

电流值	二氧化碳数值	错误原因
2mA		
4mA		
1.5mA		
22mA		
6.4mA		

2. 根据线路图3-46,将室外二氧化碳传感器连接串口信号至PC串口中,并使用串口调试软件完成信号的采集。

室外二氧化碳传感器设置:

波特率:9600;校验位:无;数据位:8;停止位:1。

指令(获取):

地址	功能码	起始寄存器地址高	起始寄存器地址低	寄存器长度高	寄存器长度低	CRC16低	CRC16高
0x01	0x03	0x00	0x00	0x00	0x01	0x84	0x0a

返回:

地址	功能码	数据长度	寄存器0数据高	寄存器0数据低	CRC16低	CRC16高
0x01	0x03	0x00	0x00	0x00	0x19	0x84
			二氧化碳浓度,单位:ppm			

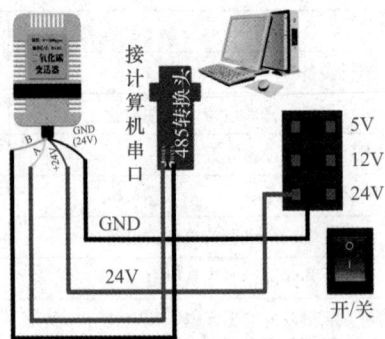

图3-46 二氧化碳传感器线路图

项目完成情况描述

存在问题描述

心得体会

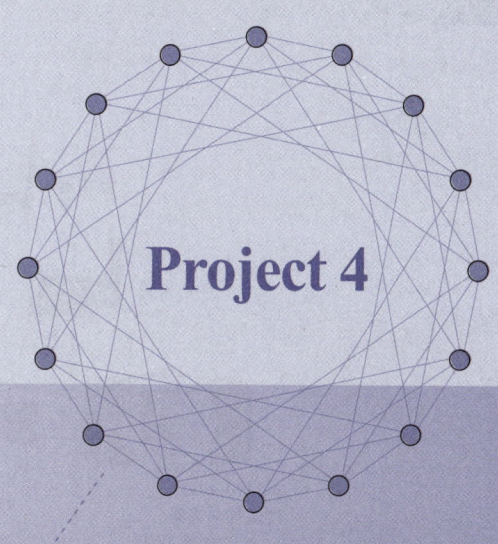

项目 4

安装博物馆温湿度自动控制系统

项目描述

博物馆内的许多文物和展品对温度和湿度非常敏感，温湿度的变化可能导致它们受到诸如腐蚀、褪色、变形等损害。通过安装温湿度传感器，博物馆可以实时监测展厅中的温湿度情况，再通过分析这些数据，管理人员可以调整空调、加湿器等设备，以确保展厅内的环境条件符合文物和展品的保存要求，同时提供给观众舒适的参观体验。本项目中博物馆温湿度自动控制系统结构设计如图4-1所示，主要包含室内温湿度传感器、室外温湿度传感器、ADAM-4017+模拟量采集器、风扇等。

通过本项目的学习，读者能根据博物馆温湿度自动控制系统安装接线图，选用合适的工具规范安装温湿度传感器、ADAM-4017+模拟量采集器、继电器、风扇和其他网络设备，使用线缆实现设备之间的连接，在安装与调试过程中能使用万用表测试线路的连通状态，测量设备的电压情况。

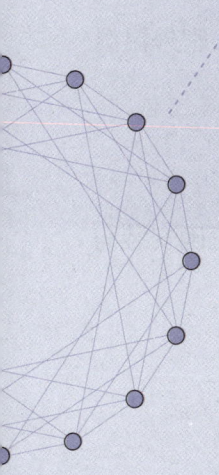

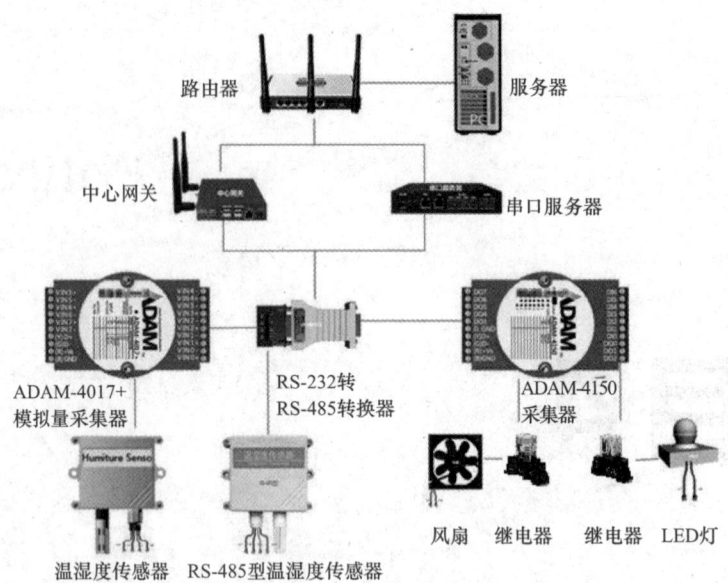

图4-1 博物馆温湿度自动控制系统结构设计

学习目标

- 会描述室内温湿度传感器、室外温湿度传感器和网络传输设备的用途与工作原理。
- 会列举温湿度自动控制系统所使用的设备,并简述其相互关系。
- 能根据产品型号、规格参数,准确辨别与核对室内温湿度传感器、室外温湿度传感器和网络传输设备,完成设备一致性检验。
- 能根据说明书,检查室内温湿度传感器、室外温湿度传感器和网络传输设备等产品外观,清点附件,利用万用表电流档完成设备检测。
- 能独立识别系统结构图、电器元件布置图和安装接线图。
- 能熟练使用虚拟仿真软件或绘图软件,完成室内温湿度传感器、室外温湿度传感器、模拟量采集器和网络传输等设备的选择和模拟连线。
- 能熟练使用螺丝刀、剥线钳等常用工具,完成室内温湿度传感器、室外温湿度传感器、模拟量采集器和网络传输等设备的规范安装与接线。
- 能择机使用万用表测试线路的通断,测量设备的工作电压。
- 能使用系统调试工具进行故障排除与功能调试。
- 能根据设备说明书,完成路由器、串口服务器等网络通信设备的正确安装与配置。
- 能运用网络测试命令,完成物联网网络连通性和性能测试。
- 具备材料整理意识。
- 形成数字化学习意识。

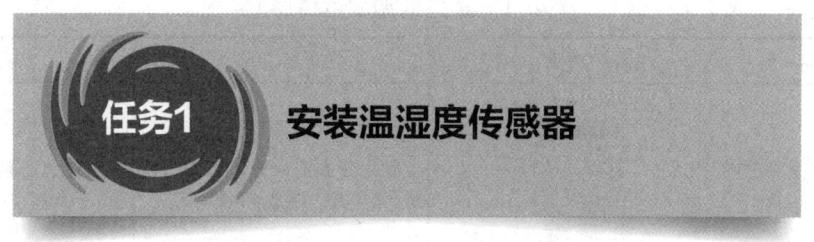

任务描述

博物馆温湿度自动控制系统安装接线图如图4-2所示。本任务需要根据场景选择合适的室内外温湿度传感器。再根据系统安装接线图,安装室内外温湿度传感器。

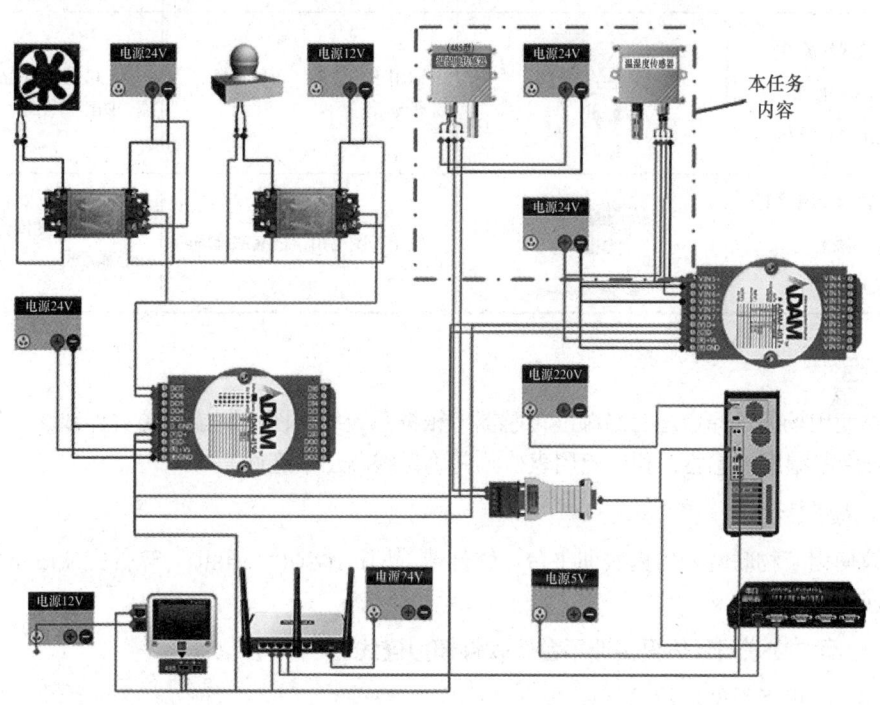

图4-2 博物馆温湿度自动控制系统安装接线图

知识准备

温湿度传感器

温度:度量物体冷热的物理量,是国际单位制中7个基本物理量之一。

湿度:湿度用数量来进行表示较为困难,日常生活中最常用的表示湿度的物理量是空气的相对湿度,用%RH表示。

温湿度传感器能把空气中的温湿度通过一定的检测装置,按一定的规律变换成电信号或其他所需形式的信息输出,用于满足用户需求。

常见的温湿度传感器见表4-1。

表4-1 常见的温湿度传感器

名称	外观	适用场所	特点
485型数码管温湿度仪（ST01V2-D）		适用于农业大棚、花房、机房、配电室、气象测量等场所	壁挂式、防雨雪、防粉尘、抗凝露
485型卡轨温湿度传感器（RS-WS-N01-8）		适用于机房、配电柜、实验室等场所	标准35mm卡轨安装，具有可插拔端子、镂空外壳
百叶箱式气象站温湿度传感器（SM6313B）		适用于气象站、草原牧场、港口等场所	PVC材质外壳，耐高低温，防雨雪设计
LCD液晶显示温湿度检测仪（SD5110B）		应用于图书馆、档案室等场所	室内温湿度传感器，LCD液晶显示屏

任务实施

根据使用场所选择合适的温湿度传感器，根据系统结构图绘制虚拟仿真连线图，选用合适的工具安装温湿度传感器，利用万用表检测并确保线路正常连通。

一、模拟连线

建议使用"物联网云仿真实训平台"软件或"Microsoft Visio"软件完成设备供电部分的模拟连线。

1. 使用"物联网云仿真实训平台"软件模拟连线

步骤一：设备选型。

在左侧设备选型区的"有线传感器"列表中选择温湿度传感器，在"电源"列表中选择一个24V电源，所需设备见表4-2，将它们拖入工作台。

表4-2 本任务所需设备

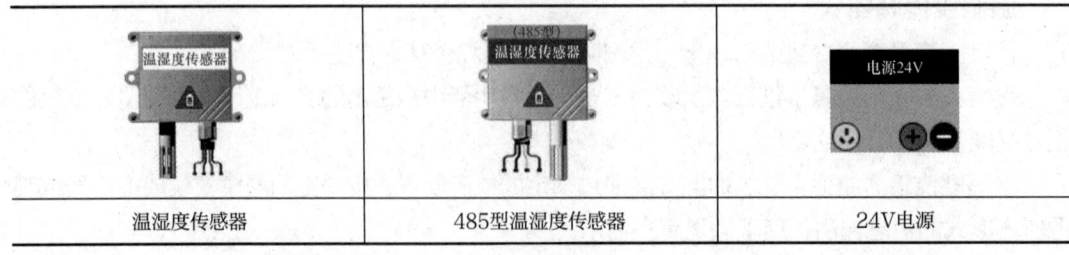

温湿度传感器	485型温湿度传感器	24V电源

步骤二：模拟连线。

如图4-3所示，实现温湿度传感器设备模拟连线。

步骤三：功能测试。

单击左上角的"连线验证"按钮与"模拟实验"按钮，温湿度传感器上呈现温度"25.00℃"与湿度"75.00%RH"，说明连线正常，能获得初始模拟数据，如图4-4所示。

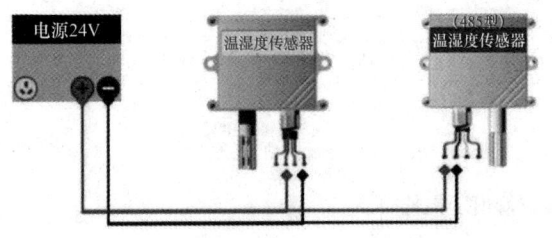

图4-3　温湿度传感器设备模拟连线　　　　图4-4　温湿度传感器初始状态

双击温湿度传感器，在打开的"温湿度"对话框中可以设置温度与湿度的模拟数据，如图4-5所示，修改温度的数值为定值"31.04"。数值无法在文本框中输入，需耐心拖动滑块获得预期数值，单击"保存"按钮即可修改温湿度传感器的模拟温度值。

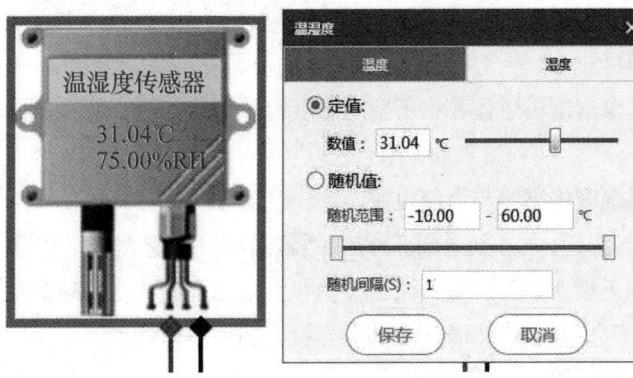

图4-5　设置温度定值

此外，也可以设置温度为随机变化的值，如图4-6所示，每隔5s，温度的值将在1.24℃与40.32℃之间随机变化。单击"湿度"选项卡，可以为湿度值设置定值或随机值，如图4-7所示。

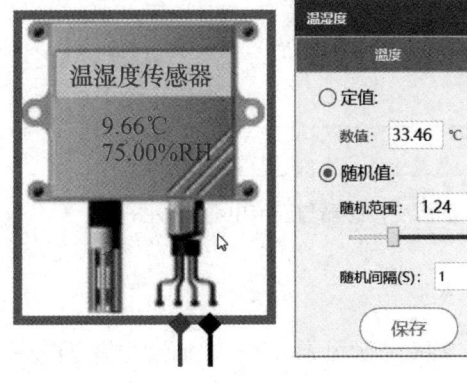

图4-6　设置温度随机值

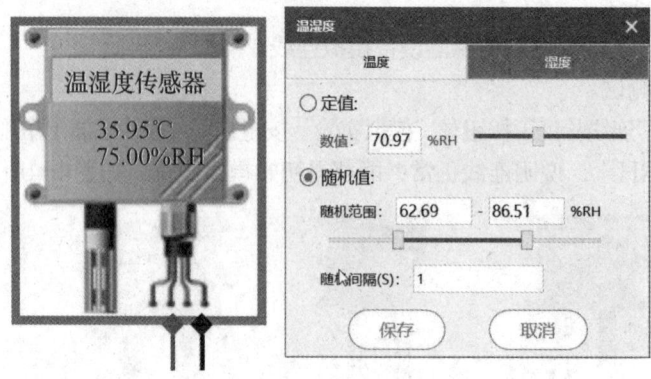

图4-7　设置湿度随机值

2. 使用"Microsoft Visio"软件模拟连线

步骤一：新建文件与导入模具。

打开Visio软件，执行"文件"→"新建"→"基本框图"命令，新建一个Visio文件。

导入Visio模具，执行"更多形状"→"打开模具"命令，然后选择模具文件存放的目录，单击打开。

步骤二：布置模具。

在模具库中选择温湿度传感器和485型温湿度传感器，拖至文件空白处，并选择24V直流电源。

步骤三：连接温湿度传感器与直流电源。

单击"工具"选项卡中的"连接线"完成两款温湿度传感器的电源连接。温湿度传感器的红色线接直流24V正极，黑色线接直流24V负极；485型温湿度传感器棕色线接直流24V正极，黑色线接直流24V负极。连线时，如需适当放大图片以方便连接，可以滚动鼠标滚轮，或调整比例拉杆。连接结果如图4-8所示。

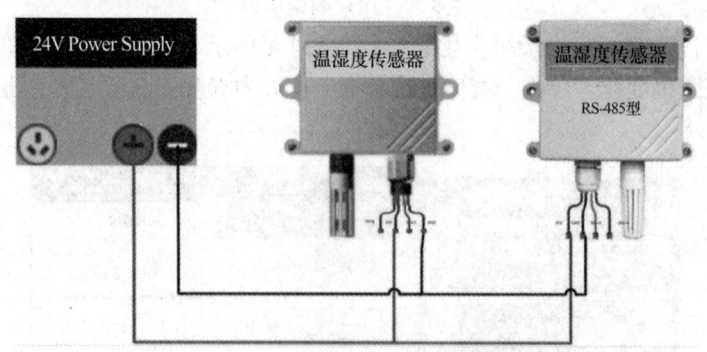

图4-8　温湿度传感器与直流电源连线图

二、设备搭建

步骤一：设备选型。

本任务所需设备的名称、型号、规格参数见表4-3，根据设备信息检验设备的一致性，选择合适的设备。

表4-3　本任务设备信息

设备名称	设备规格参数	接线
温湿度传感器	工作电压：DC 10～30V 温度测量范围：-20～60℃ 湿度测量范围：0～80%RH	红色线：直流24V电源正极 黑色线：直流24V电源负极 蓝色线：温度信号 绿色线：湿度信号
温湿度传感器 （485型）	工作电压：DC 9～24V 温度测量范围：-40～80℃ 湿度测量范围：0～100%RH	棕色线：直流24V电源正极 黑色线：直流24V电源负极 蓝色线：485-B（485-） 黄色线：485-A（485+）

观察温湿度传感器的外观，确认外观无损坏。

步骤二：安装走线槽。

根据实训工位的铁架尺寸安装线槽。挑选合适尺寸的线槽、螺钉、螺母、垫片，选用螺丝刀，完成物联网实训工位铁架四周走线槽以及传感器走线槽的安装。

步骤三：安装传感器。

挑选合适的螺钉（十字盘头螺钉M4×16）、螺母、垫片，选用十字螺丝刀，在物联网实训工位铁架上安装两款温湿度传感器，在两侧预留的孔洞固定螺钉，安装后可以轻摇设备以检查安装是否牢固。安装后效果如图4-9所示。

步骤四：连接电源和信号延长线。

1）制作连接导线。根据传感器与实训工位稳压电源接线端子的距离，剪取长度适宜的两根红黑平行导线。剪取四根长度适宜的信号线。使用剥线钳，将红黑线和信号线两端各剥掉约0.8cm的绝缘皮。

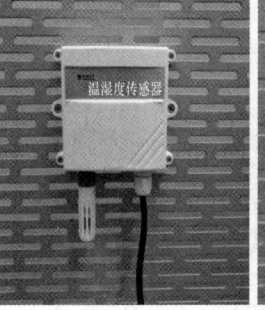

图4-9　安装固定温湿度传感器

2）连接温湿度传感器的电源。用红黑电源线的红线连接室内传感器外接延长线的红线，红黑电源线的黑线连接室内传感器外接延长线的黑线。红黑电源线另外一端接工位两侧的24V电源端子。

3）连接485型温湿度传感器的电源。用相同的方法，用红黑电源线的红线连接室外传感器外接延长线的棕线，红黑电源线的黑线连接室外传感器外接延长线的黑线。红黑电源线另外一端接工位两侧的24V电源端子。线路连接如图4-10所示。

4）检测线路连接情况。同一小组成员相互检查各种线路连接情况。

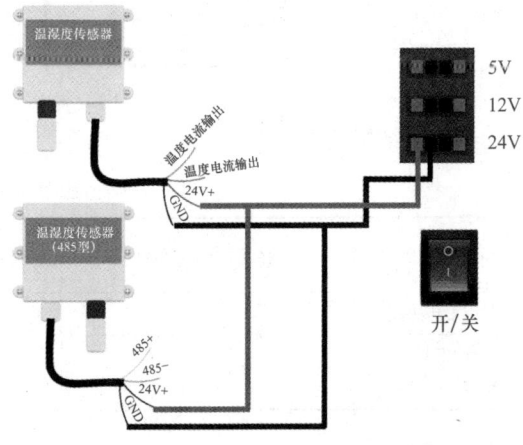

图4-10　温湿度传感器线路连接示意图

5）使用数字万用表蜂鸣档测试线路正确连接情况。

三、调试验证

1. 线路通断测试

该环节在断电状态下测试。关闭设备电源，使用数字万用表蜂鸣档测试线路的连接情况。

1）表笔插接：将黑表笔插进"COM"孔，红表笔插进"VΩ"孔。

2）选档：把旋钮旋转到"蜂鸣器档"中所需的量程。

3）测量：用红黑表笔分别接待测线路的两端。

例如，先测量室内温湿度传感器电源正极与24V正极之间的线路。如果线路导通，万用表的蜂鸣器会发出"滴"的报警声，并且数字万用表屏幕上显示"001.2"。用同样的方法完成全部安装线路的检测。

2. 设备供电电压测量

将实训工位的稳压电源开关开启，使用数字万用表电压档测量温湿度传感器、485型温湿度传感器的供电电压。记录测试出来的电压值为_____V。

3. 设备电流测量

将实训工位的稳压电源开关开启，使用万用表电流档测量两款温湿度传感器输出的电流值。注意，为了和后续传感器连接采集器时输入的电流值一致，温湿度传感器测量信号端输出电流值时应在电路中串联一个150Ω的电阻，如图4-11所示。

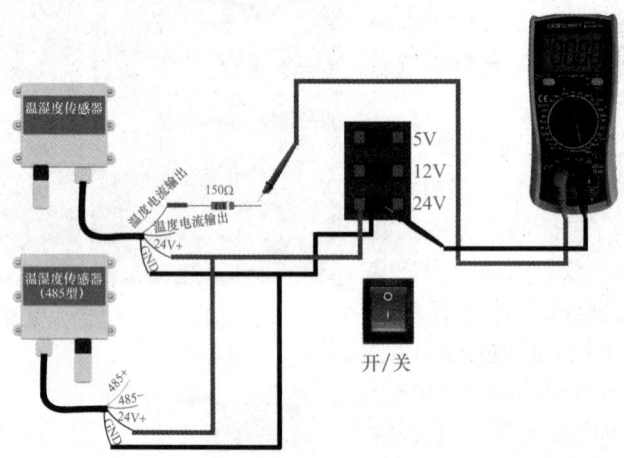

图4-11 测试温湿度传感器电流

将测试结果填入表4-4。

表4-4 温湿度传感器输出电流

传感器类型	温度信号输出电流	湿度信号输出电流	用手触摸外接端口输出电流值是否变化
温湿度传感器			
485型温湿度传感器			

任务检查

参照任务完成情况检查表4-5，团队成员相互检查、评价。每项评价内容分五档打分，A-优秀，B-良好，C-一般，D-合格，E-不合格。

表4-5 任务完成情况检查表

检查内容	检查结果
会描述室内温湿度传感器、室外温湿度传感器和网络传输设备的用途与工作原理	A□ B□ C□ D□ E□
能根据工作指导手册，正确分辨室内、室外温湿度传感器	A□ B□ C□ D□ E□
能根据产品型号、规格参数，准确核对进场设备，完成设备一致性检验	A□ B□ C□ D□ E□
能正确选用螺钉、垫片和螺母，合理使用螺丝刀、剥线钳等安装工具，在说明书的指导下规范安装室内、室外温湿度传感器	A□ B□ C□ D□ E□
能使用数字万用表测试线路的通断以及设备的通电电压（工位的设备供电电压）	A□ B□ C□ D□ E□
室内、室外温湿度传感器设备安装正确、牢固、美观	A□ B□ C□ D□ E□
线缆连接正确、牢固、规范，无露铜现象	A□ B□ C□ D□ E□
完成任务后工具正常归位并摆放整齐	A□ B□ C□ D□ E□
完成任务后工位及周边的卫生环境整洁	A□ B□ C□ D□ E□

知识补充

一、温湿度传感器

1. 概述

温湿度传感器广泛适用于通信机房、仓库楼宇等需要温湿度监测的场所。传感器内输入电源、测温单元、信号输出三部分完全隔离。外观美观，安装方便，安全可靠。

2. 功能特点

温湿度传感器采用进口的测量单元，测量精准。采用专用的模拟量电路，使用范围为10～30V，规格齐全，安装方便。可同时适用于四线制与三线制接法。

由于该设备输出的信号是模拟量，传输的距离会比较近，因此一般用于室内数据采集，称为室内温湿度传感器。

3. 温湿度传感器主要技术参数（见表4-6）

表4-6 温湿度传感器技术参数

直流供电（默认）		DC 10～30V
最大功耗		1.2W
精度	湿度	±3%RH（5%～95%RH，25℃典型值）
	温度	±0.5℃（25℃典型值）
变送器电路工作温度和湿度		-20～60℃，0～80%RH
探头工作温度		-40～120℃，默认-40～80℃
探头工作湿度		0～100%RH
长期稳定性	湿度	≤1%RH/y
	温度	≤0.1℃/y
响应时间	湿度	≤8s（1m/s风速）
	温度	≤25s（1m/s风速）
输出信号	电流输出	4～20mA
	电压输出	0～5V/0～10V

注：带显示产品最大电流增加5mA。

二、485型温湿度传感器

1. 概述

485型温湿度传感器广泛适用于农业大棚、花卉培养等需要温湿度监测的场合。传感器内输入电源、感应探头、信号输出三部分完全隔离。外观美观,安装方便,安全可靠。

2. 功能特点

485型温湿度传感器采用高灵敏度的探头,信号稳定,精度高。具有测量范围宽、线性度好、防水性能好、使用方便、便于安装、传输距离远等特点。

1)经济型传感器:只适用于室内、平缓环境。

2)带液晶显示屏传感器:适用于室内、平缓环境,液晶大屏幕实时显示。

3)带外置探头传感器:室内、室外均可,外壳IPv68全防水,可应用于各种恶劣环境。

3. 室外温湿度传感器主要技术参数(见表4-7)

表4-7 室外温湿度传感器技术参数

直流供电(默认)		DC 9~24V
最大功耗		0.4W
精度	湿度	±3%RH(5%~95%RH,25℃典型值)
	温度	±0.5℃(25℃典型值)
测量范围	湿度	0~100%RH
	温度	-40~80℃(可定制)
长期稳定性	湿度	≤1%RH/y
	温度	≤0.1℃/y
信号输出方式		RS-485输出 RS-485(Modbus协议)

****

使用配套资源中"物联网AR"APP扫描AR学习资源中的温湿度传感器1和温湿度传感器2图标,查看其他型号温湿度传感器的功能介绍、技术参数和安装视频等信息,并进行学习。

****

知识测评

1. 温湿度传感器适合在_____场合使用。
   A. 有较大粉尘、水雾污染的场所　　B. 腐蚀气体的场所
   C. 室内、平缓环境　　D. 存放布料的仓库

2. 485型传感器的额定工作电压是_____。
   A. 12V　　B. 16V　　C. 18V　　D. 24V

3. 温湿度传感器的_____色线能检测湿度。
   A. 红　　B. 黑　　C. 蓝　　D. 绿

4. 485型温湿度传感器的黄色线是接_____。
   A. 485-A　　B. 485-B　　C. 电源正极　　D. 电源负极

5.（多选）温湿度传感器采用模拟量输出，以下属于模拟量的是_____。
   A．人体红外值   B．烟雾值   C．二氧化碳浓度   D．含氧量

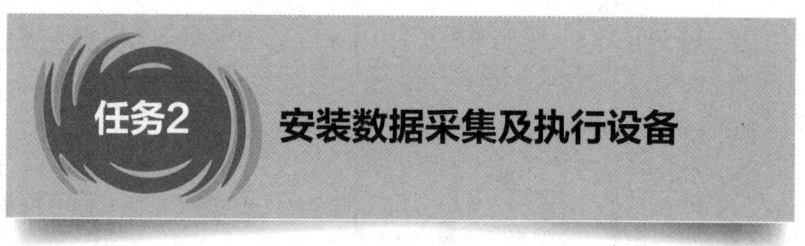

任务2 安装数据采集及执行设备

任务描述

本任务要完成博物馆温湿度自动控制系统的数据采集及执行设备的安装，其接线图如图4-12所示。需要根据场景选择合适的数据采集器和执行设备。再根据系统安装接线图，安装数据采集器与执行设备，且能获取本地环境数据。

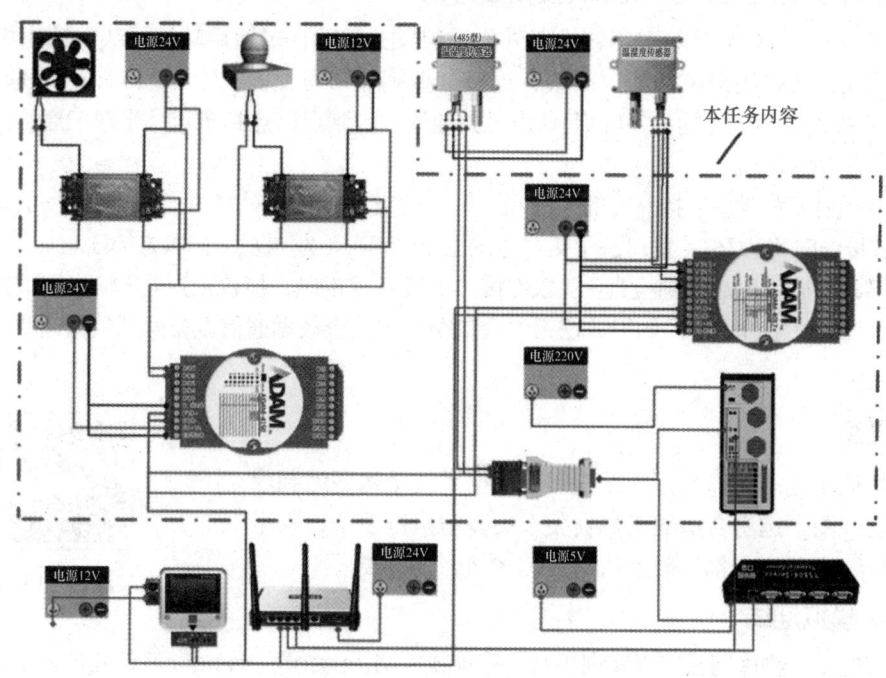

图4-12 博物馆温湿度自动控制系统数据采集与执行设备安装接线图

知识准备

一、RS-232至RS-485转换工作方式

RS-232至RS-485转换有RS-485点到点/两线半双工（见图4-13a）、RS-485点对多点/两线半双工（见图4-13b）、UT-2201接口转换器之间半双工（见图4-13c）三种通信连接方式。本任务采用上述第一种。

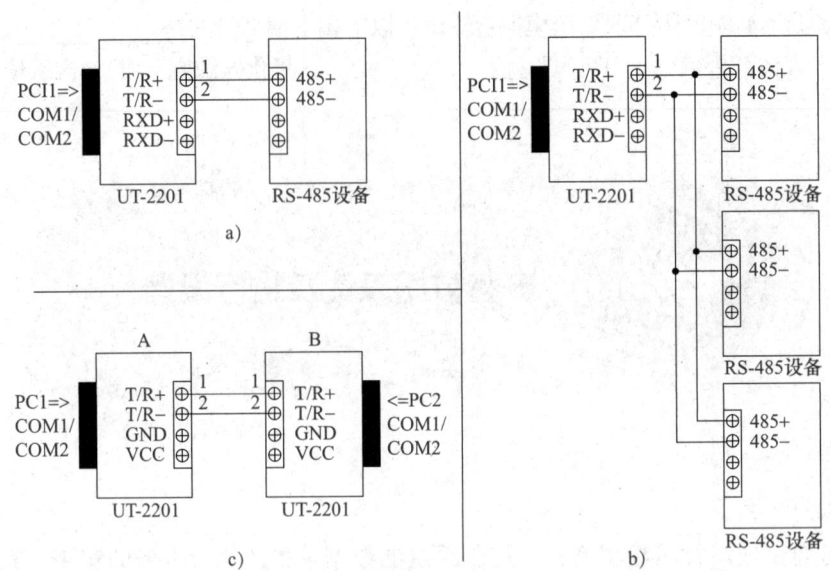

图4-13 RS-232至RS-485转换通信连接

二、RS-232至RS-485转换接线方式

本任务RS-232转RS-485转换器外形采用DB-9/DB-9通用转接插头，输出接口配有普通接线柱，可使用双绞线或屏蔽线，连接、拆卸非常方便。T/R+、T/R-代表收发A+、B-，VCC代表备用电源输入，GND代表公共地线，点到点、点到多点、半双工通信接两根线（T/R+、T/R-）。

接线原则"发/收+"接对方的"发/收+"，"发/收-"接对方的"发/收-"；RS-485半双工模式接线时将T/R+（发/收+）接对方的A+，T/R-（发/收-）接对方的B-。

如果数据通信失败，则检查RS-232接口接线是否正确；检查RS-485输出接口接线是否正确；检查供电是否正常。如果数据丢失或错误，则检查数据通信设备两端数据速率、格式是否一致。

任务实施

根据使用场所选择合适的采集器，根据系统结构图绘制虚拟仿真连线图，选用合适的工具安装采集器与执行设备，利用万用表检测并确保线路正常连通，并在上位机上获取数据。

4-1 安装温湿度自动控制系统

一、模拟连线

建议使用"物联网云仿真实训平台"软件或"Microsoft Visio"软件完成设备供电部分的模拟连线。

1. 使用"物联网云仿真实训平台"软件模拟连线

步骤一：设备选型。

在左侧设备选型区的"执行器"列表中选择两个"继电器"；在"I/O模块"列表中选择"4017"模拟量采集器和"4150"数字量采集器；在"终端"列表中选择"PC"；在"负载"列表中选择"风扇"与"灯泡"；在"电源"列表中选择"电源24V"和"电源12V"；在"其他外设"中选择RS-232转RS-485转换器。本任务所需设备见表4-8，将它们拖入工作台。

表4-8 本任务所需设备

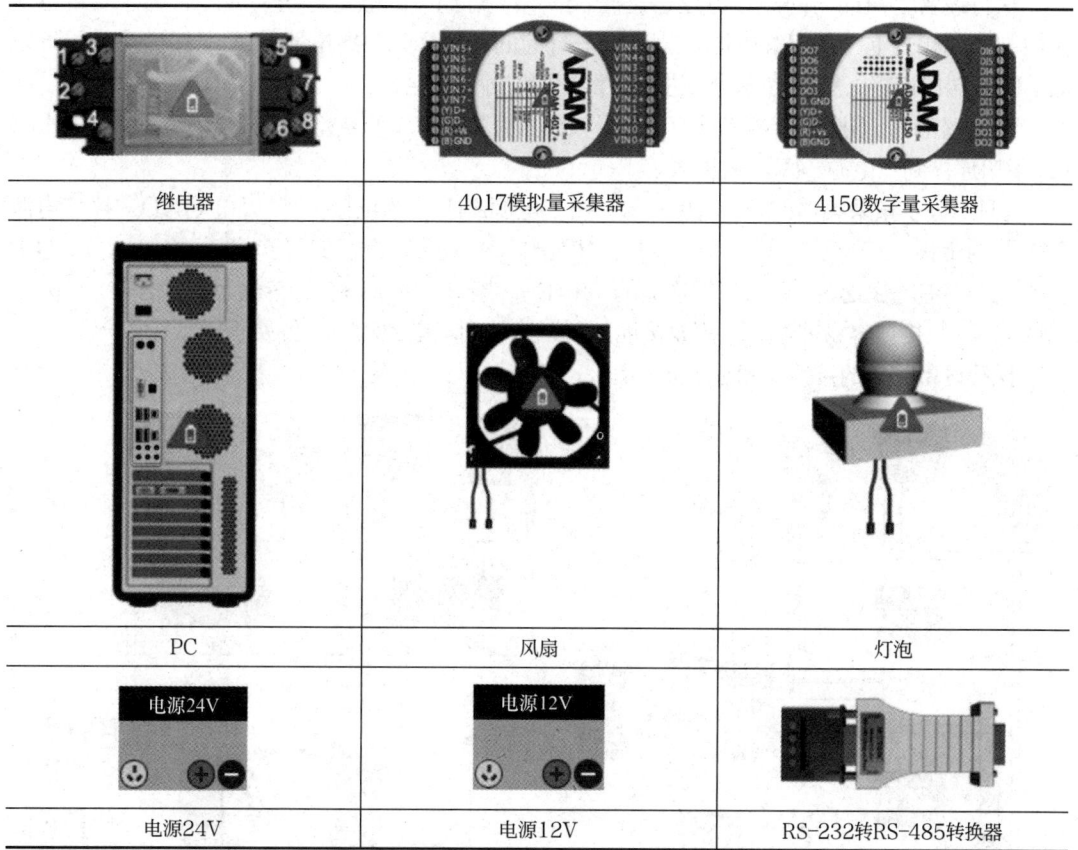

在本项目任务1中选择的"温湿度传感器"是输出模拟量的传感器，因此需要用ADAM-4017+模拟量采集器将模拟量信号转化为485信号，而另一款485型的温湿度传感器输出的信号则不需要经过采集器。

ADAM 4150采集器是数字量采集器，其在本任务中的作用是将信号输出到风扇和灯泡，用风扇降低温度，用灯泡模拟加热灯。继电器则起到开关的作用。

步骤二：采集器连线。

将温湿度传感器的蓝色、绿色信号线接到ADAM-4017+模拟量采集器的Vin+接口，同组的Vin-接口接到"电源24V"的负极，蓝色信号线输出温度信号，绿色信号线输出湿度信号。

ADAM-4017+模拟量采集器的"（R）+Vs"接"电源24V"的正极，"（B）GND"接"电源24V"的负极。"（Y）D+"接口接RS-232转RS-485转换器的"T/R+"接口，"（G）D-"接口接RS-232转RS-485转换器的"T/R-"接口，将RS-485信号转化为RS-232信号。

RS-232转RS-485转换器插在PC的COM口，将信号传入终端。

"485型温湿度传感器"的黄色信号线为"485A"接口，连接到RS-232转RS-485转换器的"T/R+"接口，蓝色信号线为"485B"接口，连接到RS-232转RS-485转换器的"T/R-"接口。

数据采集部分的接线如图4-14所示。

步骤三：执行设备连线。

执行设备“风扇”的额定电压是直流24V，“灯泡”的额定电压是12V，为了实现智能化控制风扇和灯泡，使用继电器。将风扇与灯泡的两根导线与继电器的3、4接口也就是继电器的常开端口连接，只有信号输入进来，常开端口才会闭合。

继电器的5、6接口连接“电源24V”的正负极，7口连接到4150数字量采集器的DO口，8口连接到“电源24V”的正极。

4150数字量采集器的“（R）+Vs”接“电源24V”的正极，“（B）GND”接“电源24V”的负极。“（Y）D+”接口接RS-232转RS-485转换器的“T/R+”接口，“（G）D-”接口接RS-232转RS-485转换器的“T/R-”接口，将485信号转化为232信号。此外，“D. GND”接口容易被遗忘，需要接地，可以连接到“电源24V”的负极。

执行设备部分的接线如图4-15所示。

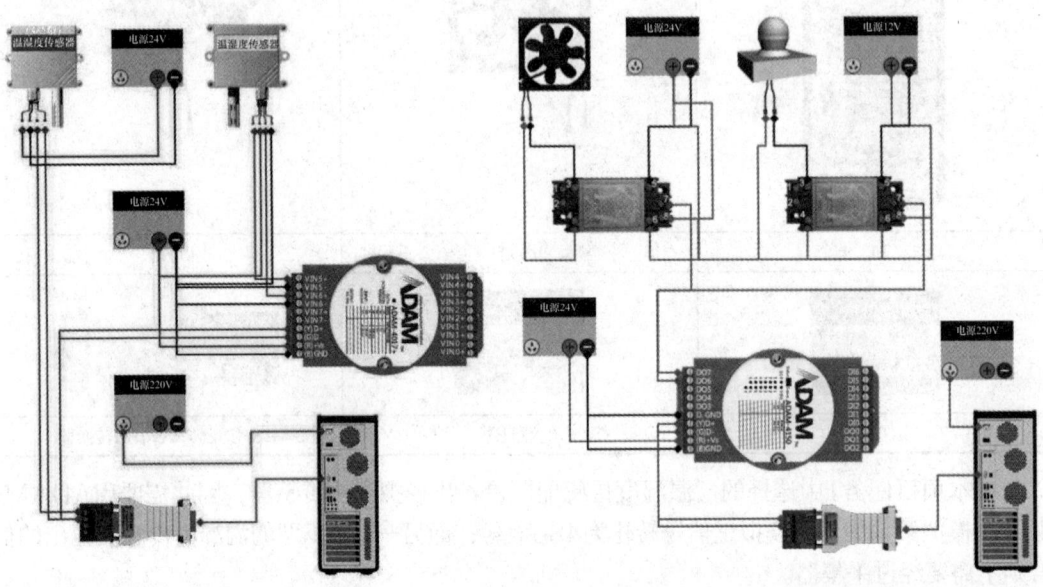

图4-14　温湿度传感器设备数据采集模拟连线图

图4-15　温湿度自动控制系统执行设备模拟连线图

步骤四：功能测试。

单击左上角的“连线验证”按钮与“模拟实验”按钮，双击温湿度传感器，在打开的选项对话框中可以设置温度与湿度的模拟数据。数据传送成功后，单击工作台右侧的“消息面板”后的小倒三角即可显示4017采集器与4150采集器收到与输出的信号，消息面板如图4-16所示。

如果“连线验证”通过，而“模拟试验”未通过，则需要特别注意变为黄色的线，有时可能是接线两端的设备与其他线的连接原因，例如，需要将“温湿度传感器”与“4017”接在同一个电源上，方可通过验证。如遇“验证未通过”的情形，需耐

消息面板

时间	设备名称	描述
23:16:14	温湿度	温度输出模拟量:12
23:16:14	温湿度	湿度输出模拟量:12
23:16:14	4017	VIN5收到模拟量:12
23:16:14	4017	VIN6收到模拟量:12
23:16:15	温湿度	温度输出模拟量:12
23:16:15	温湿度	湿度输出模拟量:12
23:16:15	4017	VIN5收到模拟量:12
23:16:15	4017	VIN6收到模拟量:12
23:16:16	温湿度	温度输出模拟量:12
23:16:16	温湿度	湿度输出模拟量:12
23:16:16	4017	VIN5收到模拟量:12
23:16:16	4017	VIN6收到模拟量:12

图4-16　消息面板

心排错。

2. 使用"Microsoft Visio"软件模拟连线

步骤一：新建文件与导入模具。

打开Visio软件，执行"文件"→"新建"→"基本框图"命令，新建一个Visio文件。

导入Visio模具，执行"更多形状"→"打开模具"命令，然后选择模具文件存放的目录，单击打开。

步骤二：布置模具。

在模具库中选择两个"继电器"、"4017"模拟量采集器、"4150"数字量采集器、"PC""风扇""灯泡""RS-232转RS-485转换器"，将它们拖入空白处并选择24V直流电源与12V直流电源。

步骤三：连接温湿度传感器与直流电源。

单击"工具"选项卡中的"连接线"完成设备间的连线，接线要求参考上文在"物联网云仿真实训平台"软件中的连线方法。连接结果如图4-17所示。

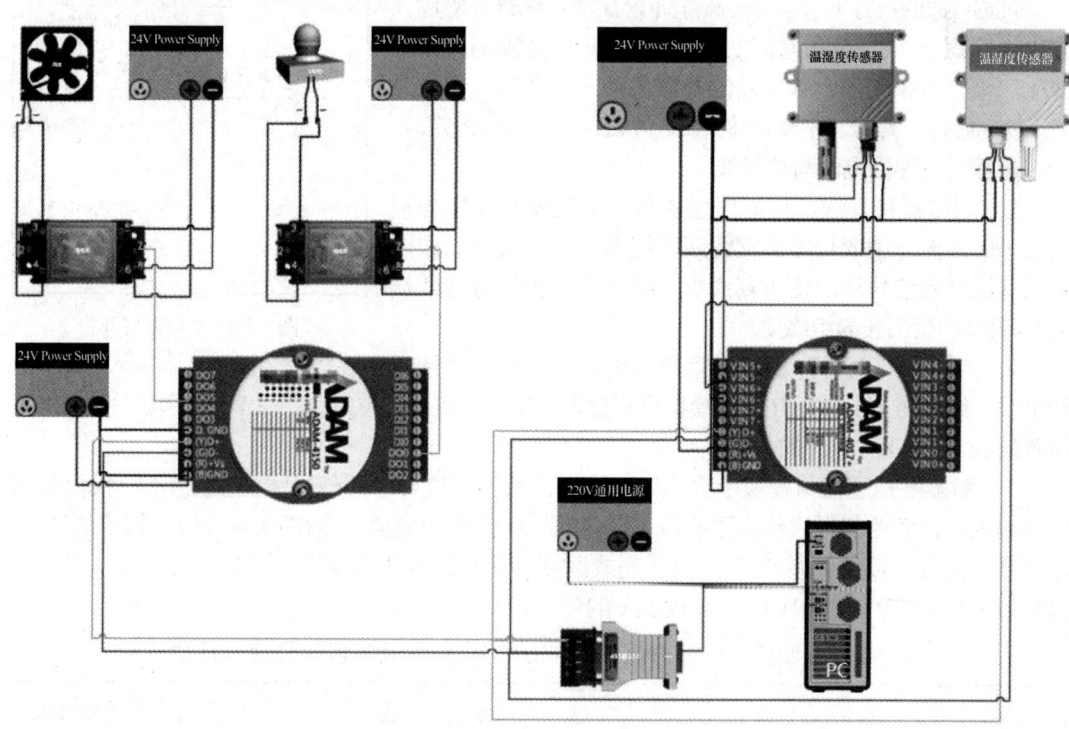

图4-17 温湿度自动控制系统连线图

在Visio软件中绘图，可以通过修改或移动线条的拐点使线条不穿过设备。同时，为了让线路更清晰，接电源正极的线色可设为红线，接电源负极的线色可设为黑线，接D+为黄线，接D-为蓝线。此外，Visio不提供排错功能，因此需要仔细检查接线。

二、设备搭建

1. 数据采集

步骤一：设备选型。

完成数据采集所需设备信息见表4-9，根据设备信息检验设备的一致性，选择合适的设备。

表4-9 数据采集设备信息

设备名称	设备规格参数	接线
ADAM-4017+模拟量采集器	协议: Modbus RTU协议 额定电压: 直流24V	Vin+: 8个Vin+均可连接传感器的信号线 Vin-: 连接电源负极 D+: 连接转接口T/R+ D-: 连接转接口T/R- Vs+: 连接直流24V电源正极 GND: 连接直流24V电源负极
485—232转换器	传输速率: 300bit/s~115.2Kbit/s	T/R+: 连接4017模拟量采集器的D+端口 T/R-: 连接4017模拟量采集器的D-端口

观察采集器和转换器的外观,确认外观无损坏。

步骤二:安装设备。

参照图4-18所示元器件布置图在物联网实训工位铁架上安装温湿度自动控制系统数据采集部分的设备。

挑选合适的螺钉(十字盘头螺钉M4×16)、螺母、垫片,选用十字螺丝刀,在物联网实训工位铁架上安装ADAM-4017+模拟量采集器,采集器的两侧各有一个孔洞,安装时可以使用螺钉、螺母、不锈钢垫片(M4×10×1)加以固定。

步骤三:连接电源与信号线。

1)制作连接导线。根据传感器与实训工位稳压电源接线端子的距离,剪取长度适宜的两根红黑平行导线。剪取四根长度适宜的信号线。使用剥线钳,将红黑线和信号线两端各剥掉约0.8cm长的绝缘皮。

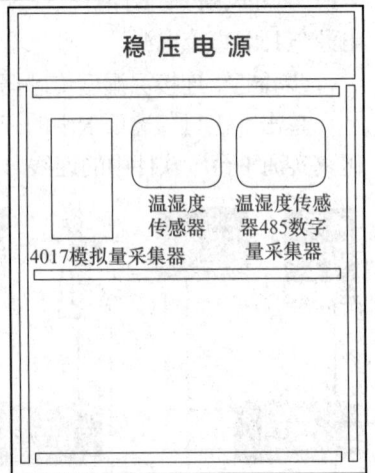

图4-18 数据采集部分电器元件布置图

2)ADAM-4017+模拟量采集器电源线的连接。使用红黑线,红线将ADAM-4017+模拟量采集器的Vs+接实训工位的DC 24V的正极,黑线将采集器的GND接DC 24V的负极。

3)温湿度传感器与模拟量采集器的连接。将温湿度传感器信号线连接至4017模拟量采集器输入口,蓝色信号线传输温度值,绿色信号线传输湿度值,接在Vin+端口,相应的Vin-端口要接负极,接线可参考表4-10,完成温度、湿度信号线的连接。注意:ADAM-4017+模拟量采集器的Vin0-和Vin1-需接24V的负极。

表4-10 温湿度传感器与ADAM-4017+模拟量采集器信号线连接端口

序号	传感器名称	供电电压	模拟量采集器
1	温湿度传感器(温度)蓝色信号线	24V	Vin0+
2	温湿度传感器(湿度)绿色信号线	24V	Vin1+

4)4017模拟量采集器连接到RS-232转RS-485转换器。ADAM-4017+模拟量采集器的D+端口接RS-232转RS-485转换器的T/R+,D-端口接RS-232转RS-485转换器的T/R+。

5)将485型温湿度传感器连接到RS-232转RS-485转换器。485型温湿度传感器信号线可以不经过模拟量采集器,直接连接到RS-232转RS-485转换器。传感器的黄色线接RS-232转RS-485转换器的T/R+,即485A,蓝色线接485头的T/R-,即485B。

最后,将485转换头的串口连接到PC的串口(COM)。温湿度自动控制系统的数据采集部分接线如图4-19所示。

项目4
安装博物馆温湿度自动控制系统

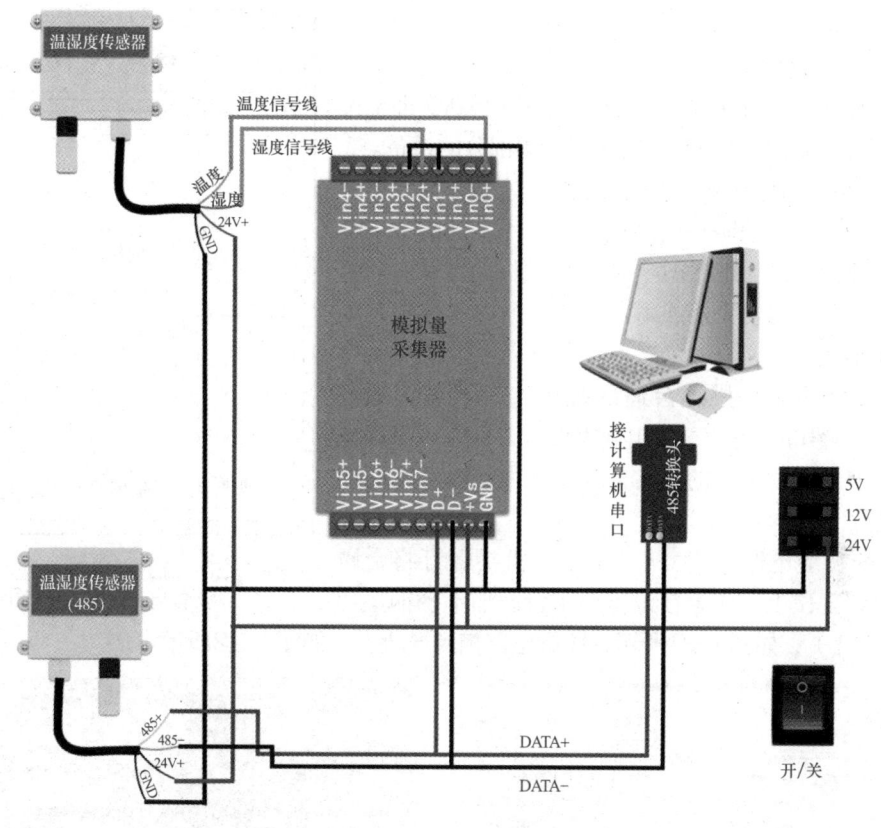

图4-19　温湿度数据采集连线示意图

2. 完成执行设备的安装

步骤一：设备选型。

完成数据采集所需设备的参数见表4-11，根据设备信息检验设备的一致性，选择合适的设备。

表4-11　设备信息

设备名称	设备规格参数	接线
LED照明灯	额定电压：12V	红线：电源正极 白线：电源负极
风扇	额定电压：24V	
继电器	接口：8脚 额定电压：24V	1、2端口：常闭端口 3、4端口：常开端口 5、6端口：公共端 7、8端口：线圈
4150数字量采集器	协议：Modbus RTU协议 额定电压：直流24V	DI：7个输出口，均可连接传感器的信号线 DO：8个输出口，连接执行设备 D.GND：接地 D+：连接转接口T/R+ D-：连接转接口T/R- Vs+：连接直流24V电源正极 GND：连接直流24V电源负极
485－232转接器		T/R+：连接4017的D+端口 T/R-：连接4017的D-端口

— 113 —

观察设备的外观，确认外观无损坏。

步骤二：安装执行设备。

根据图4-20所示元器件布置图，在物联网实训工位铁架上安装温湿度自动控制系统数据采集部分的设备。

1）安装照明灯底座。挑选合适的一字螺丝刀轻按旁边的卡扣，将LED照明灯的面板拆开，用不锈钢十字盘头螺钉（M4×16）固定底座，将灯座底板固定在实训平台架子上。因为需要先接线再盖面板，所以等接线完成后再安装灯泡。

2）安装风扇。挑选合适的螺钉（十字盘头螺钉M4×16）、螺母、垫片，选用十字螺丝刀，完成风扇在物联网实训工位铁架上的固定。注意在设备台子背面加不锈钢垫片（M4×10×1）。

3）安装继电器。用M4×16十字盘头螺钉将金属导轨安装到工位上，注意在设备台子背面加不锈钢垫片（M4×10×1），如图4-21所示，将继电器扣到导轨上，如图4-22所示。

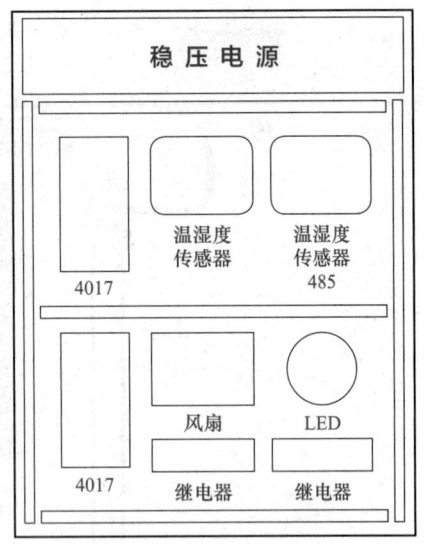

图4-20 温湿度数据采集与执行设备电器元件布置图

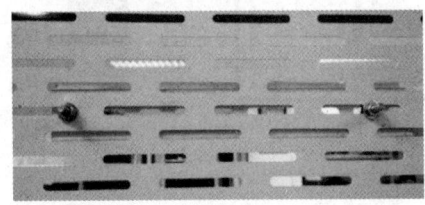

图4-21 金属导轨安装示意图

图4-22 继电器安装示意图

一般在需要安装多个继电器的时候，利用导轨安装可以更加方便。若只有一两个继电器，也可以直接利用继电器左上角与右下角的孔洞进行安装。

4）安装ADAM-4150数字量采集器。ADAM-4150数字量采集器的两侧各有一个孔洞，使用螺钉（十字盘头螺钉M4×16）、螺母、垫片将其固定。

步骤三：连接电源与信号线。

1）制作连接导线。根据传感器与实训工位稳压电源接线端子的距离，剪取长度适宜的两根红黑平行导线。剪取四根长度适宜的信号线。使用剥线钳，将红黑线和信号线两端各剥掉约0.8cm长的绝缘皮。

2）继电器的连接。风扇、LED照明灯与继电器的连接方法如图4-23所示。

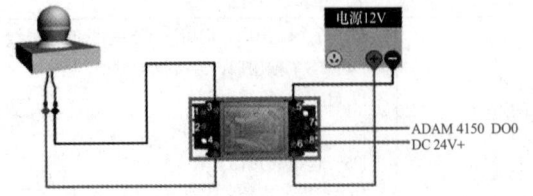 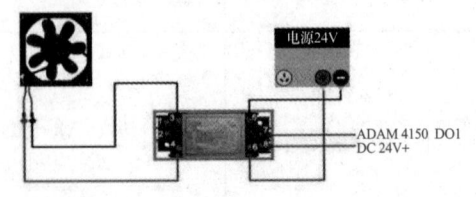

图4-23 继电器接线示意图

本任务中，一个继电器控制一个执行设备，可以继续探索使用继电器同时接两个或四个执行设备的方法。

3）ADAM-4150数字量采集器的电源连接。使用红黑线，红线将ADAM-4150数字量采集器的Vs+接实训工位的DC 24V的正极，黑线将ADAM-4150数字量采集器的GND接DC 24V的负极。

4）将4150连接到RS-232转RS-485转换器。ADAM-4150数字量采集器的D+端口接RS-232转RS-485转换器的T/R+，D-端口接RS-232转RS-485转换器的T/R-。

最后，将RS-232转RS-485转换器的串口连接到PC的串口（COM1）。

三、调试验证

检测线路连接情况。同一小组成员相互检查各种线路连接情况。

1. 使用万用表检测

1）断电状态下测试。关闭设备电源，表笔插接方法：将黑表笔插进"COM"孔中、红表笔插进"VΩ"孔中。其次，选档：把旋钮旋转到"蜂鸣器档"中所需的量程。接着，用红黑表笔分别接待测线路的两端。例如，先测ADAM-4017+的Vs+端与24V正极之间的线路。如果线路导通，万用表的蜂鸣器会发出"滴"的报警声，并且数字万用表屏幕上显示"001.2"。用同样的方法完成全部安装线路的检测。

2）通电测试。将实训工位的稳压电源开关开启，使用数字万用表电压档测量ADAM-4017+的供电电压。记录测试出来的电压值为_____V。

2. 使用ADAM软件测试

使用ADAM软件前需要为串口安装驱动程序，如果在ADAM软件中找不到串口，可能是因为驱动程序没有更新，可使用如图4-24所示的方法实施检查。

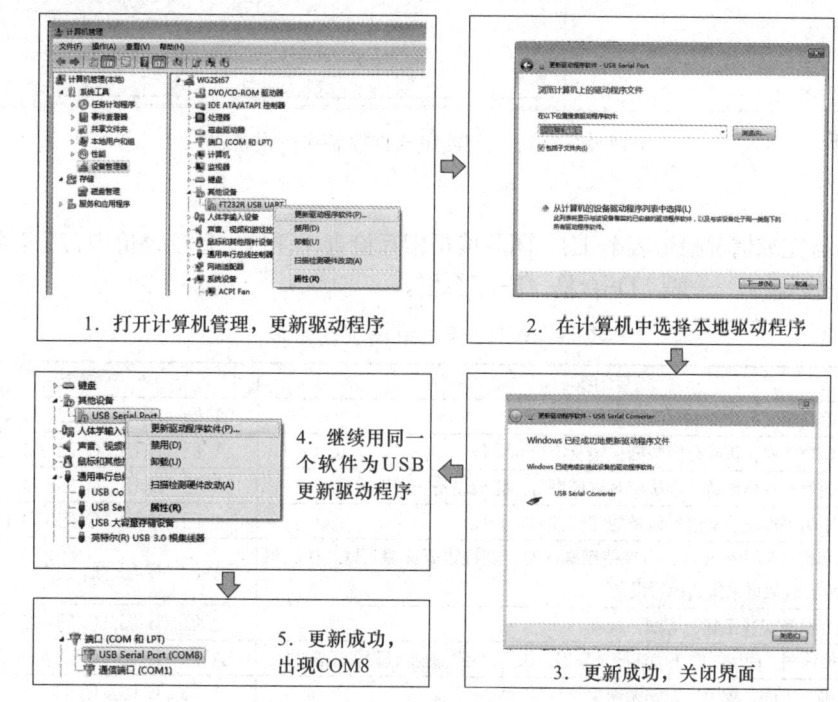

图4-24 更新串口驱动程序

打开ADAM测试软件，观测ADAM-4017+输入端Vin0和Vin2通道输入的电流值。同时，测试当用手去触摸温湿度传感器的测试端子的时候，Vin0和Vin2通道输入的电流值的变化情况，填入表4-12。

表4-12 温湿度传感器采集电流值

	Vin0	Vin2
温湿度传感器		

连线测试后，将LED灯面板安装固定在底座上，旋上灯泡。使用ADAM测试软件，单击"DO"按钮，可以控制执行设备的开启与关闭，如图4-25所示，单击"DO1"与"DO5"按钮控制继电器，以达到打开风扇与LED的效果。

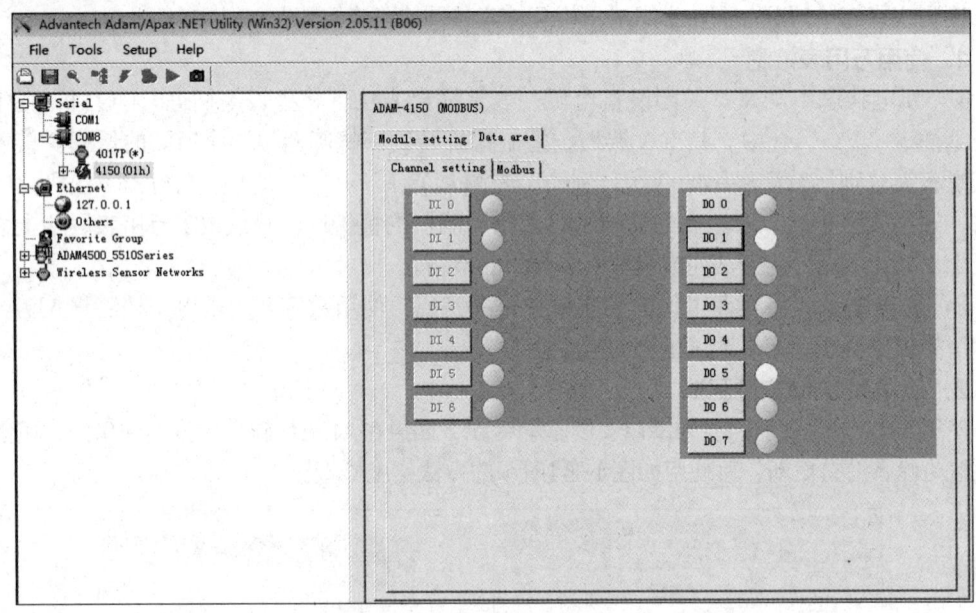

图4-25 ADAM测试软件控制执行设备

任务检查

参照任务完成情况检查表4-13，团队成员相互检查、评价。每项评价内容分五档打分，A-优秀，B-良好，C-一般，D-合格，E-不合格。

表4-13 任务完成情况检查表

检查内容	检查结果
会陈述博物馆温湿度自动控制系统的拓扑结构	A□ B□ C□ D□ E□
能根据工作指导手册，正确分辨数据采集及执行等设备	A□ B□ C□ D□ E□
能根据产品型号、规格参数，准确核对进场设备，完成设备一致性检验	A□ B□ C□ D□ E□
能根据产品说明书准确检测进场设备的完整性和完好性	A□ B□ C□ D□ E□
能正确选用螺钉、垫片和螺母，合理使用螺丝刀、剥线钳等安装工具，在说明书的指导下规范安装数据采集、执行设备	A□ B□ C□ D□ E□
采集器、执行设备安装正确、牢固、美观	A□ B□ C□ D□ E□
能识别安装接线图，使用线缆正确连接采集器、执行设备，并保证设备正常供电	A□ B□ C□ D□ E□
线缆连接正确、牢固、规范，无露铜现象	A□ B□ C□ D□ E□
能使用数字万用表测试线路的通断以及设备的通电电压（工位的设备供电电压）	A□ B□ C□ D□ E□
完成任务后工具正常归位并摆放整齐	A□ B□ C□ D□ E□
完成任务后工位及周边的卫生环境整洁	A□ B□ C□ D□ E□

知识补充

RS-232和RS-485的区别

RS-485和RS-232一样，都是串行通信标准，现在的标准名称是TIA 485/EIA-485-A，但是人们会习惯称为RS-485标准。RS-485常用在工业、自动化、汽车和建筑物管理等领域。通过多个维度对比，RS-232和RS-485的区别见表4-14。

表4-14 RS-232和RS-485的区别

	RS-232	RS-485
物理结构	以9个引脚（DB-9）或是25个引脚（DB-25）的形态出现	无具体的物理形状，根据工程的实际情况而采用的接口
电子特性	信号有效（接通，ON状态，正电压）=3～15V 信号无效（断开，OFF状态，负电压）=-15～-3V	逻辑"1"：两线间的电压差为+（2～6）V 逻辑"0"：两线间的电压差为-（2～6）V
通信距离	传输距离有限，最大传输距离标准值为15m，且最大传输速率最大为20Kbit/s	最大无线传输距离为1200m。最大传输速率为10Mbit/s，在100Kbit/s的传输速率下，才可以达到最大的通信距离
多点通信	只允许连接1个收发器，只能点对点通信	允许连接多达128个收发器。即具有多站通信能力，这样用户可以利用单一的RS-485接口方便地建立起设备网络
通信线	可以采用三芯双绞线、三芯屏蔽线等	采用两芯双绞线、两芯屏蔽线等 低速、短距离、无干扰的场合：普通的双绞线 高速、长线传输时：必须采用阻抗匹配（一般为120Ω）的RS-485专用电缆STP-120Ω（用于RS-485 & CAN）一对18AWG 干扰恶劣的环境：采用铠装型双绞屏蔽电缆ASTP-120Ω（用于RS-485 & CAN）一对18AWG

知识测评

1. 采用RS-232C串行通信至少需要三根线，其中不包括_____。
   A．电源线　　　B．地线　　　C．发送数据线　　　D．接收数据线
2. RS-485总线，属于_____。
   A．内部总线　　　B．局部总线　　　C．串行总线　　　D．PC总线
3. RS-485的逻辑"1"对应的A、B两线压差为_____。
   A．0V　　　B．-6～-2V　　　C．2～6V　　　D．3.3V
4. RS-485传输技术中常采用的电缆是_____。
   A．普通多股铜线　　　B．屏蔽三绞铜线　　　C．双绞铜线　　　D．光纤线
5. 下列关于RS-232与RS-485的区别，描述正确的是_____。
   A．RS-232采用单端通信，RS-485采用平衡传输
   B．RS-232的传输距离不超过20m，RS-485的传输距离可达几十米到上千米
   C．RS-232的传输距离可达几十米到上千米，RS-485的传输距离不超过20m
   D．RS-232一对一通信，RS-485一对多通信

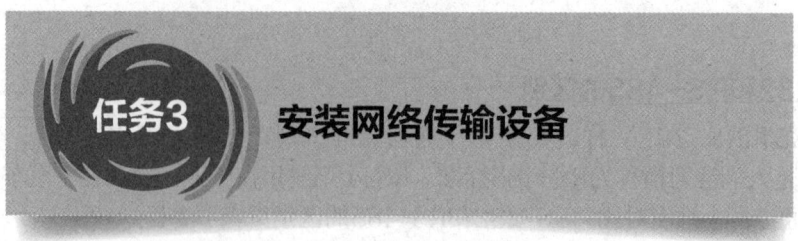

任务3 安装网络传输设备

任务描述

博物馆温湿度自动控制系统安装接线图如图4-26所示。本任务需正确安装物联网网关、串口服务器与路由器等设备,并将传感器采集的数据上传至云平台。在此基础上,进一步理解网络传输设备的作用与原理。

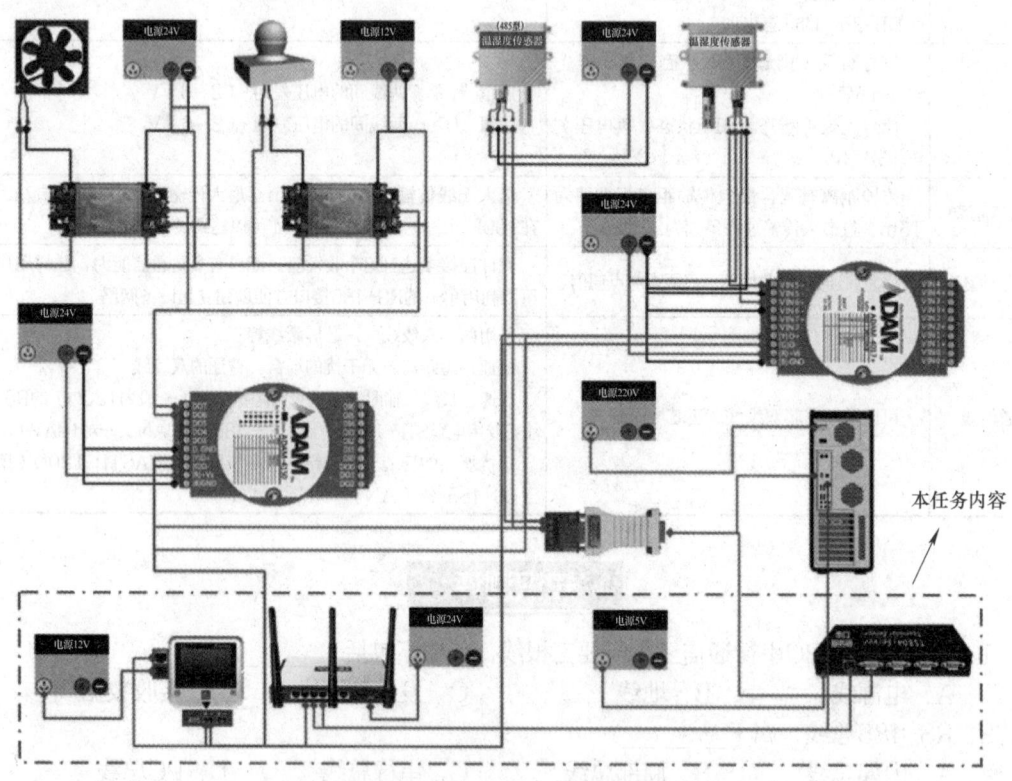

图4-26 博物馆温湿度自动控制系统安装接线图

知识准备

一、物联网网关

物联网网关能将MQTT、CoAP、AMQP、DDS、WebSocket等传输协议转换为数据系统所需的其他协议。它在物联网传感器和互联网之间建立了桥梁。物联网设备使用蓝牙LE、ZigBee、Z-wave、LTE、LTE-M、WiFi之类的短距离无线传输模式连接物联网网关,网关汇总所有数据,转换传感器的协议,并在发送数据之前对其进行预处理,通过以太网LAN或光纤WAN(HDLC/PPP)将它们链接到Internet(公共云)。

二、串口服务器

串口服务器能够使串口设备联网,提供串口转网络功能,能够将RS-232/485/422串口转换成TCP/IP网络接口,实现RS-232/485/422串口与TCP/IP网络接口的数据双向透明传输。同时,使串口设备能够立即具备TCP/IP网络接口功能,连接网络进行数据通信,扩展串口设备的通信距离,从而在全球任何地方经过互联网远程控制机器设备。

三、串口服务器与物联网网关的区别

串口服务器,即能够通过以太网将其他设备与RS-232、RS-422和RS-485接口连接到计算机(或其他设备)的设备。数据以其原始格式传输,程序使用虚拟COM端口或TCP客户端"进行服务器模式运行"。

网关是通过以太网将具有RS-232,RS-422和RS-485接口的设备连接到计算机或其他设备。此外,它们能够将协议从Modbus RTU/ASCI转换为 Modbus TCP,反之亦然(以及其他协议)。在这种情况下,可以使用Modbus TCP通过网关的IP地址访问连接的设备,而不是使用虚拟COM端口。其连接图如图4-27所示。

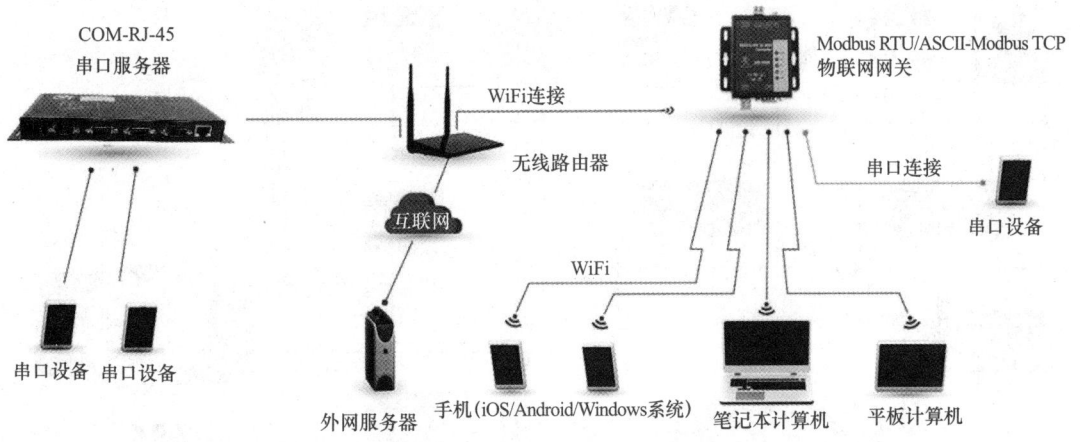

图4-27 串口与网关的接线示例

任务实施

根据使用场所选择合适的网络传输,借助设备虚拟仿真连线图,选用合适的工具安装物联网网关、串口服务器与路由器,确保线路正常连通并完成必要的配置。

一、模拟连线

建议使用"物联网云仿真实训平台"软件或"Microsoft Visio"软件完成设备供电部分的模拟连线。

1. 使用"物联网云仿真实训平台"软件模拟连线

单击"打开"按钮,打开任务2完成的虚拟仿真文件,其扩展名为N2V。

步骤一:设备选型。

在左侧设备选型区的"网关"列表中选择"物联网网关""路由器""串口服务器",在"电源"列表中选择24V、12V、5V直流电源,所需设备见表4-15,将它们拖入工作台。

表4-15 本任务所需设备

物联网网关	路由器	串口服务器
12V直流电源	24V直流电源	5V直流电源

步骤二：模拟连线。

如图4-28所示，实现温湿度自动控制系统的模拟连线。注意，在实际连线中，路由器的WAN口需要用网线连接至Internet。

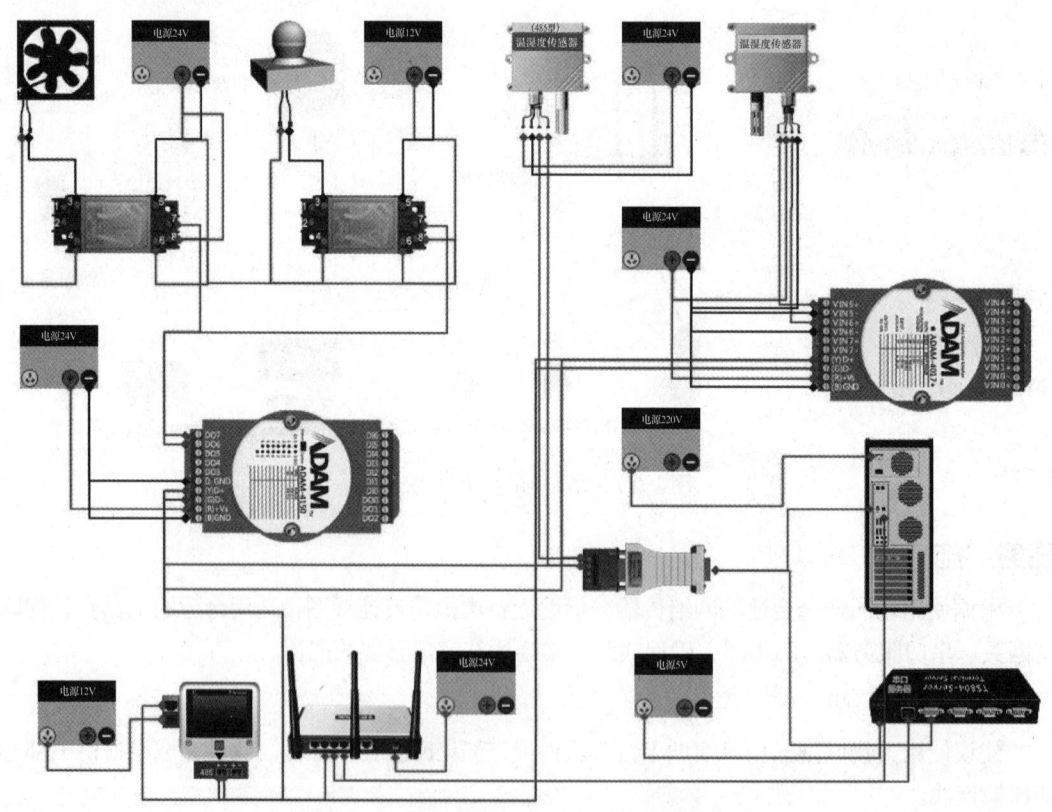

图4-28 温湿度自动控制系统的模拟连线图

2. 使用"Microsoft Visio"软件模拟连线

步骤一：新建文件与导入模具。

打开Visio软件，执行"文件"→"新建"→"基本框图"命令，新建一个Visio文件。

导入Visio模具，执行"更多形状"→"打开模具"命令，然后选择模具文件存放的目录，单击打开。

步骤二：布置模具。

在模具库中选择"物联网网关""串口服务器""路由器"拖至文件空白处，并选择24V、12V、5V直流电源。

步骤三：连接温湿度传感器与直流电源。

单击"工具"选项卡中的"连接线"完成"物联网网关""串口服务器""路由器"电源连接。"物联网网关""串口服务器"连接直流12V电源，"路由器"连接直流24V正极。"物联网网关""串口服务器"的RJ-45端口用网线连接至"路由器"，连接结果如图4-29所示。

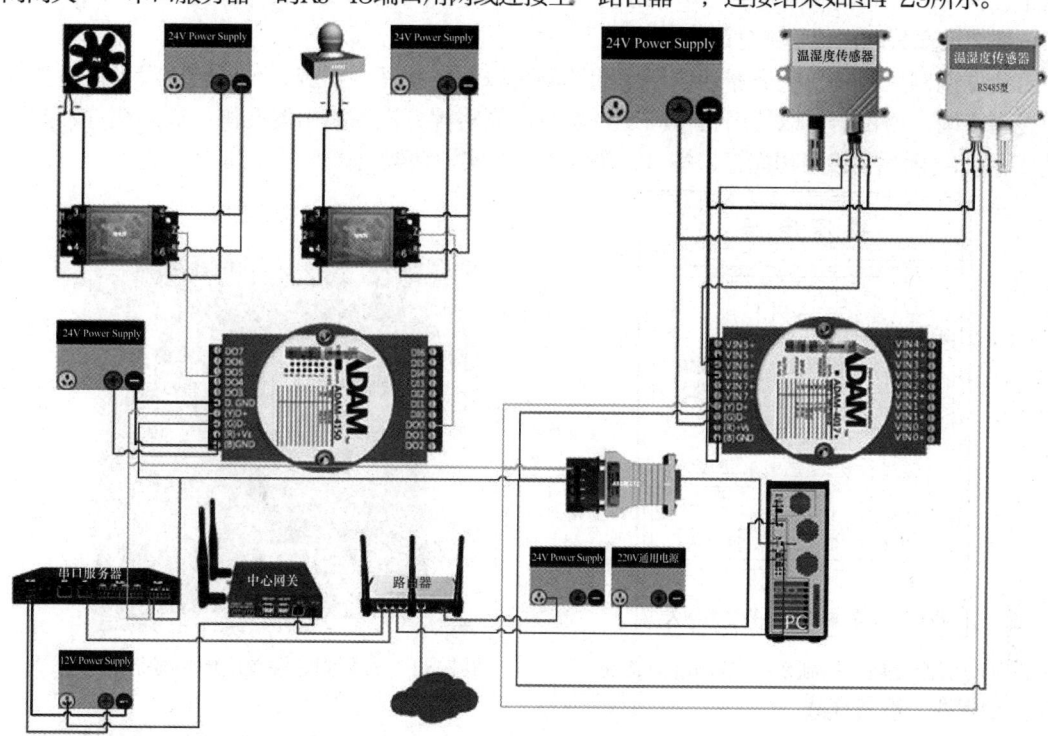

图4-29　温湿度自动控制系统连线图

二、设备搭建

步骤一：设备选型。

本任务所需设备的名称、型号、规格参数见表4-16，根据设备信息检验设备的一致性，选择合适的设备。

表4-16　本任务设备信息

设备名称	设备规格参数	接线
物联网网关	工作电压：DC 12~30V 入网方式：2/3/4G、以太网 串口COM1：RS-232/485/422 串口COM2：RS-232/485/422	RS-485A：4017+与4150的D+ RS-485B：4017+与4150的D-
路由器	工作电压：24V 接口：1个WAN口，4个LAN口	WAN：外网 LAN：物联网网关、串口服务器、PC
串口服务器	8路串口（双向）分配器输出 静态功耗：0.85W 静态电流：25mA 输入电源：DC-12V	COM：RS-484=232的COM口 RJ-45：路由器LAN口

观察网络传输设备的外观，确认外观无损坏。

步骤二：安装走线槽。

根据实训工位的铁架尺寸安装线槽。挑选合适尺寸的线槽、螺钉、螺母、垫片，选用螺丝刀，完成物联网实训工位铁架四周走线槽以及传感器走线槽的安装。

步骤三：安装设备。

挑选合适的螺钉（十字盘头螺钉M4×16）、螺母、垫片，选用十字螺丝刀，在物联网实训工位铁架上安装物联网网关与串口服务器，根据图4-30所示元器件布置图，在物联网实训工位铁架上安装网络传输部分的设备。

物联网网关与串口服务器两侧预留的孔洞可以固定螺钉，安装后可以轻摇设备以检查安装是否牢固。路由器可以使用扎带固定，也可以先将螺钉嵌入路由器孔洞，放入垫片，如图4-31所示，随后将设备用螺钉、螺母、垫片固定在实训铁架上。

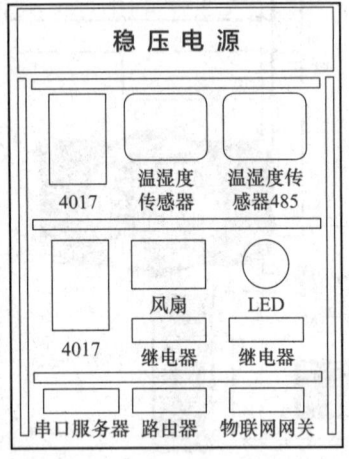

图4-30 温湿度自动控制系统电器元件布置图

图4-31 安装固定温湿度传感器路由器

步骤四：设备连线。

1）连接电源。"物联网网关""串口服务器""路由器"三个设备配备了电源适配器，在选择适配器时注意适配器适合的额定电压，成功上电后，设备的电源指示灯亮起。

2）连接设备。

① 使用网线连接串口服务器与路由器，网线一端接串口服务器的Ethernet端口，另一端接路由器的LAN口。连接成功后，路由器相应的LAN口指示灯亮起。

② 使用网线连接物联网网关与路由器，网线一端接物联网网关的Ethernet端口，另一端接路由器的LAN口。连接成功后，路由器相应的LAN口指示灯亮起。

③ 使用网线将服务器PC端和客户机PC端的网口与路由器的LAN口相连。注意观察路由器的指示灯，如遇指示灯不亮，需要考虑使用测线仪检查网线。具体对应LAN口可以参考表4-17。

表4-17 路由器的LAN口分配

序号	设备	LAN端口
1	串口服务器	LAN1
2	物联网网关	LAN2
3	服务器PC	LAN3
4	客户机PC	LAN4

④ 使用网线实现路由器的WAN口与外网连接，连接成功外网指示灯亮起。

当设备数量不多时，可以选择直接从物联网网关传输到云端，需要将信号线接至RS-485端口；串口设备比较多时，可以通过串口服务器接入，将485=232转换器接入串口服务器，串口输出的信号经路由器进入网关。

三、设备配置

步骤一：网络配置。

1）打开路由器管理地址。在浏览器地址栏输入路由器默认的管理地址"192.168.0.1"。建议重置路由器，可以长按路由器的"reset"键，等待5~6s后，路由器重置完成。将计算机IP设置在192.168.0网段中，在浏览器中打开"http://192.168.0.1/"地址，用户名：admin，密码：空，进入路由器配置界面。如果成功显示则表示路由器正常，如图4-32所示。

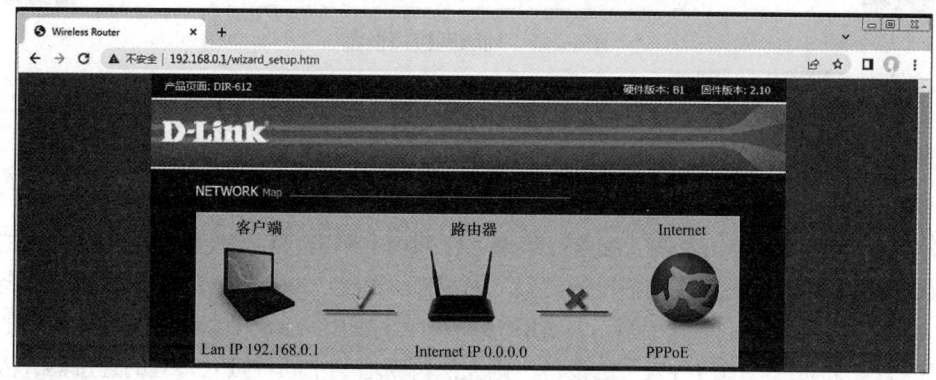

图4-32　进入路由器配置界面

2）配置路由器。单击路由器"设置"菜单项后，单击左侧列表中的"Internet设置"，设置"Internet接入方式"为"DHCP客户端"，如图4-33所示，设置后单击下方的"应用"按钮。

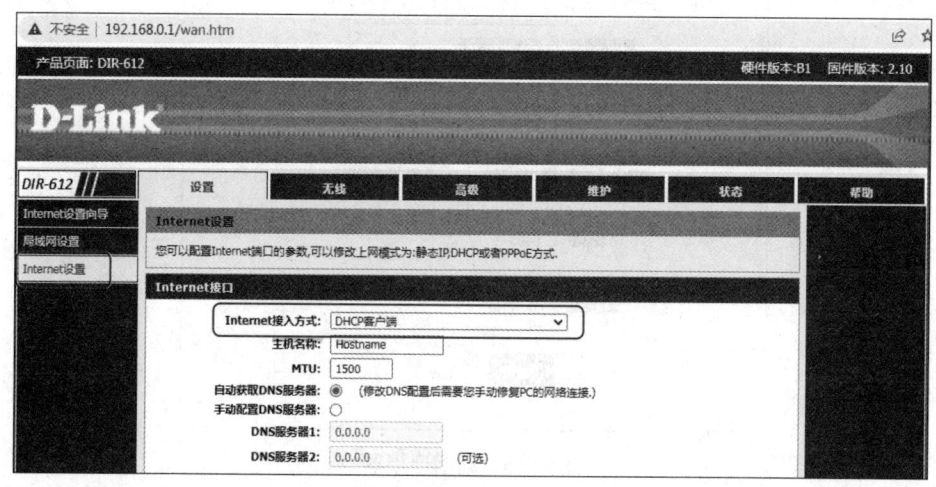

图4-33　Internet接入方式设置

3）局域网设置。修改局域网的接口IP地址为192.168.1.1，如图4-34所示，物联网网关的默认地址是192.168.1.100，设置后单击下方的"应用"按钮。稍作等待，系统重启后重新进入登录界面。

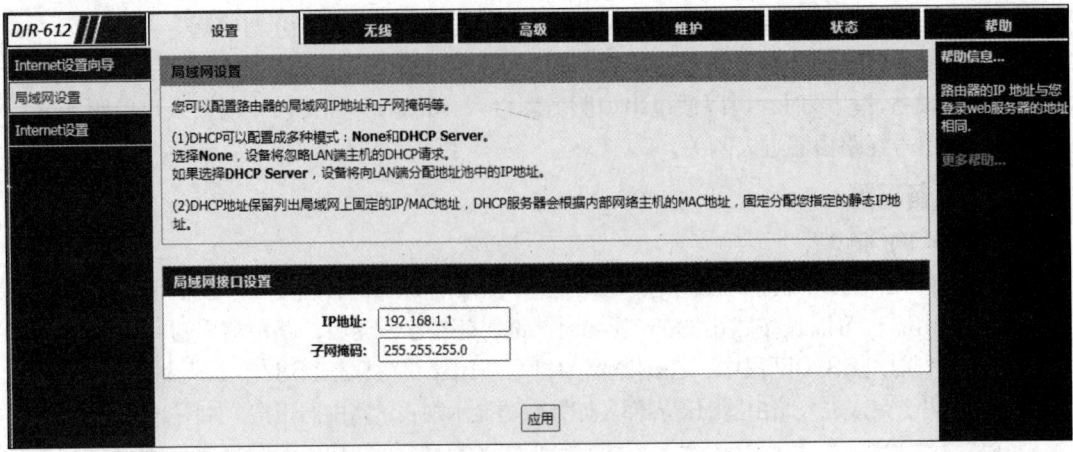

图4-34 局域网接口设置

步骤二：配置物联网网关。

1）进入物联网网关管理界面。长按物联网网关的"reset"按钮，4~5s后重置成功。在浏览器中输入地址"192.168.1.100"，账号为newland，密码为newland。单击"立即登录"按钮进入管理界面。

2）新增连接器。单击左侧"配置"菜单，在列表中单击"新增连接器"，在弹出的界面中设置连接器名称，设置"连接器设备类型"为"Modbus over Serial"，设置"设备接入方式"为"串口接入"，"波特率"为9600，串口名称为"/dev/ttyS3"，需要注意的是，如果已经有一个通过"串口接入"的设备，则无法再新增一个同种接入方式的连接器，因此需要建多个连接器，可以通过"串口服务器接入"。连接器设置如图4-35所示。

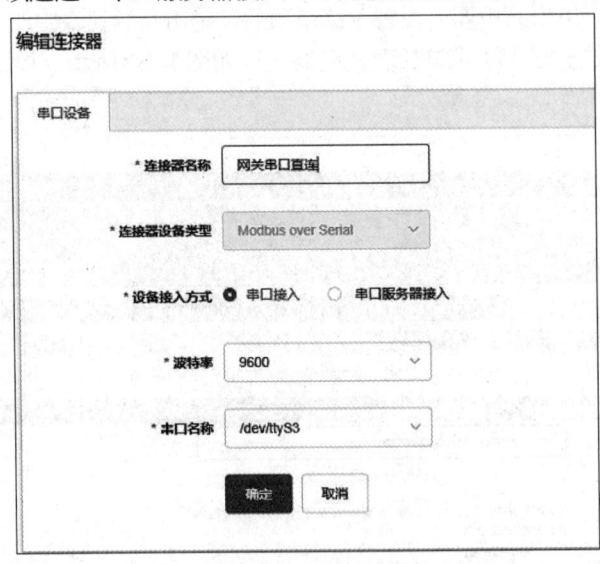

图4-35 新增连接器

3）新增设备。单击"连接器"菜单项，新增后的连接器出现在菜单列表中，单击"网关串口直连"连接器，在右侧界面中单击"新增"按钮，新增一个4150的设备，设置设备类型为"4150"，参数如图4-36所示，用同样的方法添加4017设备的方法，设置设备类型为"4017"。设备地址需要根据ADAM软件中扫描获得的数值确定，如图4-37所示，4150的地址为"01h",4017的地址为"02h"。

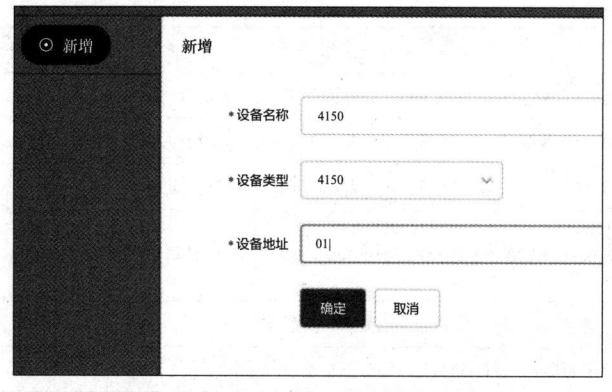

图4-36 新增4150设备

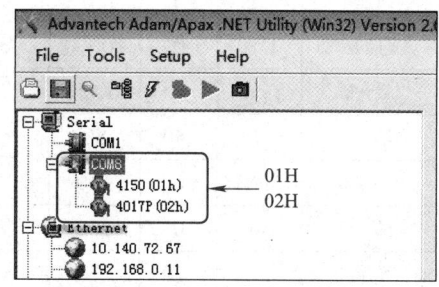

图4-37 4150与4017的地址

新增485型温湿度传感器时,需要通过485设备地址扫描软件获取其设备地址。

4)新增传感器与执行器。

① 新增4150的执行器。单击4150设备,出现"新增传感器"与"新增执行器"按钮,本任务中,只需要为4150新增执行器,设置如图4-37所示,风扇与LED灯的地址根据风扇与LED接入ADAM-4150采集器上DO口的端口号决定。

② 新增4017的传感器。单击4017设备,单击"新增传感器"按钮,配置"温度"与"湿度"传感器,如图4-38所示。

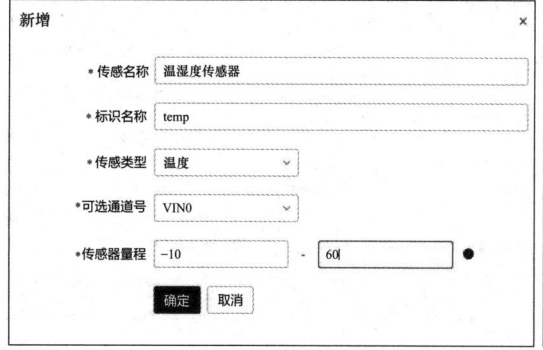 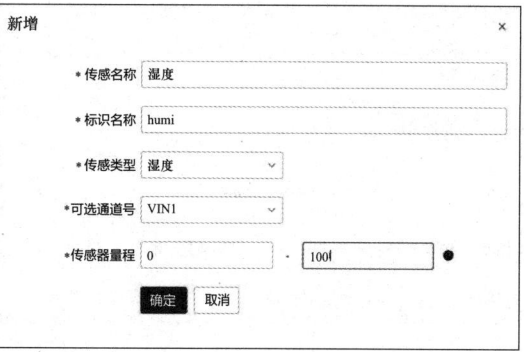

图4-38 新增传感器

注意,传感器或执行器的标识名称不能重复,命名时以字母开头,可以包含数字、字母、下画线,长度为2～20个字符。通道号根据温湿度传感器的蓝(温度)、绿(湿度)信号线接入ADAM-4017+设备DI口的编号确定。传感器的量程,单击"问号"按钮可以获知,各常见传感器的量程见表4-18。

表4-18 各常见传感器的量程

传感器类型	单位	Min	Max	对应设备/产品
温度	℃	-10	60	温湿度传感器/全栈、系统3.0、1+X实施与运维、安装调试员、2D仿真-安装与维护
湿度	%RH	0	100	
空气质量	ug/m³	10	1000	空气质量传感器/2D仿真-安装与维护
大气压力	kPa	0	110	大气压力传感器/物联网技术工程实训平台、典型智慧农业、2D仿真-安装与维护

（续）

传感器类型	单位	Min	Max	对应设备/产品
风速	m/s	0	30	风速传感器/全栈、系统3.0、典型智慧农业、2D仿真-安装与维护
光照度	Lux	0	20000	光照度传感器/全栈、系统3.0、典型感知层、典型行业基础
二氧化碳	ppm	0	5000	二氧化碳变送器/系统3.0、典型智慧农业、2D仿真-安装与维护
土壤温度	℃	-40	80	土壤水分温湿度传感器/典型智慧农业、2D仿真-安装与维护
土壤湿度	%RH	0	100	
液位	m	0	200	液位变送器/典型智慧农业、2D仿真-安装与维护
水温	℃	-50	150	水温传感器/典型智慧农业、2D仿真-安装与维护
风向	°	0	360	风向传感器/2D仿真-安装与维护
PM2.5	ug/m³	0	300	PM2.5变送器/2D仿真-安装与维护
噪声	dB	30	120	噪声传感器/系统3.0、1+X实施与运维
重力	kg	0	30	微型压点式荷重力传感器/系统3.0

注：计算公式：当前值=（电流值-4mA）×（最大量程-最小量程）/（20-4）+最小量程

5）数据监控。设置完毕后，单击"数据监控"菜单，在右侧界面中单击"网关串口直连"连接器，下方出现传感器的数据与执行器的数据，用户可以使用执行器的滑动按钮，如图4-39所示。

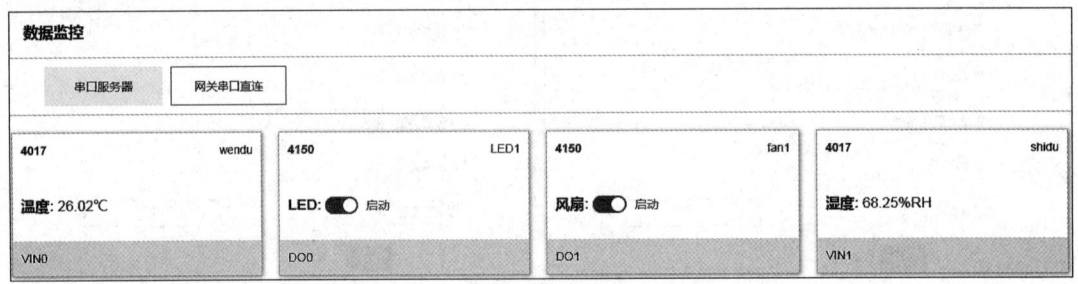

图4-39 数据监控

步骤三：配置串口服务器。

当有多个串口设备时，可以使用串口服务器。串口服务器的默认地址为"192.168.0.200"，可以使用vser_config软件修改其地址，如图4-40所示。

访问刚才配置的串口服务器IP，并检查相关配置是否正常，根据实际连接情况选择串口，设置串口类型为RS-232，波特率为9600，设置界面如图4-41所示。

单击"设备状态"菜单项，在右侧显示设备状态，可以查看其本地端口号，如图4-42所示。

在网关中设置连接器时，可以选择"串口服务器"接入的设备接入方式，设置串口服务器的IP与端口后，其他设置与"串口接入"方式的连接器相同。

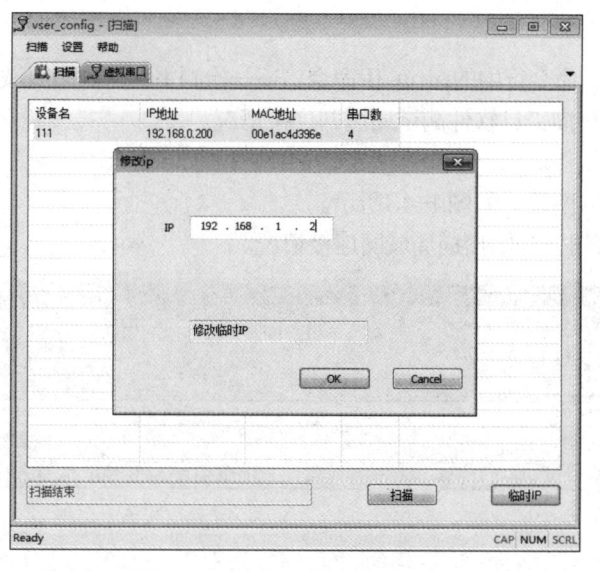

图4-40 串口服务器临时IP

图4-41 串口设置

图4-42 设备状态

四、调试验证

方法1：使用cmd命令行中的ping IP命令，逐一检测主机与其余局域网设备的连接情况。

方法2：使用IP扫描工具软件测试局域网连接情况。

1）打开IP扫描软件。

2）修改IP扫描的网段，如图4-43所示。

3）单击Scan按钮，开始扫描局域网连接情况。

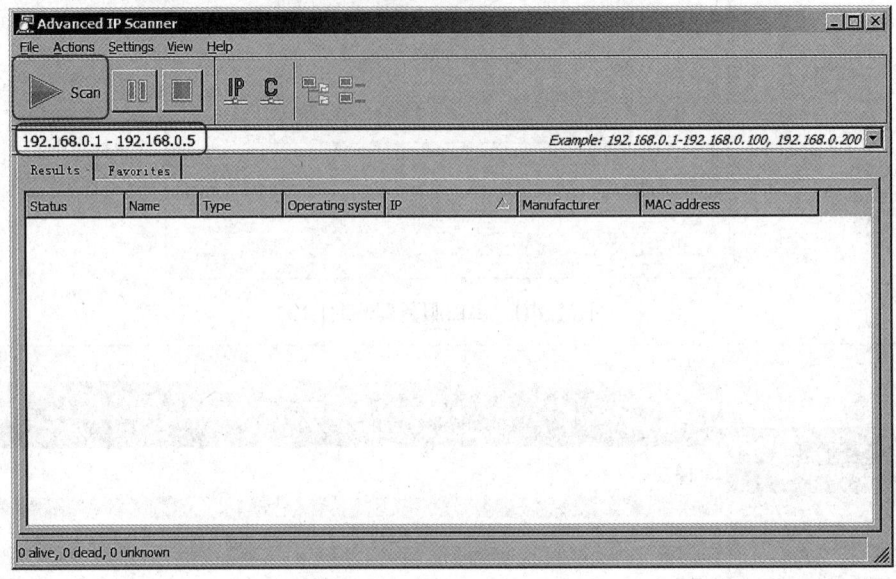

图4-43　IP扫描软件使用界面

任务检查

参照任务完成情况检查表4-19，团队成员相互检查、评价。每项评价内容分五档打分，A-优秀，B-良好，C-一般，D-合格，E-不合格。

表4-19　任务完成情况检查表

检查内容	检查结果
能列举博物馆温湿度自动控制系统所使用的设备，并简述相互关系	A□　B□　C□　D□　E□
能根据工作指导手册，正确分辨路由器、串口服务器、物联网中心网关设备	A□　B□　C□　D□　E□
能根据产品型号、规格参数，准确核对进场设备，完成设备一致性检验	A□　B□　C□　D□　E□
能正确选用螺钉、垫片和螺母，合理使用螺丝刀、剥线钳等安装工具，在说明书的指导下规范安装路由器、串口服务器、物联网中心网关	A□　B□　C□　D□　E□
正确配置路由器、物联网中心网关、串口服务器完成局域网的搭建	A□　B□　C□　D□　E□
能使用IP扫描工具软件测试局域网连接情况	A□　B□　C□　D□　E□
线缆连接正确、牢固	A□　B□　C□　D□　E□
路由器、串口服务器、物联网网关设备安装正确、牢固、美观	A□　B□　C□　D□　E□
能使用IP扫描工具软件测试局域网连接情况	A□　B□　C□　D□　E□
完成任务后工具正常归位并摆放整齐	A□　B□　C□　D□　E□
完成任务后工位及周边的卫生环境整洁	A□　B□　C□　D□　E□

知识补充

一、DHCP

1. DHCP的介绍

DHCP（Dynamic Host Configuration Protocol，动态主机配置协议）前身是BOOTP协议，是一个局域网的网络协议，基于UDP传输，统一使用两个IANA分配的端口：67（服务器端）和68（客户端）。

2. DHCP的应用

DHCP通常被用于局域网环境，主要作用是集中管理、分配IP地址，使client动态地获得IP地址、Gateway地址、DNS服务器地址等信息，并能够提升地址的使用率。简单来说，DHCP就是一个不需要账号密码登录的、自动给内网机器分配IP地址等信息的协议，从而减轻管理者的负担，为网络中的计算机提供动态配置IP地址。DHCP提供一种安全可靠且很简单的TCP/IP网络配置，确保网络地址不会发生冲突，并且通过对地址进行集中式管理来保存要用到的IP地址。

二、串口服务器

1. 概述

串口服务器提供串口转网络的功能，能够将RS-232/485/422串口转换成TCP/IP网络接口，实现RS-232/485/422串口与TCP/IP网络接口的数据双向透明传输。使得串口设备能够立即具备TCP/IP网络接口功能，连接网络进行数据通信，极大地扩展串口设备的通信距离。常见的串口服务器如图4-44所示。

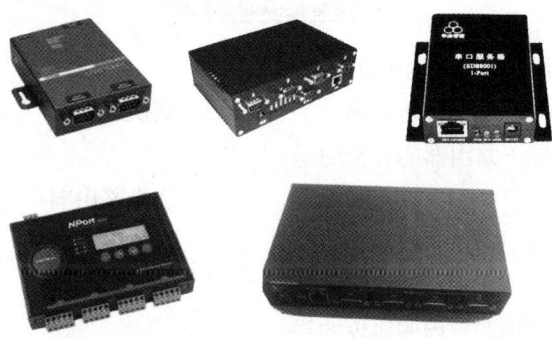

图4-44 常见的串口服务器

2. 由来

对于串口服务器，两个关键词是串口和网络。网络分为内网和外网两种，内网一般指以太网，外网指Internet，它是进行全球范围内通信的有效手段。在网络盛行之前，设备与计算机之间一般通过简单的RS-232来实现数据交换；如果需要远距离传输，也可以采用RS-485（最长1000多米）。

随着网络和现代信息技术的发展，对设备的几种需求逐渐提出来：

1）某些应用需要对分布于世界各地的设备进行远距离监控。

2）像机房监控、自助银行系统通信、办公楼自动控制系统等应用中，本身已经有完整的网络布线，能否利用这些已有的网络设施实现设备的通信。

3）对于RS-232接口，PC的一个串口只能够接一台串口设备，如果需要连接多个设备，原来的串口方案将不易于扩展，而网络则没有该问题。

由于以上原因，需要将设备连接到网络上。但是已经有成千上万的原有串口设备存在，而对这些设备的大批量改造显然不是一朝一夕可以完成的，于是作为暂时的解决方案——将串口转化为网口的串口联网服务器就应运而生了。

3．工作方式

TCP/UDP通信模式：该模式下，串口服务器成对使用，一个作为server端，一个作为client端。两者之间通过IP地址与端口号建立连接，实现数据双向透明传输。该模式适用于将两个串口设备之间的总线连接改造为TCP/IP网络连接。

使用虚拟串口通信模式：该模式下，一个或者多个转换器与一台计算机建立连接，支持数据的双向透明传输。由计算机上的虚拟串口软件管理下面的转换器，可以实现一个虚拟串口对应多个转换器，N个虚拟串口对应M个转换器（$N \leq M$）。该模式适用于串口设备由计算机控制的485总线或者232设备连接。

基于网络通信模式：该模式下，计算机上的应用程序基于SOCKET协议编写了通信程序，在转换器设置上直接选择支持SOCKET协议即可。

4．应用领域

串口服务器的应用领域很广，主要应用在门禁系统、考勤系统、售贩系统、POS系统、楼宇自控系统、自助银行系统、电信机房监控、电力监控等。

知识测评

1．以下选项中不属于路由器作用的是_____。
　　A．路由　　　　B．防火墙　　　　C．交换　　　　D．集线器
2．以下选项中不属于路由器的分类的是_____。
　　A．交换路由器　B．接入路由器　　C．边缘路由器　D．中央路由器
3．以下选项中不属于路由器端口类型的是_____。
　　A．电源口　　　B．WAN口　　　　C．LAN口　　　　D．USB口
4．以下协议中是路由器常用的协议的是_____。
　　A．FTP　　　　B．HTTP　　　　　C．TCP/IP　　　　D．SMTP
5．下列_____命令可以查看检测主机与其余局域网设备的连接情况（路由表）。
　　A．ping　　　　B．ipconfig　　　C．route print　　D．tracert

根据物联网设备安装调试岗位能力要求，由学生、同伴、教师、企业专家等进行多元评价。每项评价内容分五档打分，A—优秀，B—良好，C——般，D—合格，E—不合格。

评价内容	自评	同伴	教师	企业专家
能根据工作指导手册，正确分辨感知传感类设备				
能根据工作指导手册，正确分辨网络通信类设备				
能根据工作指导手册，正确分辨执行类设备				
能根据产品型号、规格参数，准确核对进场设备，完成设备一致性检验				
能根据说明书等，检查产品外观，清点附件，完成设备完好检测				
能识读系统结构图、电器元件布置图、安装接线图				
能使用常用安装工具规范安装传感器、执行终端、网络通信等相关设备				
能根据安装接线图，使用线缆规范连接设备，并保证设备正常供电				
能根据网络拓扑图和设备说明书，完成交换机、路由器等网络通信设备的正确安装与调试操作				
能根据物联网网关设备说明书，完成物联网网关的安装与连接，实现传感节点的通信调试				
能运用网络测试命令，完成物联网网络连通性和性能测试				
会使用万用表等测量工具测试线路的通断，测量设备的工作电压和电流				
会使用调试软件与工具进行系统故障排除与功能调试				
具备一定的安全意识和整理意识，确保施工过程中人身安全和设备安全				

能力拓展

拓展任务：温湿度自动控制系统与加湿器的联动

1．打开虚拟仿真系统，在温湿度自动控制系统中加入加湿器，加湿器实物如图4-45所示，并完成连线。

2．在温湿度自动控制系统中，安装加湿器，完成利用湿度控制加湿器的开启与关闭。加湿器与继电器的接线方法如图4-46所示。

 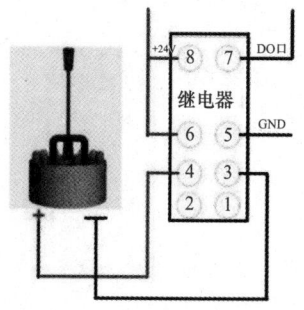

图4-45　加湿器实物图　　　　图4-46　加湿器与继电器连线图

项目完成情况描述

存在问题描述

心得体会

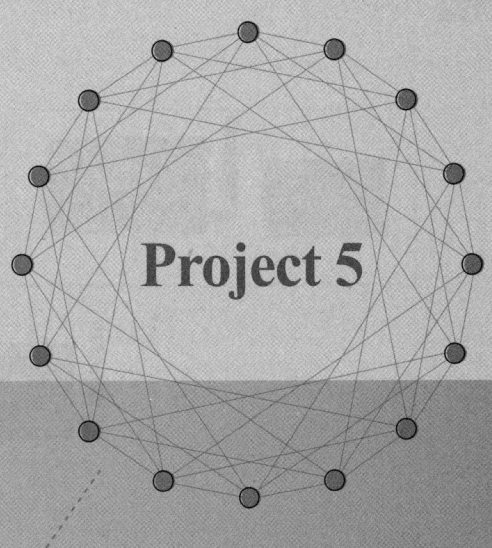

Project 5

项目 5
安装智慧农业无线采集系统

项目描述

智慧农业通过部署各类湿度传感器、光照度传感器、二氧化碳传感器，采用无线ZigBee技术采集传输各传感数据至系统平台，系统根据设定的参数标准，控制空调、灌溉等设备的开关，从而实现农业大棚的智能化应用。本项目中智慧农业无线采集系统结构设计如图5-1所示，主要包含ZigBee温湿度传感器、光照度传感器、ZigBee协调器、ZigBee双联继电器、风扇、LED等。

通过本项目的学习，理解无线通信技术及无线传感器网络的定义，掌握ZigBee程序的下载方法，掌握ZigBee组网设备的配置方法，安装ZigBee采集设备、执行设备等相关设备，正确使用无线采集器软件测试智慧农业系统。

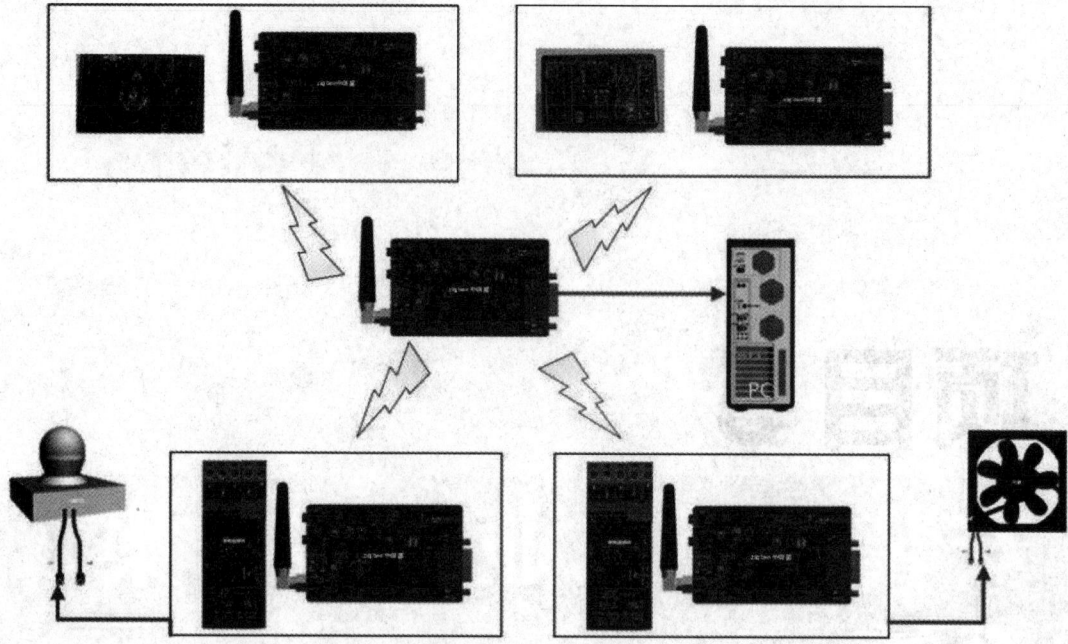

图5-1 智慧农业无线采集系统结构设计

学习目标

- 会描述ZigBee模块、温湿度传感器、光照度传感器等设备的用途与工作原理。
- 会列举智慧农业无线采集系统所使用的设备,并简述相互关系。
- 会陈述ZigBee等无线传感网技术的特点、应用领域和网络拓扑结构。
- 能查阅产品说明书,读懂ZigBee模块、温湿度传感模块、光照度传感模块等设备的状态灯、提示音、屏幕提示等信息,完成设备完好检测。
- 能独立识别系统结构图、电器元件布置图、安装接线图。
- 能使用虚拟仿真软件或绘图软件,完成ZigBee模块、温湿度传感模块、光照度传感模块等设备选择和模拟连线。
- 能熟练使用螺丝刀、剥线钳等常用工具完成ZigBee模块、温湿度传感模块、光照度传感模块等设备的规范安装与接线。
- 能根据传感节点安装说明书,完成ZigBee协调器模块和继电器模块的正确配置与组网调试。
- 能使用系统调试工具进行故障排除与功能调试。
- 提高数据思维和大数据意识。

任务1　配置调试ZigBee模块

任务描述

本任务要完成智慧农业无线采集系统中ZigBee模块的配置与调试。需要在确定协调器、传感器、继电器设备后，使用工具对设备进行烧写配置，使之可以正常通信。

知识准备

一、ZigBee节点

ZigBee是一种新的无线通信技术，能基于特殊的无线标准在数千个微小的传感器之间实现相互协作通信。一个ZigBee网络只需要一个网络协调者，其他终端设备可以是RFD，也可以是FFD。依据IEEE 802.15.4标准，ZigBee网络将这两种物理设备在逻辑上又定义成为3类设备，即ZigBee协调器、ZigBee路由器和ZigBee终端设备。

1. ZigBee协调器——启动网络和维护网络

ZigBee协调器是3类设备中最为复杂的一种。它的存储容量最大，计算能力最强，因此必须是全功能设备，并且一个ZigBee网络中也只能存在一个协调器。ZigBee协调器负责发送网络信标，建立和初始化ZigBee网络，确定网络工作的信道以及16位网络地址的分配等。

2. ZigBee路由器——转发数据包

ZigBee路由器是一个全功能设备。它类似于IEEE 802.15.4定义的协调器。在接入网络后它就自动获得一个16位网络地址，并允许在其通信范围内的其他节点加入或者退出网络，同时还具有路由和转发数据的功能。

3. ZigBee终端设备——发送和接收数据

ZigBee终端设备可以由简化功能设备或者全功能设备构成。它只能与节点进行通信，并从节点处获得网络标识符和短地址等信息。

二、ZigBee组网步骤

1）建立协调器：首先需要建立一个协调器，它是整个ZigBee网络中的中心节点，协调器负责网络的管理和维护。

2）添加路由器：将其他路由器添加到网络中，继续扩展网络。

3）添加终端设备：将终端设备添加到网络中，终端设备可以与路由器通信。

4）网络配置：对网络参数进行配置，如网络地址、信道等，并对通信协议进行设置。

5）网络测试：进行网络测试，以确保网络的可靠性和稳定性。

6）维护和更新：对网络进行维护和更新，如添加、删除设备和调整网络配置等。

总之，ZigBee组网的流程涉及设备的添加、网络配置及测试等环节，需要根据实际需求和情况进行合理的流程设计和实施。

任务实施

使用SmartRF Flash Programmer软件分别将ZigBee设备烧写成协调器、传感器和继电器,并通过"ZigBee组网参数设置"软件设置参数。

一、安装SmartRF Flash Programmer软件

打开可执行文件"Setup_SmartRFProgr"进行安装,可以选择"Complete"的安装方式进行安装。SmartRF Flash Programmer安装完成后的界面如图5-2所示。

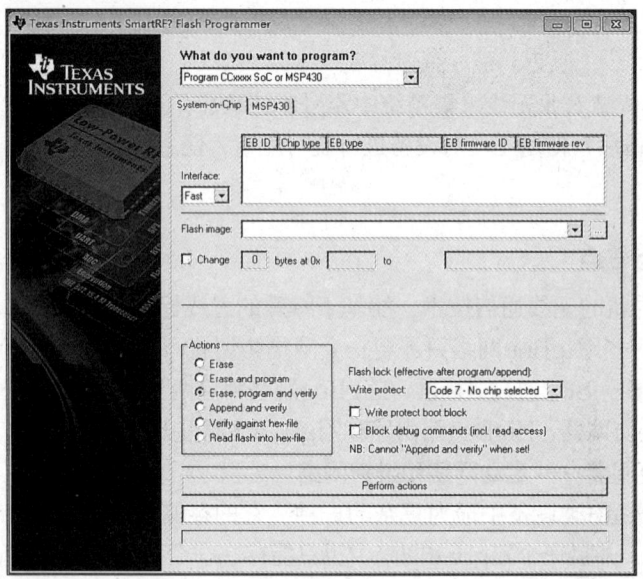

图5-2 SmartRF Flash Programmer软件初始界面

SmartRF闪存编程器可以对德州仪器公司低功率射频片上系统的闪存进行编程。本任务中用于将开发好的HEX文件下载进CC2530芯片中。

二、下载ZigBee程序

步骤一:给ZigBee供电。

使用电源适配器给ZigBee开发板供电,查看适配器的铭牌,选择输出电压为直流5V的适配器给ZigBee开发板供电。供电后,D9绿灯常亮,D10红灯闪烁,如图5-3所示。

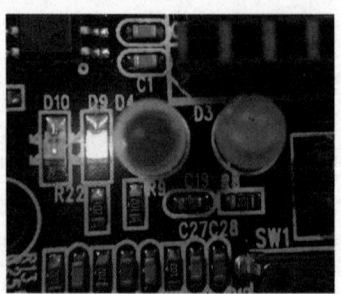

图5-3 点亮开发板

步骤二:使用CC Debugger连接ZigBee与PC。

使用仿真器数据线将Debugger仿真器和PC相连接,PC上会自动安装Debugger驱动程

序。将仿真器的另外一端和ZB2530模块相连接。由于ZB2530模块接口不是完全一样的，这里以ZB2530-01N为例来具体介绍烧录过程。

步骤三：选择下载文件。

双击打开烧录软件SmartRF Flash Programmer。按下仿真器上的"复位按钮"，有提示音提醒完成复位，烧录软件会识别出来芯片型号，如图5-4所示，说明仿真器已经和ZB2530模块成功连接。接下来可以选择需要的HEX文件对ZB2530模块进行烧录。如果无法识别芯片型号，可以通过替换设备排除故障。

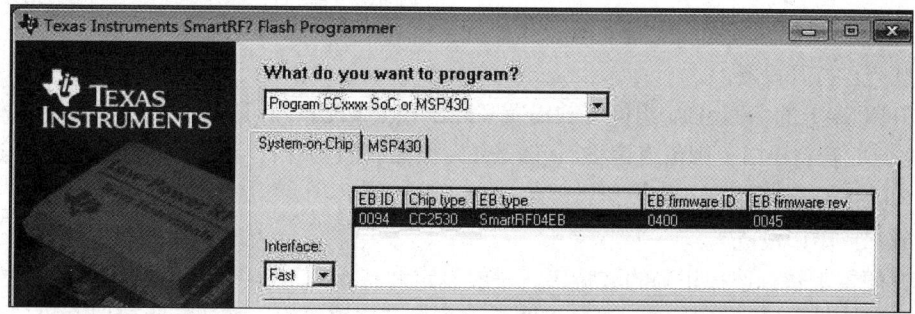

图5-4 识别芯片型号

单击图5-4中的"…"按钮，找到需要下载的HEX文件。在本项目配套资源中"02-工具与驱动\05_ZigBee烧写与配置"中的collector.hex是烧写协调器的代码，relay.hex是烧写继电器的代码，Sensor Route.hex是烧写传感器的代码。选择一个ZigBee开发板作为协调器，两个ZigBee开发板分别与温湿度、光照度传感模块结合，选择两个ZigBee开发板与继电器结合，烧写相应文件。烧写时，选择"Erase, program and verify（擦除、编程与验证）"模式后，单击"Perform actions"按钮执行烧录，如图5-5所示。

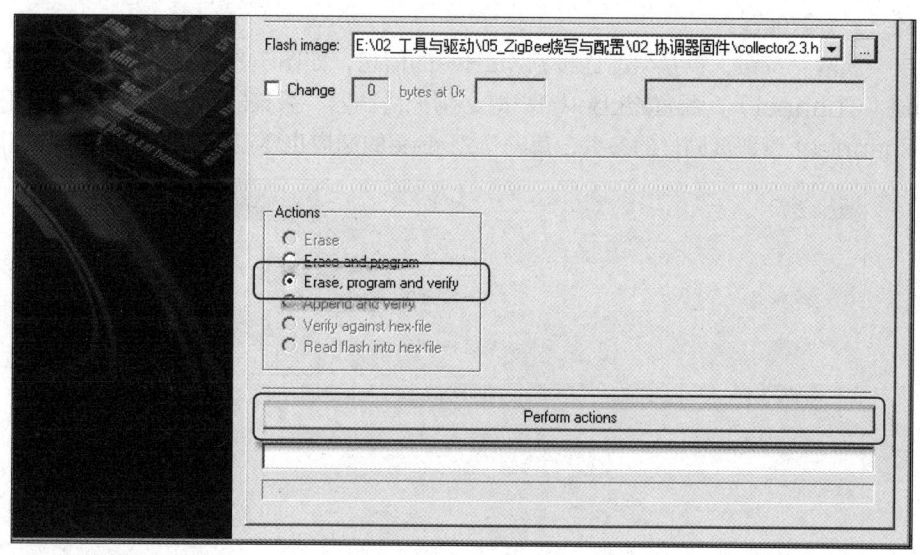

图5-5 烧写程序

烧录完成后，底部的进度条提示如图5-6所示。接下来拔掉接在ZB2530模块上的JTAG接口，给模块重新上电。至此，HEX文件的整个烧录过程已经全部完成。

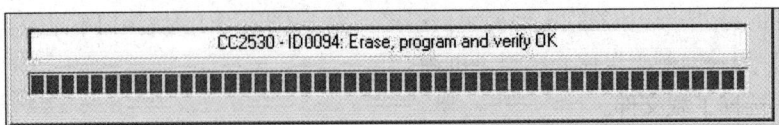

图5-6 烧录完成

在SmartRF Flash Programmer烧录程序时，若提示选项无法下载程序，提示"flash image overlaps with the bootloader"，则可以改用"system-on-chip"模式下载。

三、配置ZigBee相关信息

1. ZigBee协调器模块配置

步骤一：打开设备。

打开PC端上的"ZigBee组网参数设置V1.2.exe"配置ZigBee。将ZigBee开发板连接到PC端，PC若有串口，则可直接将ZigBee开发板插在COM口，若没有串口，则需要通过转接线接入USB等接口。

步骤二：串口设置。

打开配置工具，选择正确的波特率。一般设定波特率为38400，接收端口号需要根据实际情况进行选择，比如COM7，正确设置后，单击"连接模组"按钮后，可以看见"连接成功"的提示，如图5-7所示：该开发板被烧写成"协调器"，代表连接成功的图标点亮。

图5-7 连接模组成功

步骤三：参数配置。

单击"读取"按钮，查看当前连接到ZigBee的信息，如图5-8所示。记住协调器的PAN ID和通道（Channel），配置ZigBee参数时必须把协调器、采集器和继电器的PAN ID以及通道（Channel）设置成同样的参数，每一个ZigBee的通道也要设置成一样，才可以组网。

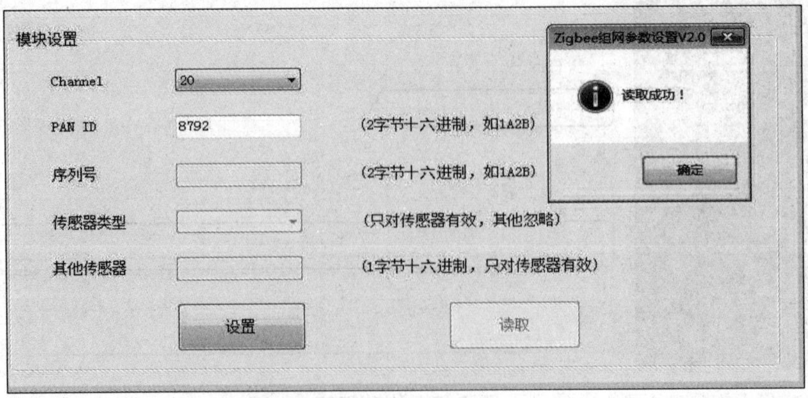

图5-8 模块设置

在这个界面可以设置、读取和修改参数设置，如果配置无法使用，需要重新烧写程序后再进行重新配置。

2. ZigBee继电器模块配置

步骤一：打开设备。

打开PC端上的"ZigBee组网参数设置V1.2.exe"，将ZigBee继电器模块连接至PC。

步骤二：串口设置。

打开配置工具，选择正确的波特率，这里设定的波特率为9600，选择COM7口，单击"连接模组"按钮。

步骤三：参数配置。

单击"读取"按钮，查看当前ZigBee连接的相关信息，若PAN ID以及通道（Channel）设置与协调器不同，则将Channel与PAN ID的值修改成与协调器同样的参数，再将一个继电器的序列号设定为"0001"，另一个的序列号设定成"1234"，传感器类型使用默认值。单击"设置"按钮，弹出"设置成功"的提示框。如果配置无法使用，就重新烧写程序后再重新配置。

3. ZigBee传感器模块配置

步骤一：打开设备。

打开PC端上的"ZigBee组网参数设置V1.2.exe"，将ZigBee继电器模块连接至PC。

步骤二：串口设置。

打开配置工具，选择正确的波特率，这里设定的波特率为38400，选择COM7口，单击"连接模组"按钮。

步骤三：参数配置。

单击"读取"按钮，查看当前连接到ZigBee的信息，若PAN ID以及通道（Channel）设置与协调器不同，则将Channel与PAN ID的值修改成与协调器同样的参数，再将一个传感器的序列号设定为"0002"，传感器类型选择"温湿度"，另一个传感器的序列号设定成"0003"，传感器类型选择"光照"。单击"设置"按钮，弹出"设置成功"的提示框。如果配置无法使用，就重新烧写程序后再重新配置，界面如图5-9所示。

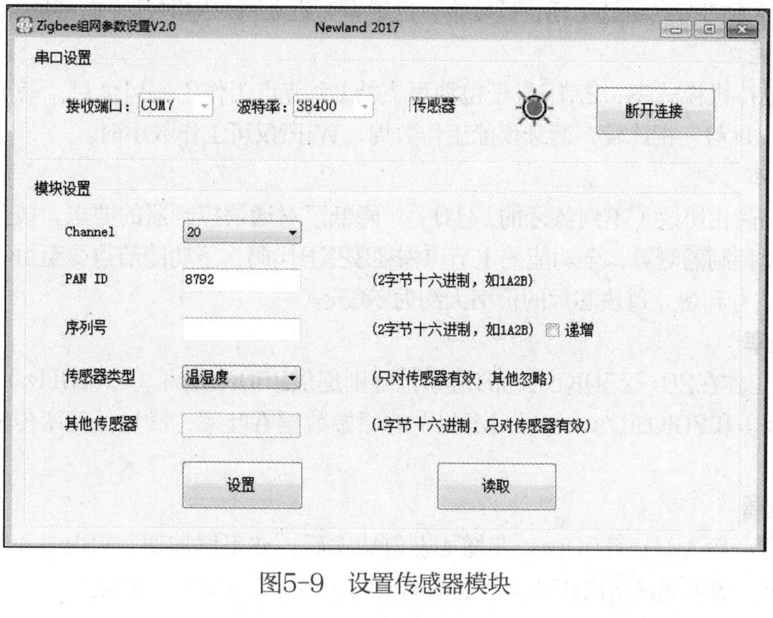

图5-9 设置传感器模块

任务检查

参照任务完成情况检查表5-1,团队成员相互检查、评价。每项评价内容分五档打分,A-优秀,B-良好,C-一般,D-合格,E-不合格。

表5-1 任务完成情况检查表

检查内容	检查结果
会陈述ZigBee等无线传感网技术的特点、应用领域和网络拓扑结构	A□ B□ C□ D□ E□
能根据工作指导手册,正确分辨ZigBee模块	A□ B□ C□ D□ E□
正确完成ZigBee程序的下载	A□ B□ C□ D□ E□
能通过ZigBee模块指示灯判断模块是否正常运行	A□ B□ C□ D□ E□
正确配置ZigBee模块工作参数,完成ZigBee组网调试	A□ B□ C□ D□ E□
完成任务后工具正常归位并摆放整齐	A□ B□ C□ D□ E□
完成任务后工位及周边的卫生环境整洁	A□ B□ C□ D□ E□

知识补充

一、ZigBee技术的定义

ZigBee是基于IEEE 802.15.4标准的低功耗局域网协议。根据国际标准规定,ZigBee技术是一种短距离、低功耗的无线通信技术。这一名称(又称紫蜂协议)来源于蜜蜂的八字舞。蜜蜂(bee)靠飞翔和"嗡嗡"(zig)地抖动翅膀的"舞蹈"来与同伴传递花粉所在的方位信息,由此构成了群体中的通信网络。ZigBee技术使用的是免执照频段的工业科学医疗(ISM)频段:915MHz(美国)、868MHz(欧洲)、2.4GHz(全球)。

二、ZigBee技术的特点

ZigBee技术的特点是低功耗、低成本、低速率、近距离、短时延、高容量、高安全。

1. 低功耗

在低耗电待机模式下,2节5号干电池可支持1个节点工作6~24个月,甚至更长。这是ZigBee的突出优势。相比较,蓝牙仅能工作数周、WiFi仅可工作数小时。

2. 低成本

通过大幅简化协议(不到蓝牙的1/10),降低了对通信控制器的要求。按预测分析,以8051的8位微控制器测算,全功能的主节点需要32KB代码,子功能节点少至4KB代码,而且ZigBee免协议专利费。每块芯片的价格大约为2美元。

3. 低速率

ZigBee工作在20~250Kbit/s的速率,分别提供250Kbit/s(2.4GHz)、40Kbit/s(915 MHz)和20Kbit/s(868 MHz)的原始数据吞吐率,满足低速率传输数据的应用需求。

4. 近距离

传输范围一般为10~100m,在增加发射功率后,亦可增加到1~3km。这指的是相邻节点间的距离。如果通过路由和节点间通信的接力,传输距离将可以更远。

5. 短时延

ZigBee的响应速度较快，一般从睡眠转入工作状态只需15ms，节点连接进入网络只需30ms，进一步省了电能。相比较，蓝牙需要3~10s、WiFi需要3s。

6. 高容量

ZigBee可采用星形、树形和网状网络结构，由一个主节点管理若干子节点，一个主节点最多可管理254个子节点；同时主节点还可由上一层网络节点管理，最多可组成有65 000个节点的大网。

7. 高安全

ZigBee提供了三级安全模式，包括无安全设定、使用访问控制清单（Access Control List，ACL）防止非法获取数据以及采用高级加密标准（AES 128）的对称密码，以灵活确定其安全属性。

总之，ZigBee是一种低成本、低功耗的近距离无线组网通信技术。ZigBee协议从下到上分别为物理层（PHY）、媒体访问控制层（MAC）、传输层（TL）、网络层（NWK）、应用层（APL）等，其中物理层和媒体访问控制层遵循IEEE 802.15.4标准的规定。

三、ZigBee技术的应用

ZigBee作为一种新兴的短距离、低速率的无线通信技术，得到了越来越广泛的关注和应用，市场上也出现了大量与ZigBee相关的各种产品，如图5-10所示。ZigBee技术在工业、农业和商业领域、个人健康监护领域、玩具和游戏领域、家庭自动化领域、PC的外围设备、消费电子等领域有大量的应用。

图5-10 ZigBee技术的应用

四、ZigBee网络的拓扑结构

ZigBee技术在传感器网络等领域应用非常广泛，这得益于它强大的组网能力，可以形成星形、树形和网状网三种ZigBee网络。三种ZigBee网络结构各有优势，可以根据实际项目需要来选择合适的ZigBee网络结构。

1. 星形拓扑

星形拓扑是最简单的一种拓扑形式。它包含一个Co-ordinator（协调者）节点和一系列的End Device（终端）节点。每一个End Device节点只能和Co-ordinator节点进行通信。如果需要在两个End Device节点之间进行通信，必须通过Co-ordinator节点进行信息的转发。星形拓扑结构如图5-11所示。

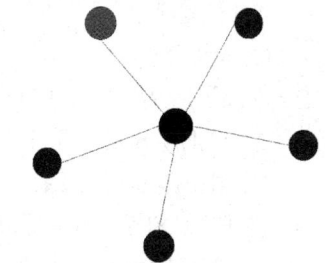

图5-11 星形拓扑结构

这种拓扑形式的缺点是节点之间的数据路由只有唯一的一个路径。Co-ordinator（协调者）有可能成为整个网络的瓶颈。实现星形网络拓扑不需要使用ZigBee的网络层协议，因为本身IEEE 802.15.4的协议层就已经实现了星形拓扑形式，但是这需要开发者在应用层做更多的工作，包括自己处理信息的转发。

2. 树形拓扑

树形拓扑包括一个Co-ordinator（协调者）以及一系列的Router（路由器）和End Device（终端）节点。Co-ordinator连接一系列的Router和End Device，它的子节点的Router也可以连接一系列的Router和End Device。这样可以重复多个层级。树形拓扑结构如图5-12所示。

3. Mesh拓扑（网状拓扑）

Mesh拓扑（网状拓扑）包含一个Co-ordinator，以及一系列的Router和End Device。这种网络拓扑形式和树形拓扑相同，可参考前面所提到的树形网络拓扑。但是，网状网络拓扑具有更加灵活的信息路由规则，在可能的情况下，路由节点之间可以直接通信。这种路由机制使得信息的通信变得更有效率。而且这意味着一旦一个路由路径出现了问题，信息可以自动地沿着其他路由路径进行传输。网状拓扑的结构如图5-13所示。

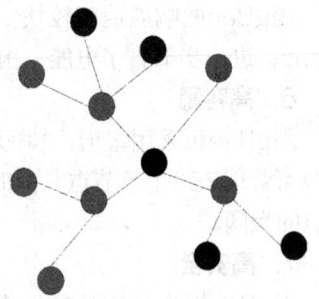

图5-12 树形拓扑结构

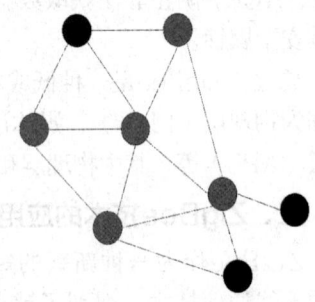

图5-13 Mesh（网状）拓扑结构

通常在支持网状网络的实现上，网络层会提供相应的路由探索功能。这一特性使得网络层可以找到信息传输的最优化的路径。需要注意的是，以上所提到的特性都是由网络层来实现的，应用层不需要进行任何参与。

Mesh网状拓扑结构的网络具有强大的功能，网络可以通过"多级跳"的方式来通信；该拓扑结构还可以组成极为复杂的网络；网络具备自组织、自愈功能。星形和树形网络适合点对点、距离相对较近的应用。

知识测评

1. 以下选项中不属于ZigBee技术的优点的是_____。
   A. 低复杂度　　　　　　　　　　B. 高功率
   C. 近距离　　　　　　　　　　　D. 低数据速率
2. 在ZigBee技术中，PHY层和MAC层采用_____协议标准。
   A. IEEE 802.15.4　　　　　　　B. IEEE 802.11b
   C. IEEE 802.11a　　　　　　　 D. IEEE 802.12
3. 在IEEE 802.15.4标准协议中，规定了2.4GHz物理层的数据传输速率为_____。
   A. 100Kbit/s　　B. 200Kbit/s　　C. 250Kbit/s　　D. 350Kbit/s
4. ZigBee这个名字来源于_____使用的赖以生存和发展的通信方式。
   A. 狼群　　　　B. 蜂群　　　　C. 鱼群　　　　D. 鸟群
5. ZigBee_____是协议的最底层，承担着和外界直接作用的任务。
   A. 支持/应用层　　　　　　　　B. MAC层
   C. 网络/安全层　　　　　　　　D. 物理层

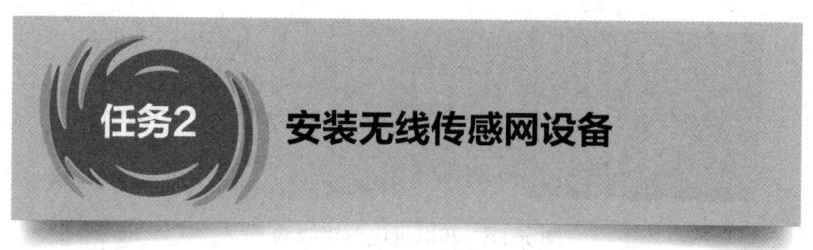

任务2　安装无线传感网设备

任务描述

智慧农业无线采集系统安装接线图如图5-14所示。本任务需要根据场景选择合适的 ZigBee采集器、协调器、继电器与相应的负载。再根据系统安装接线图，安装无线传感网设备。

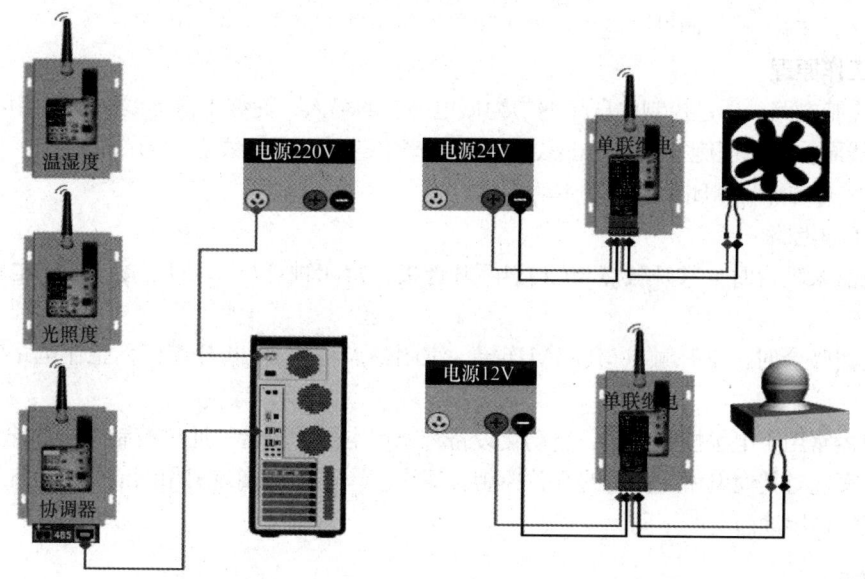

图5-14　智慧农业无线采集系统安装接线图

知识准备

一、ZigBee开发模块

ZigBee开发模块是一种专门设计和制造用于支持ZigBee通信协议的电路板，通常由电路板、电子元件以及与ZigBee协议兼容的射频模块组成。它的主要作用是提供ZigBee无线通信功能，并与其他设备进行数据交换。

需要注意的是，ZigBee开发模块通常作为ZigBee网络中的一个节点，需要与其他设备（如采集器、传感器等）进行配对和协同工作。因此，需要确保开发模块与其他设备的兼容性，以便构建稳定和可靠的ZigBee网络。

二、单联继电器

单联继电器是一种常用的电器元件，它可以通过控制一个电路（称为控制电路）来开关另一个电路（称为工作电路），单联继电器接线端子如图5-15所示。

图5-15 单联继电器接线端子

1. 接线说明

COM（common）：公共端，连接到工作电路，接电源负极。

NO（normally open）：常开端，通常与COM断开连接，当继电器吸合时与COM连接，在本任务中接负载火线。

NC（normally closed）：常闭端，通常与COM连接，当继电器吸合时与COM断开连接，在本任务中不接线。

IN：信号输入端，通过高电平或低电平来控制电路的通断，接入电源正极。

2. 工作原理

1）控制电路：通过控制电压（通常为低电平）的输入，使继电器的线圈产生磁场。

2）线圈：当电压施加在继电器线圈上时，产生的磁场引起线圈中的铁芯吸引，使线圈中的触点（常开触点和常闭触点）发生动作。

3）工作电路：

继电器未吸合时：常开触点与COM断开连接，常闭触点与COM连接；工作电路处于断开状态。

继电器吸合时：常开触点与COM连接，常闭触点与COM断开连接；工作电路处于闭合状态。

继电器常用于电子控制系统、自动化设备和家用电器等场合，通过控制电压的输入和触点的动作，实现对其他电路或设备的开关控制。请注意，实际的接线图和细节可能会根据具体继电器的型号和用途而有所不同。

任务实施

根据使用场所选择合适的ZigBee采集设备、执行设备等相关设备，根据系统结构图绘制虚拟仿真连线图，并选用合适的工具安装设备。

一、模拟连线

建议使用"物联网云仿真实训平台"软件或"Microsoft Visio"软件完成设备的模拟连线。

1. 使用"物联网云仿真实训平台"软件模拟连线

步骤一：设备选型。

在左侧设备选型区的"无线传感器"列表中选择"温湿度"传感器、"光照"传感器。在"采集器"的"I/O模块"列表中选择"协调器"。以上四种设备在拖入右侧空白区后，在"执行器"列表中选择"单联继电器"。

以上四种设备在拖入工作台时会弹出"选择底板"对话框，可根据实际需要选择其中一款，如图5-16所示。选择底板后，设备被拖入工作台。

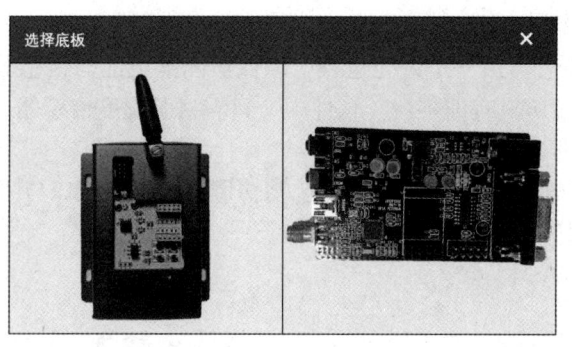

图5-16 底板选择

在"其他设备"的"终端"选择"PC",在"负载"列表中选择"风扇""灯泡",在"电源"列表中选择"电源5V""电源24V""电源12V""通用电源"。本任务所需设备见表5-2。

表5-2 本任务所需设备

温湿度传感器	光照度传感器	协调器
单联继电器	PC	电源5V(ZigBee黑板供电)
电源24V	电源12V	通用电源
风扇	灯泡	

步骤二：模拟连线。

白板的ZigBee传感器由一个外壳包装，以保护内部电池与传感器，电池能进行充电放电，所以在"物联网云仿真实训平台"软件中，只需将温湿度传感器、光照度传感器、协调器、单联继电器拖拽到工作台即可。

PC选择连接通用电源，即220V交流电，将协调器的USB端口与PC的USB口相连。白板设备的接线图如图5-17所示。

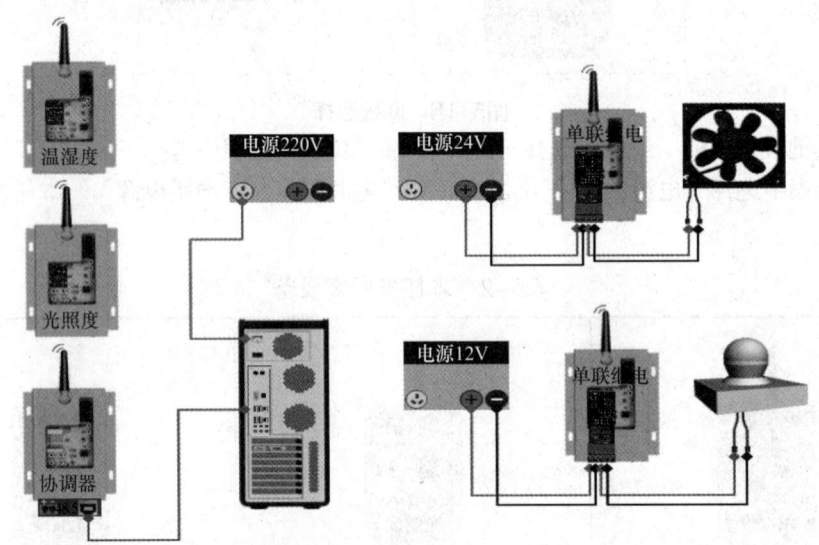

图5-17　白板ZigBee无线设备与负载设备模拟连线图

黑板ZigBee设备与白板ZigBee设备在"物联网云仿真实训平台"软件中的区别在于需要给设备连接直流5V的电源，接线如图5-18所示。

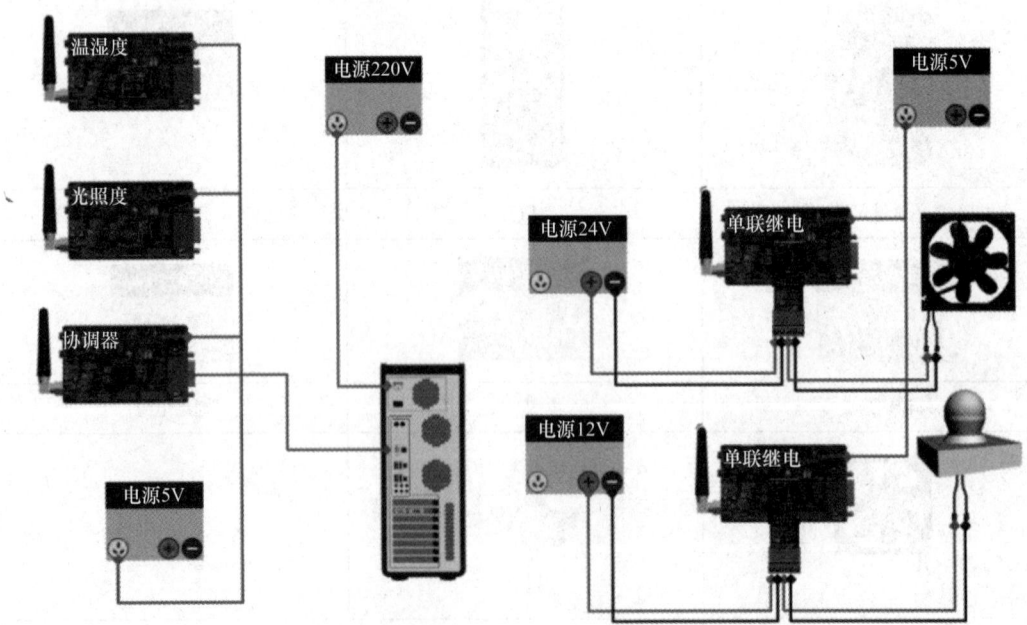

图5-18　黑板ZigBee无线设备与负载设备模拟连线图

步骤三：功能测试。

单击左上角的"连线验证"后，双击"PC"，在弹出的配置窗口中，设置USB1的虚拟串口如图5-19所示，设置完毕关闭该配置窗口。

图5-19 配置虚拟串口

双击与"风扇"相连的"单联继电器"，在弹出的窗口中修改序列号为"1234"，如图5-20所示；继续双击与"LED灯"相连的"单联继电器"，在弹出的窗口中修改序列号为"0001"，如图5-21所示。

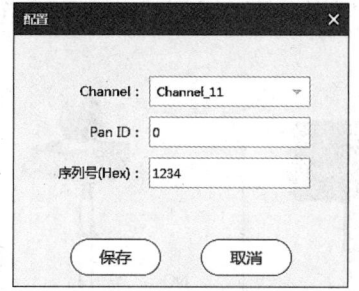

图5-20 设置风扇序列号

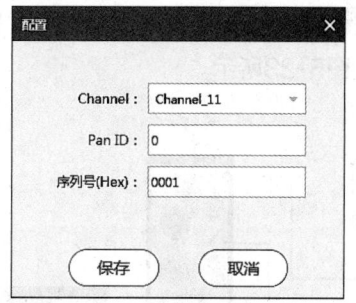

图5-21 设置LED灯序列号

单击"模拟实验"按钮开启试验，打开"模拟智能农业无线采集器"，设置串口号为"COM103"，单击"开始采集"按钮，可以获得"物联网云仿真实训平台"软件中的数据。单击"打开风扇"按钮与"打开LED灯"按钮，可以与"物联网云仿真实训平台"软件中的风扇与LED灯互动，如图5-22所示。

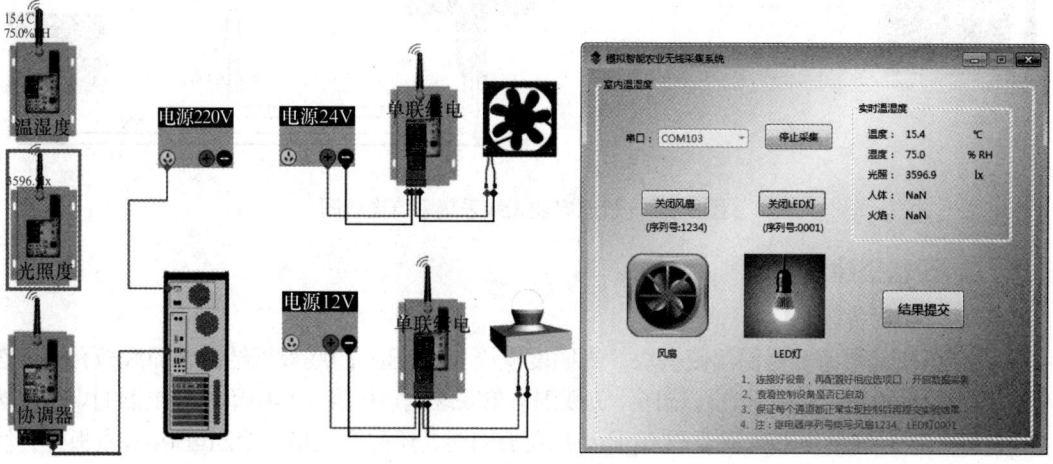

图5-22 虚拟仿真数据互动

2. 使用"Microsoft Visio"软件模拟连线

步骤一：新建文件与导入模具。

打开Visio软件，执行"文件"→"新建"→"基本框图"命令，新建一个Visio文件。

导入Visio模具，执行"更多形状"→"打开模具"命令，然后选择模具文件存放的目录，单击打开。

步骤二：布置模具。

在模具库中选择ZigBee协调器、温湿度、光照度传感器、继电器模块、LED灯、风扇、PC拖至文件空白处，并选择12V直流电源、24V直流电源、通用电源。

步骤三：设备连线。

单击"工具"选项卡中的"连接线"完成设备间的连线。将拖入的温湿度、光照度传感器与ZigBee开发板重叠，继电器模块与ZigBee开发板重叠。适当放大画面后可以看见继电器模块上的接口名称，"COM"与"IN"是一组，其中的"COM"口接电源负极，"IN"口接电源正极；"NO""COM""NC"三个接口为一组，"NO"口接负载火线，"COM"接负载零线。4个ZigBee开发板需要用适配器连接5V直流电源，将ZigBee协调器连接至PC。连接结果如图5-23所示。

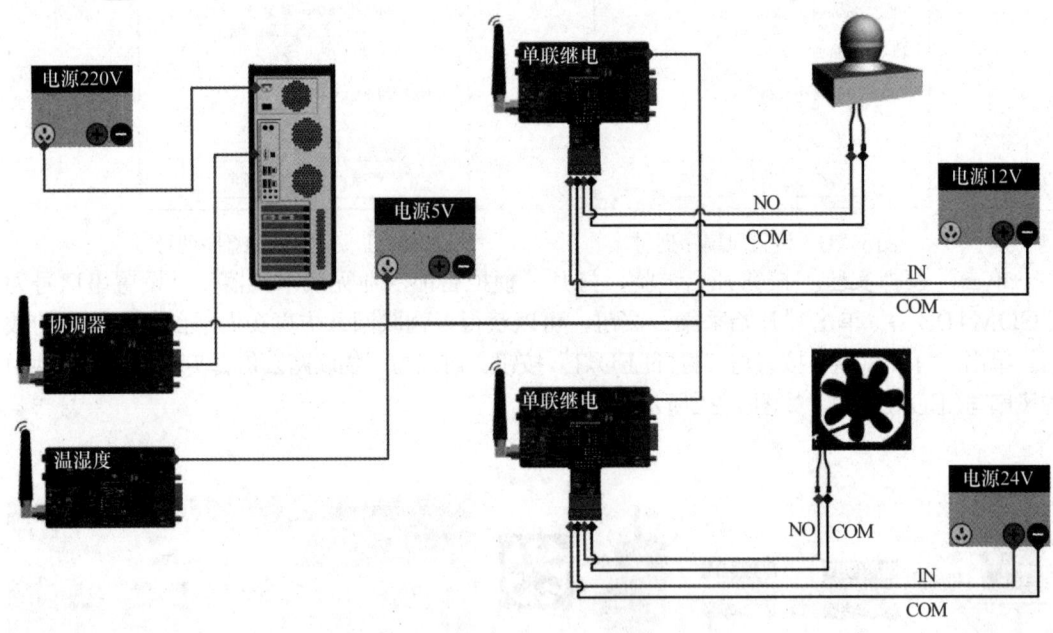

图5-23　智慧农业无线采集系统连线图

二、设备搭建

步骤一：设备选型。

本任务所需传感器是温湿度模块、光照度模块与ZigBee的底板相结合，而底板有两组选择，可以根据设备实际情况进行选择。负载则与单联继电器相连，其中单联继电器的规格与接线见表5-3。单联继电器也需要与ZigBee开发板相连。还需要选择一个ZigBee开发板作为协调器。

表5-3 本任务设备信息

设备名称	设备规格参数	接线
单联继电器	执行器为开关型 控制信号为数字信号 高电平：闭合 低电平：断开	IN口：直流电源正极 COM口：直流电源负极 NO线：负载火线

观察设备的外观，确认外观无损坏。

步骤二：安装走线槽。

根据实训工位的铁架尺寸安装线槽。挑选合适尺寸的线槽、螺钉、螺母、垫片，选用螺丝刀，完成物联网实训工位铁架四周走线槽以及传感器走线槽的安装。

步骤三：安装传感器、协调器、单联继电器。

1）使用ZigBee白板设备。背后有磁铁可以直接放在物联网实训工位铁架上，如需固定，也可以挑选合适的螺钉（十字盘头螺钉M4×16）、螺母、垫片，选用十字螺丝刀，在预留的孔洞固定螺钉，安装后可以轻摇设备以检查安装是否牢固。

2）使用ZigBee黑板设备。用M3×14十字盘头螺钉将M3×11六角铜柱安装到ZigBee采集器上。用M3×14十字盘头螺钉将ZigBee采集器安装到亚克力板上，如图5-24所示。用M3×14十字盘头螺钉将安装有ZigBee采集器的亚克力板安装到工位上，如图5-25所示。

ZigBee设备均可按此法进行安装。

图5-24 固定于亚克力板

图5-25 亚克力板固定于实训铁架

步骤四：安装负载。

1）安装照明灯底座。挑选合适的一字螺丝刀，用螺丝刀轻按旁边的卡扣，将LED照明灯的面板拆开，用不锈钢十字盘头螺钉（M4×16）固定底座，将灯座底板固定在实训平台架子上。因为需要先接线再盖面板，所以灯泡等接线完成后再安装。

2）安装风扇。挑选合适的螺钉（十字盘头螺钉M4×16）、螺母、垫片，选用十字螺丝刀，完成风扇在物联网实训工位铁架上的固定。注意在设备台子背面加不锈钢垫片（M4×10×1）。

步骤五：连接电源和信号延长线。

1）制作连接导线。根据传感器与实训工位稳压电源接线端子的距离，剪取长度适宜的两根红黑平行导线。剪取四根长度适宜的信号线。使用剥线钳，将红黑线和信号线两端各剥掉约0.8cm的绝缘皮。

2）ZigBee设备供电。用输出电压为5V的电源适配器给协调器、采集器、继电器ZigBee设备供电，风扇、白色开发板的ZigBee设备有电池能充电放电，但建议使用适配器供电以保证设备供电状况稳定。

3）连接信号线。ZigBee协调器通过串口连接计算机。

ZigBee继电器模块，类似开关量采集器和继电器二合一。风扇与ZigBee继电器模块连接，ZigBee继电器模块控制风扇启停。单联继电器上有两组接口，"COM"与"IN"是一组，其中的"COM"口接直流24V电源负极，"IN"口接直流24V电源正极，给风扇供电；"NO""COM""NC"三个接口为一组，"NO"口接风扇火线，"COM"接风扇零线。

LED灯与ZigBee继电器模块连接，ZigBee继电器模块控制LED灯启停。"COM""IN"一组的"COM"口接直流12V电源负极，"IN"口接直流12V电源正极，给LED灯供电；"NO""COM""NC"三个接口为一组，"NO"口接LED灯火线，"COM"接LED灯零线。

线路连接如图5-26所示。

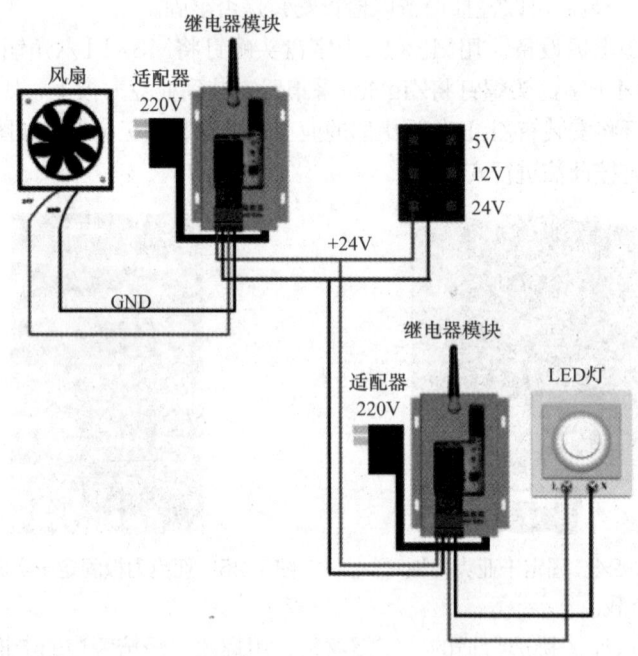

图5-26 ZigBee控制风扇、LED灯的线路连接图

三、调试验证

1）运行"模拟智能农业无线采集系统"软件，运行后界面如图5-27所示。

2）根据连接示意图连接协调器设备至PC，如图5-28所示。

3）设备连接完成后，选择对应连接的串口号，单击"开始采集"按钮，如图5-29所示。

4）单击"打开风扇""打开LED灯"按钮，查看风扇与LED灯是否开启或关闭，如图5-30所示。

5）查看监测软件右上角的传感器实时情况，如图5-31所示。

项目 5
安装智慧农业无线采集系统

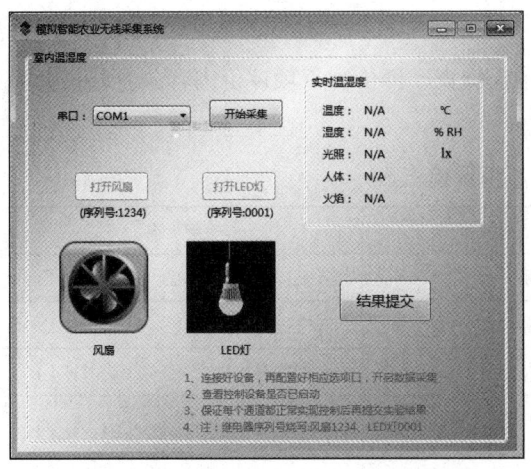

图5-27　模拟智能农业无线采集系统

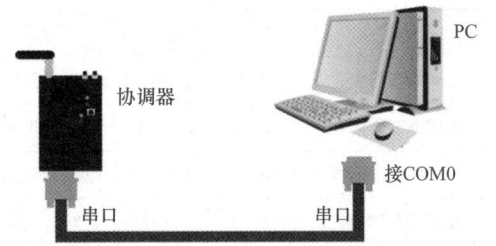

图5-28　协调器连接PC

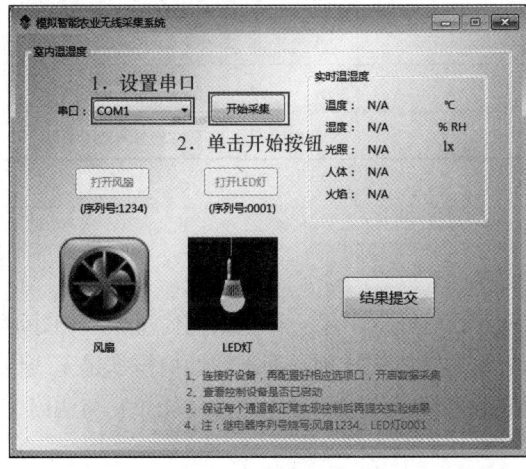

图5-29　开始采集

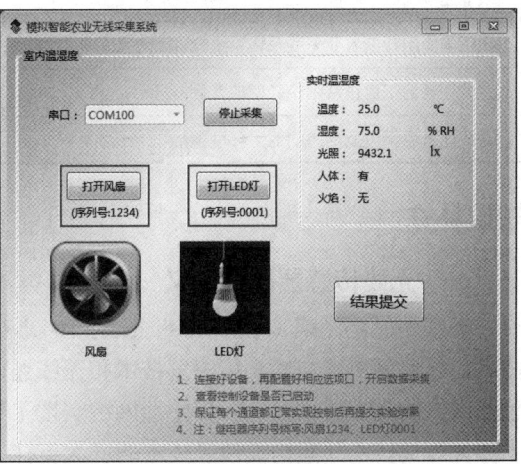

图5-30　打开风扇与LED灯

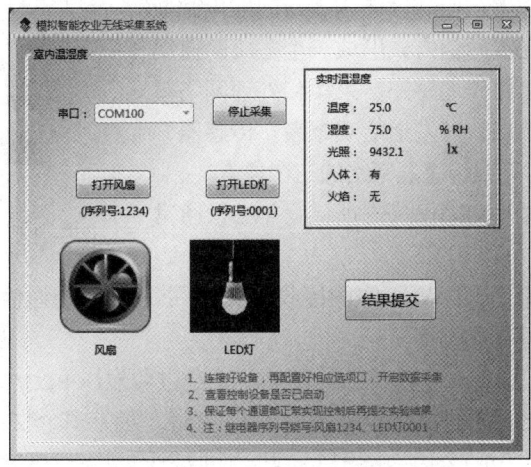

图5-31　实时温湿度

任务检查

参照任务完成情况检查表5-4，团队成员相互检查、评价。每项评价内容分五档打分，A-优秀，B-良好，C-一般，D-合格，E-不合格。

表5-4 任务完成情况检查表

检查内容	检查结果
能列举智慧农业无线采集系统所使用的设备，并简述相互关系	A□ B□ C□ D□ E□
能根据工作指导手册，正确分辨温湿度传感器、光照度传感器设备	A□ B□ C□ D□ E□
能根据工作指导手册，正确分辨继电器模块、风扇和灯泡设备	A□ B□ C□ D□ E□
能正确选用螺钉、垫片和螺母，合理使用螺丝刀、剥线钳等安装工具，在说明书的指导下规范安装ZigBee模块、温湿度传感器、光照度传感器等设备	A□ B□ C□ D□ E□
ZigBee模块、单联继电器与负载设备安装正确、牢固、美观	A□ B□ C□ D□ E□
线缆连接正确、牢固、规范，无露铜现象	A□ B□ C□ D□ E□
会正确使用智能农业无线采集系统软件观察和分析数据	A□ B□ C□ D□ E□
完成任务后工具正常归位并摆放整齐	A□ B□ C□ D□ E□
完成任务后工位及周边的卫生环境整洁	A□ B□ C□ D□ E□

知识补充

一、无线传感器网络定义

无线传感器网络（Wireless Sensor Network，WSN）是一种全新的信息获取和处理技术，是集微机电技术、传感器技术和无线通信技术为一体的技术。而无线通信技术是无线传感器网络的支撑技术之一。传感器网络实现了数据的采集、传输和处理三种功能。它与通信技术和计算机技术共同构成信息技术的三大支柱。

二、无线传感器网络组成

无线传感器网络由部署在监测区域内大量的廉价微型传感器节点组成，通过无线通信方式形成一个多跳的自组织的网络系统。其目的是协作地感知、采集和处理网络覆盖区域中被感知对象的信息，并发送给观察者。传感器、感知对象和观察者构成了无线传感器网络的三个要素。

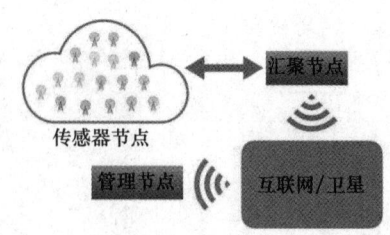

WSN传输路径示意图如图5-32所示。WSN通常分为：

图5-32 WSN传输路径示意图

1）物理层。物理层定义了WSN中的接收器Sink Node间的通信物理参数，使用哪个频段，使用何种信号调制解调方式等。

2）MAC层。MAC层定义了各节点的初始化，通过收发beacon、request、associate等消息完成自身网络定义，同时定义MAC帧的调试策略，避免多个收发节点间的通信冲突。

3）网络层。网络层完成逻辑路由信息采集，使收发的网络包裹能够按照不同策略使用最优化路径到达目标节点。

4）传输层。传输层提供包裹传输的可靠性，为应用层提供入口。

5）应用层。应用层最终将收集后的节点信息整合处理，满足不同应用程序计算需要。

三、无线传感器网络应用领域

无线传感器网络具有众多类型的传感器，可探测包括地震、电磁、温度、湿度、噪声、光强度、压力、土壤成分、移动物体的大小、速度和方向等周边环境中多种多样的现象。潜在的应用领域可以归纳为：军事、航空、防爆、救灾、环境、医疗、保健、家居、工业、商业等。

相较有线传感器成本较高且监测数据实现起来相对困难，无线传感器可以长期放置在荒芜的地区，用于监测环境变量，省去重新充电再放回去的麻烦。

随着通信技术的发展，出现了许多短距离无线通信技术，而它们往往带有自己的通信协议，不同的通信协议有着不同的应用。目前最常见的短距离无线通信技术有IrDA/红外、蓝牙、WiFi（802.11标准）和ZigBee技术。

知识测评

1. 一个ZigBee网络中只能有一个_____。
   A．协调器（Co-ordinator）　　　　B．路由器（Router）
   C．终端设备（End-Device）

2. （多选题）无线传感器网络节点包括_____。
   A．传感器节点　　B．汇聚节点　　C．管理节点　　D．物理节点

3. （多选题）以下_____通信技术可以实现无线传感器网络。
   A．Bluetooth　　　　　　　　　B．WiFi
   C．ZigBee　　　　　　　　　　D．IEEE 802.15.4

4. 以下选项中功能表述错误的是_____。
   A．物理层定义了WSN中的接收器Sink Node间的通信物理参数
   B．MAC层定义了各节点的初始化，同时定义MAC帧的调试策略，但无法避免多个收发节点间的通信冲突
   C．网络层完成逻辑路由信息采集，使收发的网络包裹能够按照不同策略使用最优化路径到达目标节点
   D．传输层提供包裹传输的可靠性，为应用层提供入口

5. 以下选项中不属于构成无线传感器网络的三个要素的是_____。
   A．传感器　　B．执行器　　C．感知对象　　D．观察者

根据物联网设备安装调试岗位能力要求，由学生、同伴、教师、企业专家等进行多元评价。每项评价内容分五档打分，A-优秀，B-良好，C-一般，D-合格，E-不合格。

评价内容	自评	同伴	教师	企业专家
能根据工作指导手册，正确分辨感知传感类设备				
能根据工作指导手册，正确分辨网络通信类设备				
能根据工作指导手册，正确分辨执行类设备				
能根据产品说明书，读懂设备状态灯、提示音、屏幕提示等信息，完成设备完好检测				
能识读系统结构图、电器元件布置图、安装接线图				
能使用常用安装工具规范安装传感器、执行终端、网络通信等相关设备				
能根据传感节点安装说明书，完成无线感传网设备的正确配置与组网调试				
能根据安装接线图，使用线缆规范连接设备，并保证设备正常供电				
会使用调试软件与工具进行系统故障排除与功能调试				
提高数据思维和大数据意识				
具备一定的安全意识和整理意识，确保施工过程中人身安全和设备安全				

拓展任务：搭建基于ZigBee传输的温湿度自动控制系统

使用有线连接的温湿度传感器与光照度传感器，执行器与ZigBee的继电器模块有线连接，参考如图5-33所示的接线方法，完成有线与无线的组合式系统搭建。

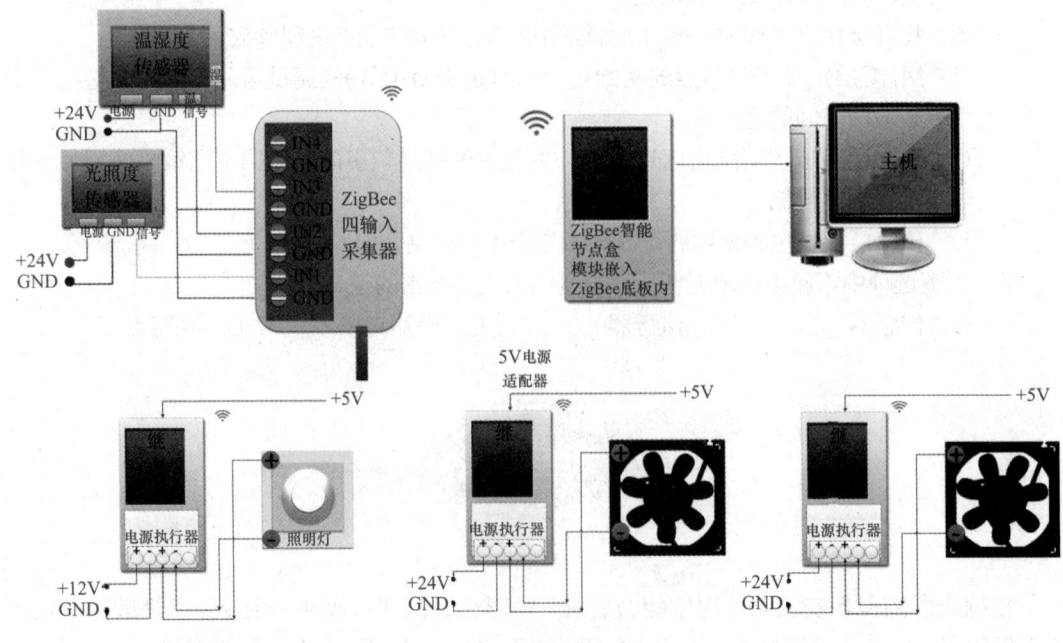

图5-33　接线方法

项目5 安装智慧农业无线采集系统

项目报告

项目完成情况描述

存在问题描述

心得体会

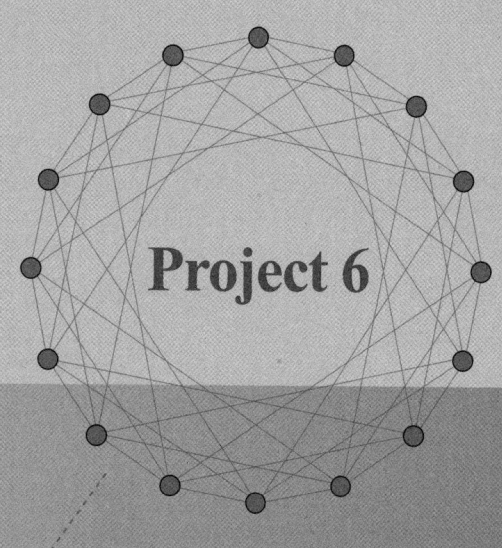

项目 6

模拟操作智慧小区门禁卡

项目描述

随着信息科技的快速发展,RFID(射频识别)技术已经在众多领域发挥着重要的作用。RFID技术是指利用射频通信技术和电子标签等实现非接触式物品识别、跟踪、管理和控制的一种技术,RFID检测设备系统结构图如图6-1所示。它的应用场景非常广泛,如物流、零售、医疗、金融、安全等多个领域。在物流领域,RFID标签可以记录货物的出入库时间和数量等信息,这样方便采集物流信息,避免重复计数、误发、漏派等问题。在支付、银行卡管理等领域,RFID技术可以提高服务效率。总之,RFID技术作为一种新兴技术,无疑会在未来取得更广泛、更深入的应用,为人们生活带来更多的便利。

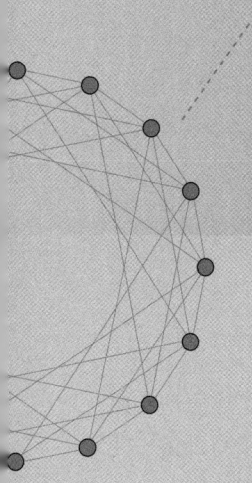

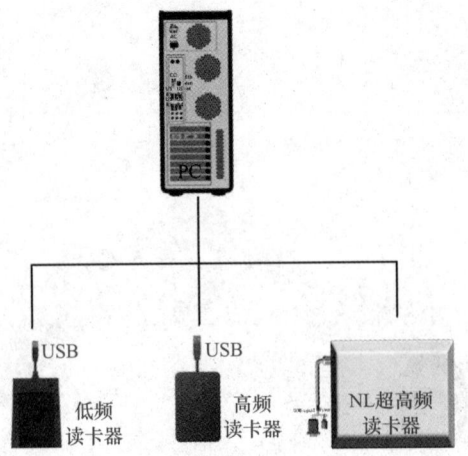

图6-1 RFID检测设备系统结构图

学习目标

- 会描述RFID系统的工作原理、组成结构和应用场景。
- 会对比各类RFID读写设备和电子标签的特点、作用和应用场合。
- 会列举智慧小区门禁系统所使用的设备。
- 能根据工作指导手册,正确分辨RFID读写设备和电子标签。
- 能根据具体应用需求选择合适的RFID读写设备和电子标签。
- 能根据安装接线图,完成RFID读写设备的正确安装与调试。
- 能对RFID标签进行读写等基本操作。
- 会使用测试软件模拟功能调试。
- 增强知识产权和法律意识。
- 增强物联网安全意识。

任务1　安装RFID检测设备

任务描述

RFID检测设备系统安装接线图如图6-2所示。本任务需要熟悉RFID系统的工作原理和组成结构,认知各类别RFID电子标签和读写器。在实训过程中,能正确选择RFID读写设备,完成RFID读写设备的正确安装与调试以及能进行读取卡信息的操作。

知识准备

一、RFID技术

RFID（Radio Frequency Identification）又称无线射频识别，俗称电子标签，是一种通信技术，可通过无线电信号识别特定目标并读写相关数据，无须识别系统与特定目标之间建立机械或光学接触。

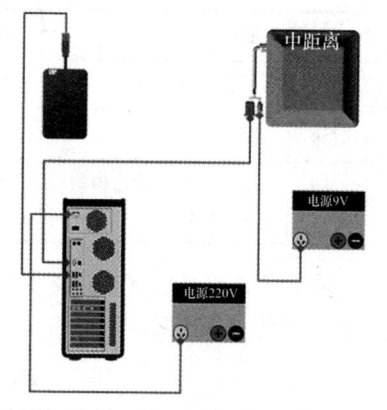

图6-2　RFID检测设备系统安装接线图

1. RFID系统

射频识别系统是一种非接触式的自动识别系统，它通过射频无线信号自动识别目标对象，并获取相关数据，由电子标签、读写器和主机构成，如图6-3所示。

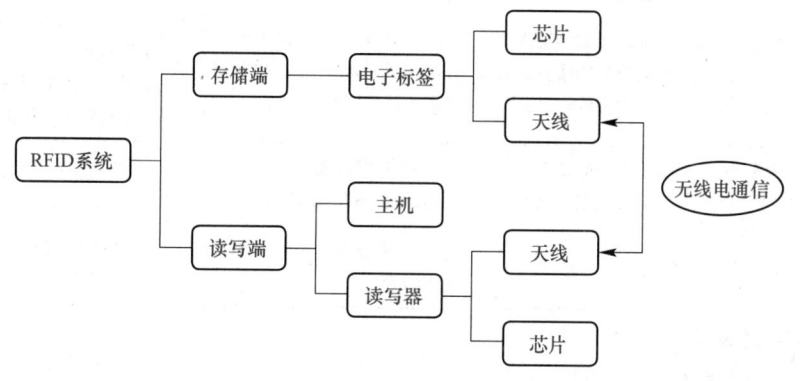

图6-3　RFID系统组成

RFID的基本工作原理图如图6-4所示，由读写器通过发射天线发送射频信号，当电子标签靠近时产生感应电流，从而获得能量被激活，使得电子标签将自身信息通过内置天线发射出去；读写器的接收天线接收到信号，传送到读写器处理后将信息传送到后台主机系统进行相关处理；主机系统根据用户设定做出处理和控制，最终发出信号，控制读写器完成不同的读写操作。

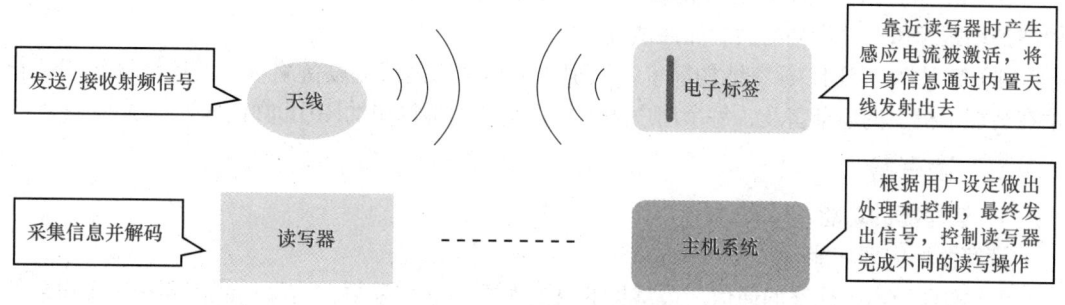

图6-4　RFID的基本工作原理

2. RFID分类

目前定义的RFID产品的工作频率有低频、高频和超高频（甚高频）、微波等频率范围，不同频段的RFID产品有不同的特性，具体见表6-1。

表6-1　RFID不同频段分类

工作频率	低频	高频	超高频（甚高频）	微波
频率范围	125~134kHz	13.56MHz	860~915MHz	2.4~5.0GHz
通信距离	50cm以内	1.5m以内	3~10m	3~10m
典型应用	动物识别、容器识别、工具识别等	电子车票、电子身份证等	铁路车厢监控、仓储管理等	道路收费系统等

射频识别技术依据其标签的供电方式可分为三类，即无源RFID、有源RFID、半有源RFID，具体见表6-2。

表6-2　RFID不同供电方式分类

分类	无源RFID	有源RFID	半有源RFID
供电方式	通过接受射频识别阅读器传输来的微波信号，以及通过电磁感应线圈获取能量来对自身短暂供电，从而完成信息交换	工作电源完全由电池或外部电源供给，会主动向射频识别阅读器发送信号	电池供电仅对要求供电维持数据的电路或者标签芯片工作所需电压的辅助支持，标签未进入工作状态前，一直处于休眠状态
特点	体积小，结构简单，成本低，故障率低，使用寿命长，有效识别距离较短	体积相对较大，较长的传输距离，较高的传输速度	能近距离激活定位，远距离传输数据
典型应用	公交卡、二代身份证、食堂餐卡等	高速公路电子不停车收费系统等	门禁出入管理、区域定位管理及安防报警等

3. RFID技术特性

射频识别技术具有如下特性。

1）适用性：RFID技术依靠电磁波，无须进行物理接触就能完成通信，在进行信息传递时不受塑料、纸张、木材等实体的限制。

2）高效性：RFID系统的读写速度极快，一次典型的RFID传输过程通常不到100ms。高频段的RFID阅读器甚至可以同时识别、读取多个标签的内容，极大地提高了信息传输效率。

3）独一性：每个RFID标签都是独一无二的，通过RFID标签与产品的一一对应关系，可以清楚地跟踪每一件产品的后续流通情况。

4）简易性：RFID标签结构简单，识别速率高、所需读取设备简单。尤其是随着NFC技术在智能手机上的逐渐普及，每个用户的手机都将成为最简单的RFID阅读器。

二、读写器

1. 读写器的功能

读写器的主要功能有：

1）实现与电子标签的通信。最常见的就是对标签进行读数，这项功能需要有一个可靠的软件算法确保安全性、可靠性等。除了进行读数以外，有时还需要对标签进行写入，这样就可以对标签批量生产，由用户按照自己的需要对标签进行写入。

2）给电子标签供能。在标签是被动式或者半被动式的情况下，需要读写器提供能量来激活射频场周围的电子标签。

3)实现与计算机网络的通信。读写器能够利用一些接口实现与上位机的通信,并能够给上位机提供一些必要的信息。

4)实现多标签识别。读写器能够正确识别其工作范围内的多个标签。

5)实现移动目标识别。读写器不但可以识别静止不动的物体,也可以识别移动的物体。

6)实现错误信息提示。对于在识别过程中产生的一些错误,读写器可以发出一些提示。

2. 常见读写器介绍

1)M2系列读写器。M2系列读写器如图6-5所示。M2系列读写器是深圳市某公司推出的一款外形时尚、性价比高的非接触式智能卡读写器。读写器有USB和串口两种接口,易于与计算机相连接,可应用于14443 TypeA标准卡片的一卡通系统,是公交运输、门禁、考勤、网络安全等应用领域的理想选择。该读写器的操作方法简捷、方便,外形小巧,易于安装。

2)超高频读卡器。超高频RFID读卡器如图6-6所示,该读卡器主要用于读写超高频标签数据。该读卡器融合了先进的低功耗技术、防碰撞算法和无线电技术,极具抗干扰性,可连续上电运行。读卡器内部集成了高性能陶瓷天线,外形美观,采用USB接口,即插即用,使用轻巧方便。该读卡器的技术参数见表6-3。

图6-5 M2系列读写器

图6-6 超高频RFID读卡器

表6-3 超高频RFID读卡器技术参数

供电	USB供电
功率	<2.5W
天线极化方向	圆极化
工作频率	920~925MHz,跳频250kHz
发射功率	15dBm
支持协议	EPC GEN2/ ISO 18000-6C
识别距离	>30cm
写数据距离	>5cm
接口模式	USB
工作寿命	>5年
工作温度	−20~60℃
工作湿度	<90%(非冷凝)
外形尺寸	10.8cm×7.8cm×2.8cm

3）UHF超高频电子标签一体机。UHF超高频电子标签一体机如图6-7所示，其在保持高识读率的同时，能实现对电子标签的快速读写处理，可广泛应用于物流、车辆管理、门禁系统、防伪系统及生产过程控制等多种无线射频识别（RFID）系统。其相关参数见表6-4。

图6-7　UHF超高频电子标签一体机

表6-4　UHF超高频电子标签一体机技术参数

支持协议	EPC C1G2（ISO18000-6C）
工作频率	902～928MHz（可以配置其他国家地区频段）
输出功率	软件可调，最大30dBm
读取距离	6～8m
标签询查	速度>6ms
读卡模式	定时读卡/触发读卡/主从读卡（软件可设置）
读卡提示	蜂鸣器或指示灯
功耗设计	DC 9～26V供电
接口	GPIO接口、RS-232串行通信接口韦根26/34、RS-485通信口
工业级防雷	6000V
尺寸	260mm×260mm×40mm
工作温度	-25～65℃

任务实施

使用"物联网云仿真实训平台"软件，完成RFID设备的选择与模拟连线。正确选择RFID设备，并选用合适的工具完成RFID设备的安装、连接与调试。

6-1　安装与调试RFID设备

一、模拟连线

步骤一：设备选型。

在图6-8所示的设备中选择"中距离"和"超高频"RFID阅读器，并将它们拖入工作台。

步骤二：线路连接。

按照图6-9所示，添加PC以及电源，并完成设备之间的线路连接。

步骤三：功能测试。

单击模拟仿真软件中的"在线验证"和"模拟实验"按钮。如果未出现错误提示，表示仿真测试通过。

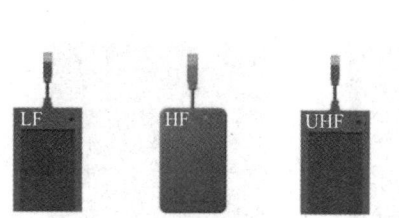
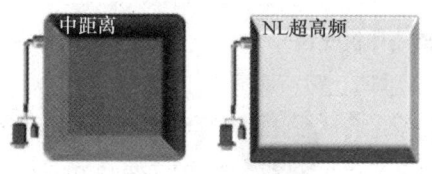
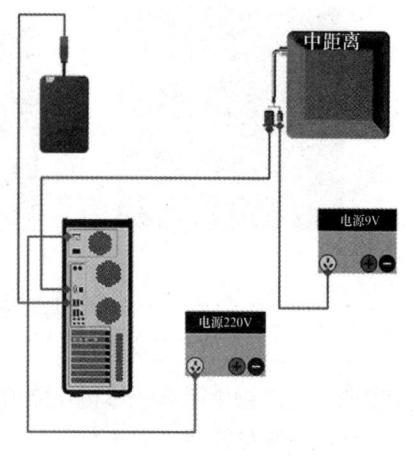

图6-8　RFID设备　　　　　　　　图6-9　RFID线路连接

二、真实环境下实施RFID设备的安装与调试

步骤一：设备选型。

参照图6-10，找出本任务要安装的高频读卡器和超高频中距离一体机，并进行外观检查，观察设备外观是否有损坏，以及超高频中距离一体机电源适配器的导线是否有破损等情况。

步骤二：连接高频读卡器。

如图6-11所示，将高频读卡器的连接线连接到计算机的USB接口，连接成功后，读卡器的指示灯会亮起。

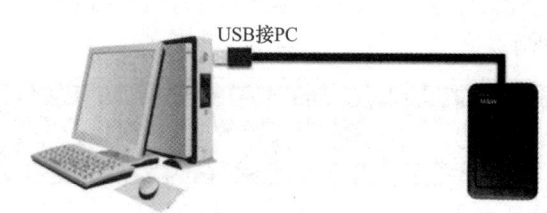

图6-10　高频读卡器和超高频中距离一体机示意图　　　图6-11　高频读卡器连接图

步骤三：连接超高频中距离一体机。

1）安装走线槽，参考项目1任务2的操作步骤，根据实训工位的铁架尺寸，裁剪尺寸合适的走线槽。然后挑选合适尺寸的螺钉、螺母以及垫片，选用合适的工具，完成物联网实训工位铁架四周走线槽的安装。

2）用配套螺钉将底座安装到超高频中距离一体机上面，如图6-12a所示，注意安装时要添加垫片。

3）用不锈钢十字盘头螺钉（M4×16）将底座固定在实训平台架子上，注意安装时要在设备台子背面加不锈钢垫片（M4×10×1），如图6-12b和图6-12c所示。

4）将超高频中距离一体机的串口线连接到计算机的COM口，然后将超高频中距离一体机的电源适配器接到电源插座。

  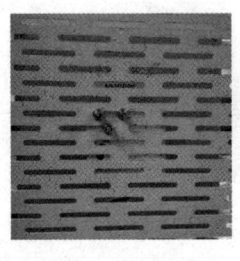

a)   b)   c)

图6-12 超高频中距离一体机安装

a）安装支架 b）安装到工位上 c）螺钉、垫片示意图

步骤四：超高频中距离一体机功能检测。

1）完成设备安装后，双击打开UHFReader18 demomain应用程序，如图6-13所示，该应用程序是一个UHF读写器的演示程序，主要用于展示该读写器的功能和性能。

图6-13 UHFReader18demomain 应用程序

2）打开程序后，进行读写器参数设置，如图6-14所示：选择串口，端口选择AUTO，表示自动打开可用端口，设置读写器地址为FF，表示为广播方式，与该串口连接的读写器均会响应，最后设置波特率为57 600bit/s。

3）单击"EPCC1-G2 Test"选项卡，打开EPCC1-G2界面，拿出标签靠近RFID设备，单击"查询标签"按钮读取标签信息，查询结果如图6-15所示。

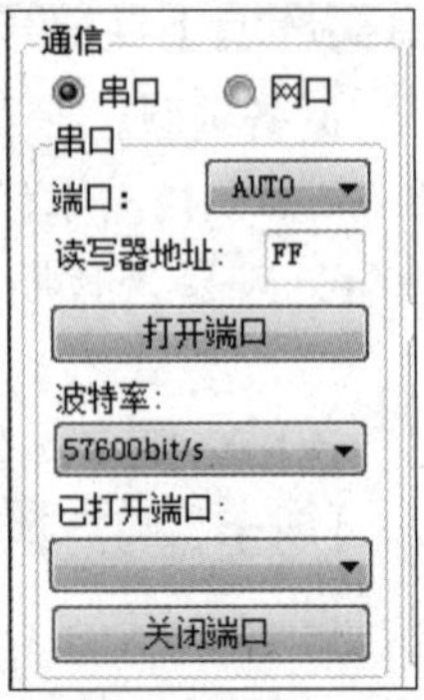

图6-14 读写器参数设置

图6-15 查询结果

通过以上操作步骤，可以判断超高频中距离一体机质量完好。

步骤五：高频卡校验软件使用。

1）运行"项目6-模拟操作智慧小区门禁卡.exe"软件，运行后界面如图6-16和图6-17所示。

2）高频读卡器为即插即用设备，无须手动安装驱动程序，在高频读卡器与计算机正确连接后，驱动程序会自动安装，等驱动程序安装成功后单击软件上的"连接"按钮，连接高频读卡器，如图6-18所示。

3）软件连接完成后，将高频卡放置在读卡器上方，单击"寻卡"按钮开始寻卡操作，如图6-19所示。

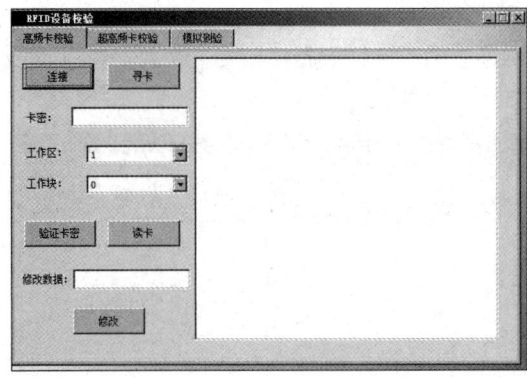

图6-16　高频卡校验软件界面1

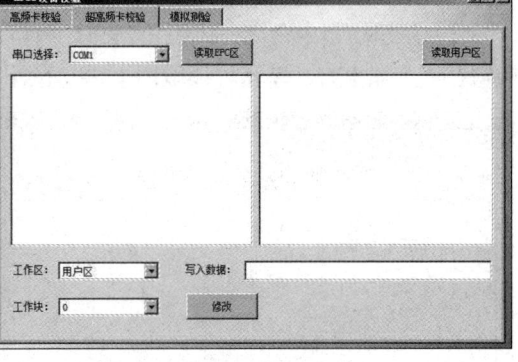

图6-17　高频卡校验软件界面2

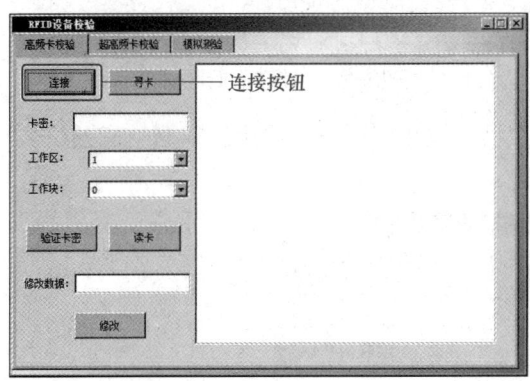

图6-18　连接高频读卡器

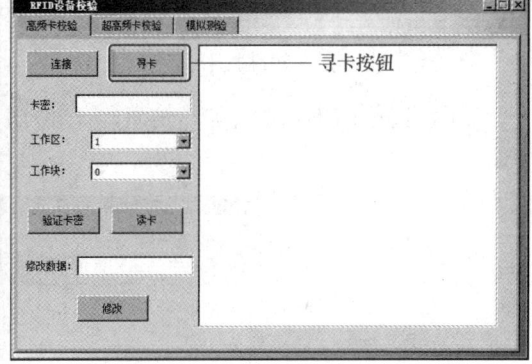

图6-19　寻卡操作

4）在寻卡完成后，在"卡密"文本框输入"FFFFFF"（高频卡的默认密码）后，单击"验证卡密"按钮，如图6-20所示。

5）验证卡密完成后，选择工作区1，工作块0，单击"读卡"按钮读出卡中的数据，如图6-21所示。

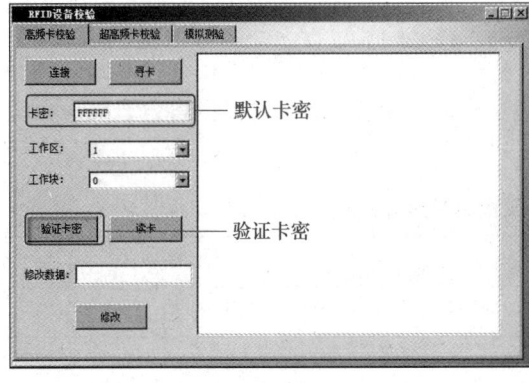

图6-20　验证卡密操作

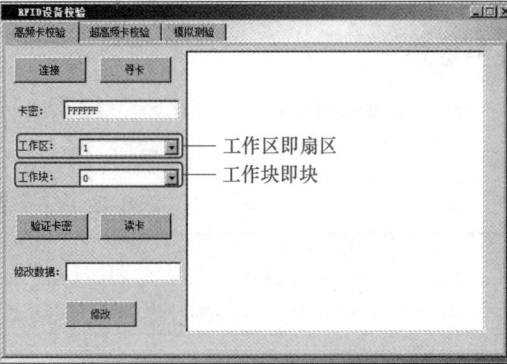

图6-21　读出卡中数据

三、使用超高频卡校验软件读取数据

1）运行"项目6-模拟操作智慧小区门禁卡.exe"软件，运行后单击"超高频卡校验"按钮将软件界面切换至超高频卡校验界面，如图6-22所示。

2）在超高频中距离一体机设备与计算机正确连接后，选择设备串口号，将超高频标签纸放置在读卡器上方，单击"读取EPC区"按钮，如图6-23所示。

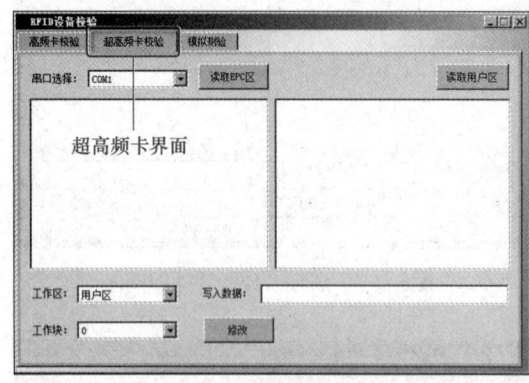

图6-22　超高频卡界面

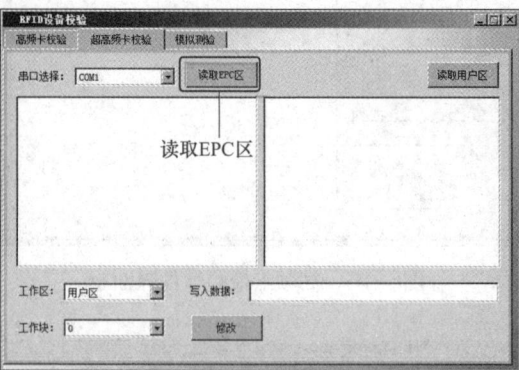

图6-23　读取EPC区操作

3）在读出EPC区数据后，单击"读取用户区"按钮即可读出用户区数据，如图6-24所示。

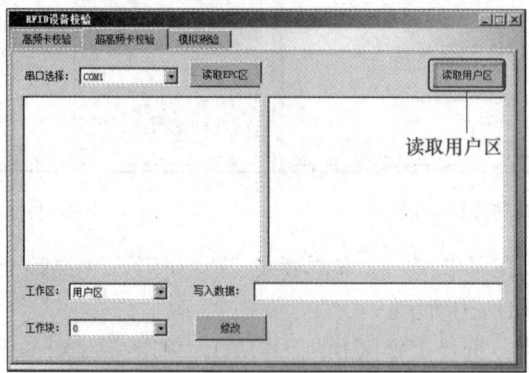

图6-24　读取用户区操作

任务检查

参照任务完成情况检查表6-5，团队成员相互检查、评价。每项评价内容分五档打分，A-优秀，B-良好，C-一般，D-合格，E-不合格。

表6-5　任务完成情况检查表

检查内容	检查结果
会陈述RFID等自动识别技术的特点、应用领域和组成结构	A□　B□　C□　D□　E□
能根据工作指导手册，正确分辨RFID设备	A□　B□　C□　D□　E□
能根据产品说明书准确检测进场设备的完整性和完好性	A□　B□　C□　D□　E□

（续）

检查内容	检查结果
能正确选用螺钉、垫片和螺母，合理使用螺丝刀、剥线钳等安装工具，在设备说明书的指导下规范安装RFID设备	A□ B□ C□ D□ E□
能使用虚拟仿真软件，完成RFID读写设备的选择和模拟连线	A□ B□ C□ D□ E□
能正确安装RFID读写器设备驱动程序	A□ B□ C□ D□ E□
能选择合适的工具完成超高频中距离一体机、高频RFID设备的正确调试和功能检测	A□ B□ C□ D□ E□
能正确使用上位机软件对RFID设备进行功能校验	A□ B□ C□ D□ E□
RFID设备安装正确、牢固、美观	A□ B□ C□ D□ E□
完成任务后工具正常归位并摆放整齐	A□ B□ C□ D□ E□
完成任务后工位及周边的卫生环境整洁	A□ B□ C□ D□ E□

知识补充

一、物联网终端安全意识

万物互联时代，以5G为代表的信息通信技术快速发展，物联网的应用更加普及，各种物联网终端设备与人们紧密串联起来，但万物互联存在安全漏洞风险，智能家居、智慧城市、智慧医疗、自动驾驶汽车等物联网终端每天不间断工作产生新的数据，数据主要存储在本地或云端，缺乏安全保护机制，很有可能会成为被攻击的目标，终端设备只要有一个被攻破，将会产生"连锁效应"，全网都可能被入侵。

针对物联网发展遇到的安全性问题，必须克服5G从4G继承而带来的安全漏洞。针对物联网发展所面临的安全问题，物联网企业做好顶层设计，国家完善相应法律法规，提高使用者的安全意识，产业链上下都采取积极的应对措施，为物联网的应用保驾护航。

1. 行业制定标准、设计更安全的物联网产品

5G时代的物联网安全需要彻底打破互联网时代"去中心化"的思维定式，从设备、数据、算法、网络连接、基础设施等多个维度加强统筹协调，强化全面保障。

企业应加快物联网5G标准应用研制。积极推进行业标准研制工作，把物联网基础安全与行业发展应用结合起来，在实践过程中不断探索安全标准，动态更新。密切关注物联网新技术、新应用的发展趋势，科学规划制定物联网标准体系，在设计和实施过程中结合网络安全以及信息的保密要求，做好与产业各方的工作协同，动态更新与新时代适应的产业发展安全应用标准。

企业间应进一步加大物联网行业与产业间的合作与交流。做好物联网基础安全标准跨行业交流以及国际合作，积极参与物联网安全国际标准制定，促进行业标准向国家标准、国际标准转换。

2. 国家制定法律法规

在国家大环境的应用中，国家应政策引导物联网产业链上下游企业加强终端设备接入验证，提升自身安全等级，并形成系统保护物联网的应用服务。物联网企业遴选并嵌入符合终端应用的加密算法,保障信息的机密性、保护信息的完整性、可鉴别性以及可追溯性,为终端设备消息提供长度固定的身份标识,实现终端间在线的数据加密,提升终端本身的安全强度,减少对资源的消耗。同时国家出台相应政策,通过法律法规、生产规范、应用标准明确上下游企业生态链安全防护,引导企业制定统一的物联网生产标准,形成谁生产谁负责的安全有效制度,积极推动物联网产业生态环境的良好发展。

二、知识产权意识

1. 知识产权概念

知识产权是"基于创造成果和工商标记依法产生的权利的统称"。最主要的三种知识产权是著作权、专利权和商标权,其中专利权与商标权也被统称为工业产权。2021年1月1日施行的民法典中第一百二十三条规定:"民事主体依法享有知识产权。知识产权是权利人依法就下列客体享有的专有的权利:(一)作品;(二)发明、实用新型、外观设计;(三)商标;(四)地理标志;(五)商业秘密;(六)集成电路布图设计;(七)植物新品种;(八)法律规定的其他客体。"

2. 知识产权保护的意义

1)尊重知识创造者的劳动成果。知识在创造的过程中倾注创造者的心血,是他们艰辛的劳动成果,如同农民艰辛地种出稻谷一样受到法律的保护。人的智力创造的精神财富是无形的,但是价值重大,而且得来不易,所以法律赋予了智力成果创造者享有的专有权利,只有这样,才能够让大众尊重知识创造者的劳动成果,推动社会创新进步。

2)提高民众的知识产权保护意识。知识产权保护的目的就是出于对知识创造者的一种尊重和保护,能够帮助大众提高自主创新意识,鼓励独立思考。当前我国不管是公众,还是各个企事业单位,对于知识产权的保护意识还比较薄弱,很多人对于如何尊重他人知识产权以及保护自身的知识创造权益没有正确的认识。知识产品是一种精神产物,它本身就具有特殊性,不能和实体财产等同,学习专利法有助于大众判断这种无形的财产应该如何归属,促进大众的知识产权保护意识。

知识测评

1. RFID标签通常可以分为_____类型。
   A. 主动式和被动式   B. 有源和无源
   C. 高频和低频   D. 读写和只读
2. RFID技术在_____领域的应用最为广泛。
   A. 音响设备   B. 电视机
   C. 物流管理   D. 手机通信
3. RFID读写器的主要功能是_____。
   A. 存储RFID标签的数据   B. 读取和写入RFID标签的数据
   C. 放大RFID标签的信号   D. 加密RFID标签的数据
4. RFID读写器在_____场景中不是必需的。
   A. 超市自动结账系统   B. 图书馆书籍管理系统
   C. 手机无线充电   D. 仓库货物追踪系统

任务2 制作RFID门禁标签

任务描述

本任务需要认知高频卡和超高频电子标签以及它们的存储结构。正确使用读卡器以及配套软件读取和修改标签的信息。

知识准备

一、高频卡

1. 概述

目前最常见的高频卡是人们口中俗称的IC卡。IC卡内所记录数据的读取、写入均需相应的密码认证，甚至卡片内每个区均有不同的密码保护，从而全面保护数据安全。IC卡不仅可由授权用户读出大量数据，亦可由授权用户写入大量数据（如新的卡号、用户的权限、用户资料等），且所记录内容可反复擦写。

IC卡分为接触式和非接触式，两者都属于RFID范畴，具体区别见表6-6。

表6-6 接触式IC卡和非接触式IC卡的区别

IC卡类型	内部结构	使用方式	具体应用
接触式	其芯片直接封装在卡基表面	在使用过程中需要插入读卡器使用	交通卡、门禁卡
非接触式	由主控芯片ASIC（专用集成电路）和天线（线圈）组成，可分为COB绕铜线、蚀刻天线、印刷天线等	需要靠近读卡器感应天线才能被读取	电子标签

非接触式IC卡的工作原理如图6-25所示，它本身是无源卡，当读写器对卡进行读写操作时，读写器发出的信号由两部分叠加组成：一部分是电源信号，该信号由卡接收后，与本身的L/C产生一个瞬间能量来供给芯片工作；另一部分则是指令和数据信号，指挥芯片完成数据的读取、修改、储存等，并返回信号给读写器，完成一次读写操作。非接触式IC卡与读卡器之间是通过无线电波来完成读写操作。

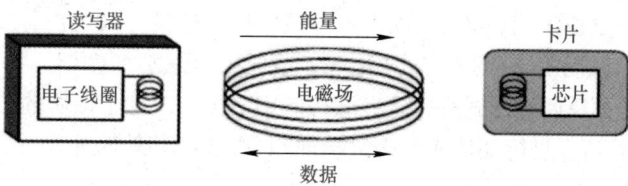

图6-25 非接触式IC卡工作原理图

2. M1卡的存储结构

目前使用比较广泛的是PHILIPS的Mifare系列IC卡。简称M1卡。M1卡的存储结构如

图6-26所示，分为16个扇区，每个扇区为4块（块0、块1、块2、块3），每块16个字节，以块为存取单位，16个扇区的64个块按绝对地址编号为0~63。

扇区	块				类型	编号
扇区0	块0				数据块	0
	块1				数据块	1
	块2				数据块	2
	块3	密码A	存取控制	密码B	控制块	3
扇区1	块0				数据块	4
	块1				数据块	5
	块2				数据块	6
	块3	密码A	存取控制	密码B	控制块	7
扇区15	0				数据块	60
	1				数据块	61
	2				数据块	62
	3	密码A	存取控制	密码B	控制块	63

图6-26 M1卡的存储结构

需要注意的是，第0扇区的块0（即绝对地址0块）用于存放厂商代码，已经固化，不可更改。此外，每个扇区的块0、块1、块2为数据块。数据块可作两种应用，一种是用做一般的数据保存，可以进行读、写操作，另外一种是用做数据值，可以进行初始化值、加值、减值、读值操作。每个扇区的块3则为控制块，包括了密码A、存取控制、密码B，具体结构如图6-27所示。

```
A0 A1 A2 A3 A4 A5    FF 07 80 69    B0 B1 B2 B3 B4 B5
```
密码A (6字节)　　　存取控制 (4字节)　　　密码B (6字节)

图6-27 控制块具体结构

每个扇区的密码和存取控制都是独立的，可以根据实际需要设定各自的密码及存取控制。存取控制为4个字节，共32位，扇区中的每一块（包括数据块和控制块）的存取条件是由密码和存取控制共同决定的。在存取控制中每个块都有相应的三个控制位，定义如下：

　　块0:　　C10　C20　C30　　块1:　　C11　C21　C31
　　块2:　　C12　C22　C32　　块3:　　C13　C23　C33

三个控制位以正和反两种形式存在于存取控制字节中，决定了该块的访问权限（如进行减值操作必须验证KEY A，进行加值操作必须验证KEY B，等等）。

二、RFID电子标签

1. 超高频电子标签

Alien 9662电子标签是UHF超高频电子标签，属于远距离电子标签，读取距离一般是

5～7m，目前这种电子标签多用在人行无障碍通道统计、门票、物流和仓储管理等领域。Alien 9662电子标签产品详情，基本参数见表6-7。

表6-7 Alien 9662电子标签的参数

名称		RFID电子标签 UHF超高频6C不干胶柔性标签 Alien 9662标签 70×18mm	
型号		DU9203/ALN-9662	
制造商/芯片		Alien/Higgs3	
基材材质		PET	
天线制作方式		铝蚀刻	
天线尺寸		80（L）×20（W）mm	
符合标准		ISO/IEC 18000-6C EPC Class1 Gen2	
存储区	EPC区	96bits	可读可写
	TID区	32bits	可读不可写
	Unique TID区	64bits	可读不可写
	密码区	32bits访问密码 32bits毁灭密码	可读可写
	用户区	512bits	可读可写
适用载波频率		860～960MHz	
工作模式		无源	
平均读取距离		<7m/23ft	距离取决于读写器功率和天线大小，读写器天线与标签极化方向一致
使用寿命		写10万次，数据保存10年	
标签尺寸		Dry Inlay 70×17mm Wet Inlay 74×22mm，（标签厚度Inlay均为0.1～0.2mm）	
储存温度/湿度		-25～50℃/20%～90% RH	
操作温度/湿度		-50～60℃/20%～90% RH	
应用范围		衣服吊牌及包装箱一般性物流或流水线生产，人员考勤等	

2. 电子标签存储器

电子标签存储器分为四个独立的存储区块（Bank），分别是Reserved（保留）、EPC（电子产品代码）、TID（标签识别号）和USER（用户）。其存储逻辑图如图6-28所示。

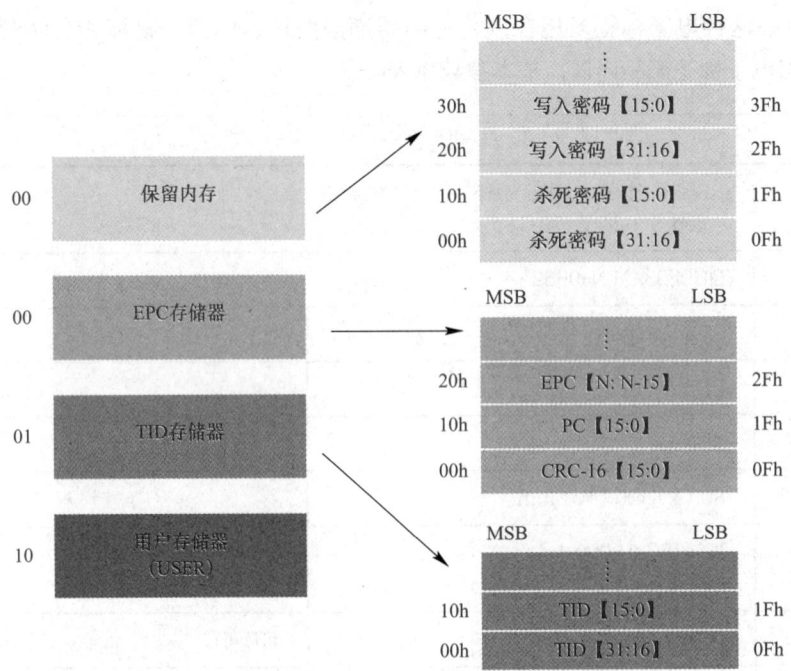

图6-28 电子标签存储器存储逻辑图

保留区存储大小为8字节，前4个字节为摧毁密码（用于摧毁标签，一般用不到），后4个字节为访问密码（用于进行写数据和锁定操作），默认值为：0000 0000（摧毁密码）0000 0000（访问密码）。

TID区存储大小为12字节，只可读，不可写，出厂已经写入，为标签的唯一标识符，即电子标签的产品类识别号，每个生产厂商的TID号都会不同。

EPC存储器用于存储电子标签的EPC号、PC（协议-控制字）以及这部分的 CRC-16校验码。

CRC-16校验码：存储地址为00，共2个字节，CRC-16为本存储体中存储内容的CRC校验码。

PC号：电子标签的协议-控制字，存储地址为10，共2个字节。

EPC号：为识别标签对象的电子产品码。EPC存储在以20H存储地址开始的EPC存储器内。EPC号的长度由以上PC号来指定，每类电子标签（不同厂商或不同型号）的EPC号长度可能会不同，用户通过读该存储器内容命令读取EPC号。

用户存储区用于存储用户自定义的数据。用户可以对该存储区进行读、写操作。该存储器的长度由各个电子标签的生产厂商确定。每个生产厂商提供的电子标签，其用户存储区的长度不同。存储长度大的电子标签会贵一些。用户应根据自身应用的需要，来选择相关长度的电子标签，以降低标签的成本。

任务实施

制作小区门禁卡，要求将M1卡的工作区2块0的第1、2、3字节修改为0x01、0x02、0x03。制作小区门禁标签纸，要求将标签的用户区工作块2的第1、2、3、4字节修改为0x01、0x02、0x03、0x04。

步骤一：制作小区门禁卡。

1）将高频卡读写器插入PC的USB端口，然后运行"项目6-模拟操作智慧小区门禁卡.exe"软件，界面如图6-29所示。

2）单击"连接"按钮，右边显示"连接成功"，如图6-30所示。

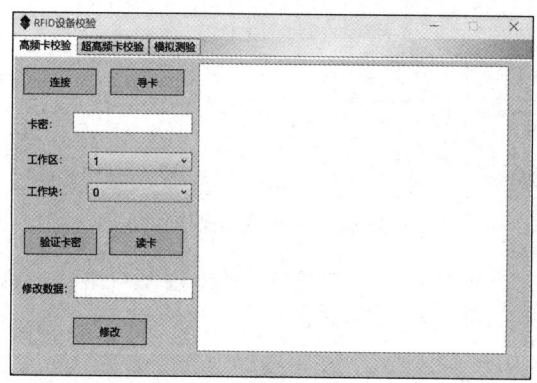
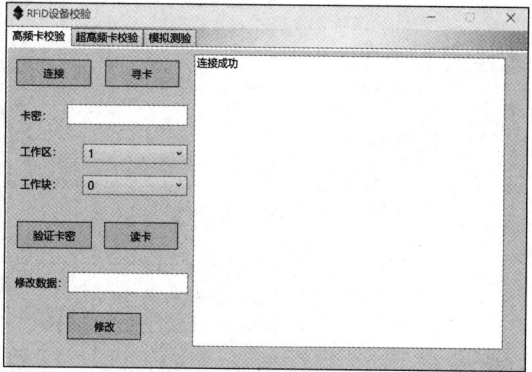

图6-29　模拟操作智慧小区门禁卡系统界面　　　　图6-30　连接卡操作界面

3）将高频卡放在读写器上，单击"寻卡"按钮，右边显示"寻卡成功"，并显示相应的卡号，如图6-31所示。

4）单击"验证卡密"按钮（这里默认卡密为空），右边显示"卡密码验证成功"，如图6-32所示。

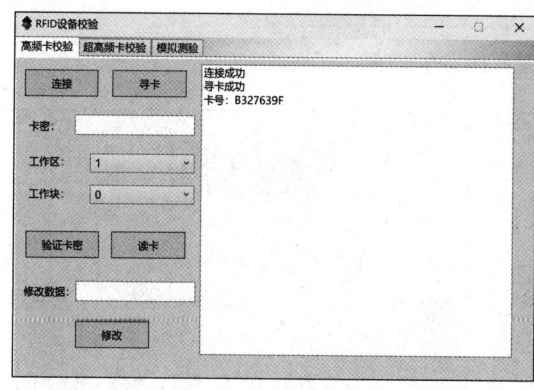
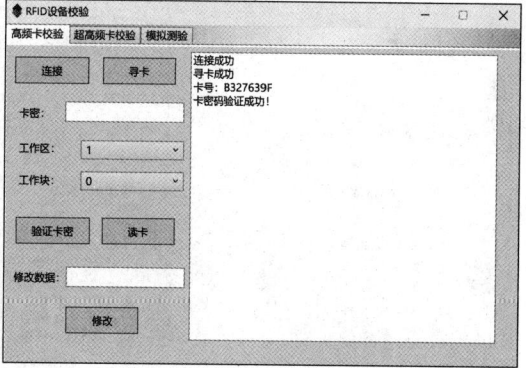

图6-31　寻卡操作界面　　　　　　　　　图6-32　验证卡密操作界面

5）单击"读卡"按钮，因为此时卡里的数据为0，所以右边显示为空，如图6-33所示。

6）将工作区切换为2，工作块切换为0，并再次验证卡密。在右边显示"卡密码验证成功"后，修改数据为123，并单击"修改"按钮。此时右边显示修改后的数据，表示修改数据成功，如图6-34所示。

7）单击"读卡"按钮，右边显示修改后的数据，如图6-35所示。

8）将软件切换到模拟测验界面，如图6-36所示，单击"读取高频卡"按钮，然后将卡放置在高频卡读写器上，此时门禁将会打开，将卡移开，门禁将会关闭，如图6-37所示。

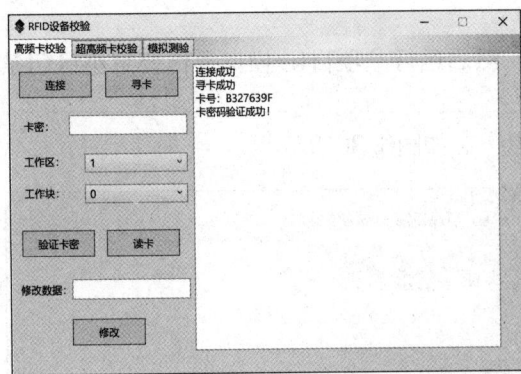
图6-33 读卡操作按钮

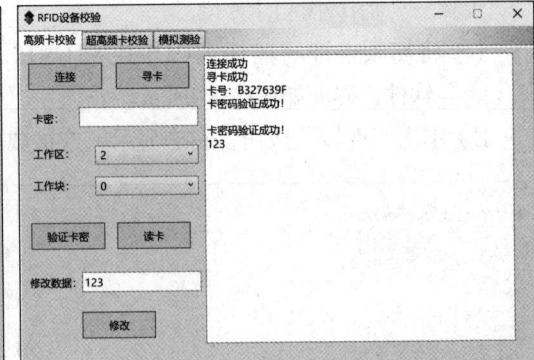
图6-34 修改数据操作界面

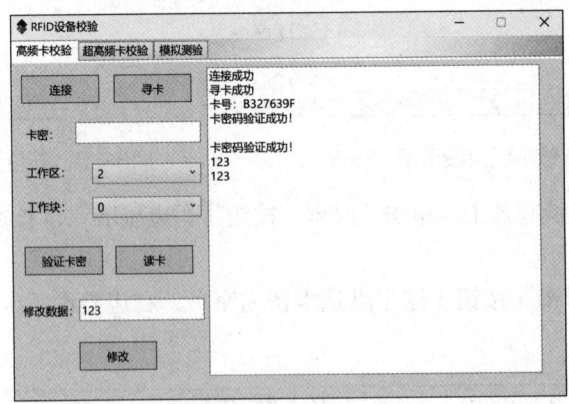
图6-35 读卡操作界面

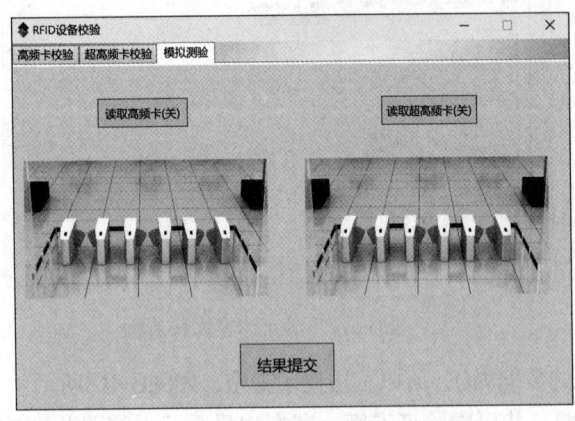
图6-36 模拟测验界面

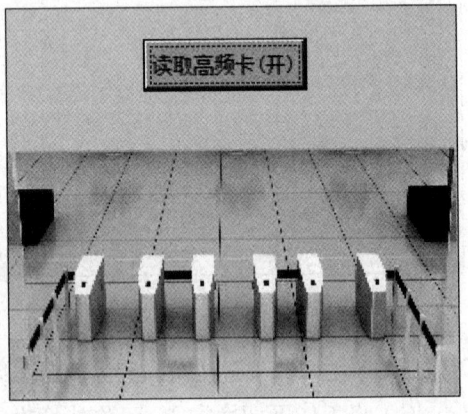
图6-37 门禁打开界面

步骤二：制作小区门禁标签纸。

1）将超高频中距离一体机正确连接PC端和电源，准备好标签，再将串口选择为COM4，单击"读取EPC区"按钮，结果如图6-38所示。

2）单击"读取用户区"按钮。因为放上去的是一个新标签，所以用户区的数据全为0，如图6-39所示。

项目6
模拟操作智慧小区门禁卡

图6-38 读取EPC区数据操作界面　　　　图6-39 读取用户区数据操作界面

3）将工作区选择为用户区，将工作块选择为2，写入数据为1234，单击"修改"按钮，如图6-40所示。

4）修改成功后，再次单击"读取用户区"按钮，此时可以发现数据已成功修改为1234，如图6-41所示。

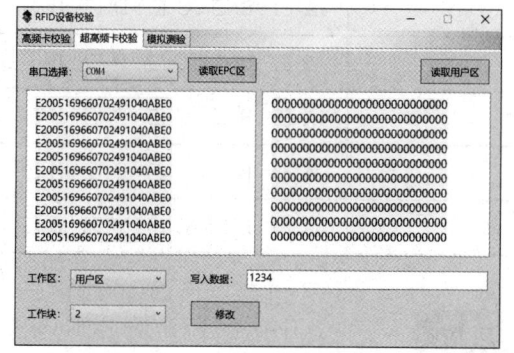 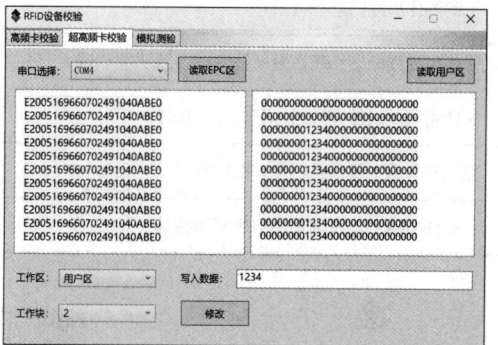

图6-40 写入数据操作界面　　　　图6-41 再次读取用户区数据操作界面

5）将软件切换到模拟测验界面，如图6-42所示，单击"读取超高频卡"按钮，然后将标签放置在超高频中距离一体机上，此时门禁将会打开，将标签移开，门禁将会关闭，如图6-43所示。

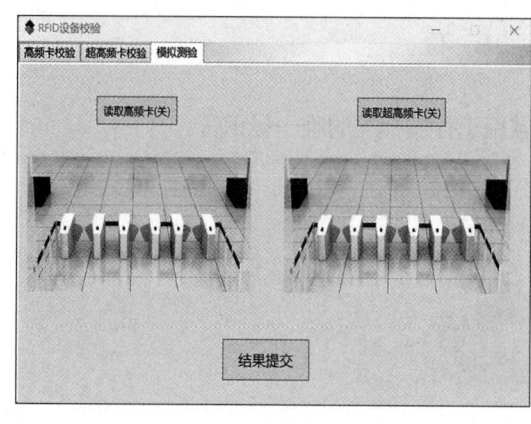 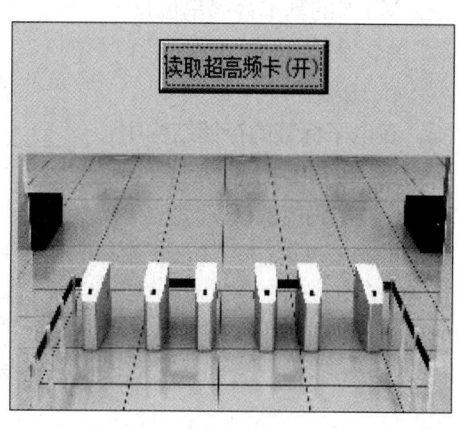

图6-42 模拟测验界面　　　　图6-43 门禁打开界面

任务检查

参照任务完成情况检查表6-8，团队成员相互检查、评价。每项评价内容分五档打分，A-优秀，B-良好，C-一般，D-合格，E-不合格。

表6-8 任务完成情况检查表

检查内容	检查结果
会对比各类RFID读写设备和电子标签的特点、作用和应用场合	A□ B□ C□ D□ E□
正确读取高频标签信息	A□ B□ C□ D□ E□
正确修改高频标签相关信息	A□ B□ C□ D□ E□
正确读取超高频标签纸信息	A□ B□ C□ D□ E□
正确修改超高频标签纸相关信息	A□ B□ C□ D□ E□
正确制作门禁卡（IC卡）	A□ B□ C□ D□ E□
正确制作小区门禁标签纸	A□ B□ C□ D□ E□
能使用高频标签和超高频标签完成门禁功能测试	A□ B□ C□ D□ E□
能使用调试软件完成对标签的加密操作	A□ B□ C□ D□ E□
完成任务后工具正常归位并摆放整齐	A□ B□ C□ D□ E□
完成任务后工位及周边的卫生环境整洁	A□ B□ C□ D□ E□

知识测评

1. 高频卡和低频卡的主要区别是_____。
    A．数据存储容量　　　　　B．工作频率
    C．读取距离　　　　　　　D．数据传输速率
2. M1卡的基本存储单位是_____。
    A．字节　　　　　　　　　B．位
    C．扇区　　　　　　　　　D．块
3. 在电子标签的存储结构中，_____区域用于存储标签的唯一标识符。
    A．用户数据区　　　　　　B．EPC区
    C．密码控制区　　　　　　D．厂商数据区

根据物联网设备安装调试岗位能力要求，由学生、同伴、教师、企业专家等进行多元评

价。每项评价内容分五档打分，A-优秀，B-良好，C-一般，D-合格，E-不合格。

评价内容	自评	同伴	教师	企业专家
能根据工作指导手册，正确分辨感知传感类设备				
能根据说明书等，检查产品外观，清点附件，完成设备完好检测				
能根据实际应用需求选择合适的RFID读写设备和电子标签				
能使用常用安装工具规范安装RFID相关设备				
能根据安装接线图，使用线缆规范连接RFID设备，并保证设备正常供电				
会使用调试软件与工具进行系统故障排除与功能调试				
能对RFID标签进行读写等基本操作				
具备良好的法律意识，了解和遵守物联网、信息安全以及知识产权等方面的相关法律法规				
具备一定的安全意识和整理意识，确保施工过程中人身安全和设备安全				

拓展任务：超高频中距离一体机485模式连接

如图6-44所示，将超高频中距离一体机使用485模式通过RS-485转RS-232转换头连接至PC，并绘制连线图。

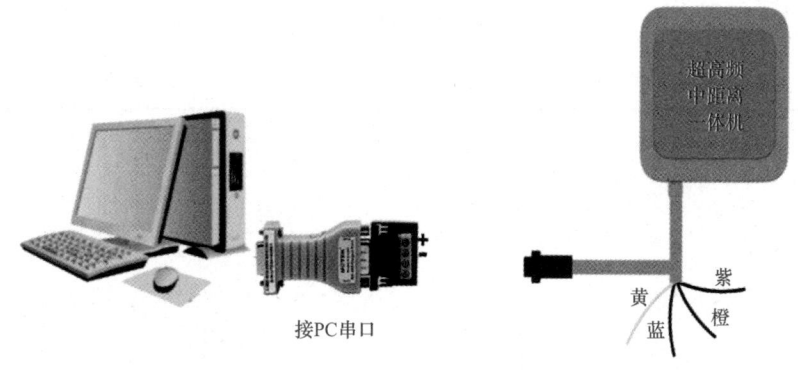

图6-44　拓展任务图

项目完成情况描述

存在问题描述

心得体会

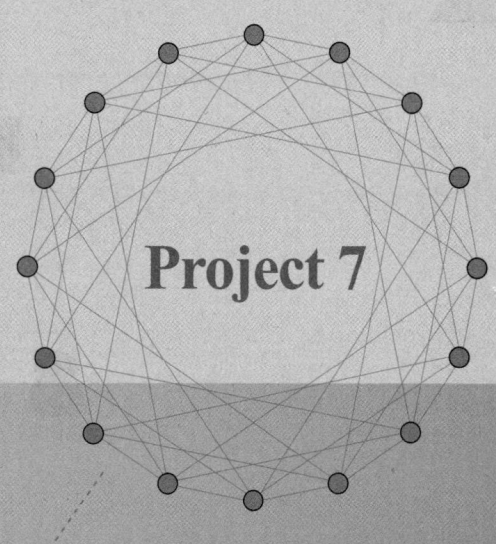

项目 7
安装智慧小区安防监控系统

项目描述

随着社会的发展和科技的进步,智慧小区已成为现代城市的重要组成部分。智慧小区的安防监控系统作为保障社区安全的重要手段,对提升社区管理水平、保障居民生命财产安全具有重要意义。通过远程监控系统,可以实时监控家中各个房间、住宅周边、车房等重点区域的情况。同时,系统还会自动将实时监控的影像通过硬盘录像功能录制下来,系统结构图如图7-1所示。

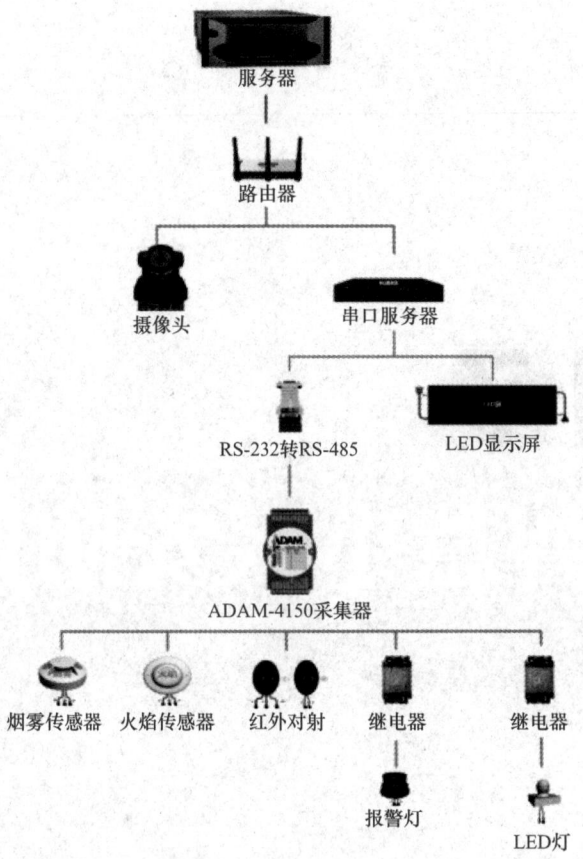

图7-1 智慧小区安防监控系统结构图

学习目标

- 会描述传感器、路由器、网络摄像头和串口服务器的用途和工作原理。
- 能列举智慧小区安防监控系统所要使用的设备。
- 能根据说明书,检查路由器、串口服务器、网络摄像头等产品的外观,清点附件,完成设备完好检测。
- 能独立识别系统结构图、电器元件布置图、安装接线图。
- 能使用虚拟仿真软件或绘图软件,完成烟雾传感器、火焰传感器、红外对射传感器、照明灯、报警灯、路由器、串口服务器、监控摄像头等设备选择和模拟连线。
- 能根据双绞线制作标准,完成网络跳线制作,并使用工具检测连通性。
- 能根据设备说明书,完成路由器、串口服务器等网络通信设备的正确安装与配置。
- 能熟练使用螺丝刀、剥线钳等常用工具完成烟雾传感器、火焰传感器、红外对射传感器、照明灯、报警灯、路由器、串口服务器、监控摄像头等设备的规范安装与接线。
- 能运用网络测试命令,完成物联网网络连通性和性能测试。

- 能使用万用表测试线路的通断，测量设备的工作电压和电流。
- 能使用系统调试工具进行故障排除与功能调试。
- 增强信息化学习意识。
- 形成自我探究意识。

任务描述

随着科技的发展和社会的进步，智慧小区安防监控系统在保障居民生活安全方面发挥着越来越重要的作用。网线作为该系统中数据传输的重要媒介，其制作与部署的规范性和有效性直接影响到整个系统的性能。本任务旨在指导和完成智慧小区安防监控系统中网线的制作。

知识准备

一、网络七层协议

OSI是一个开放性的通信系统互连参考模型。OSI模型有7层结构，如图7-2所示。每层都可以有几个子层。OSI的7层从上到下分别是7应用层、6表示层、5会话层、4传输层、3网络层、2数据链路层、1物理层。其中高层（即7、6、5、4层）定义了应用程序的功能，下面3层（即3、2、1层）主要面向通过网络的端到端的数据流。

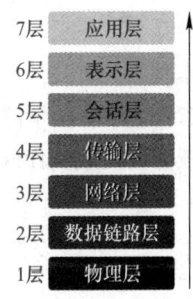

图7-2 网络7层协议

二、网线的基本概念

1. 概述

网线是连接局域网必不可少的传输介质。在局域网中常见的网线主要有双绞线、同轴电缆、光缆三种。

双绞线（Twisted Pair，TP）是一种综合布线工程中最常用的传输介质，是由两根具有绝缘保护层的铜导线组成的。把两根绝缘的铜导线按一定密度互相绞在一起，每一根导线在传输中辐射出来的电波会被另一根线上发出的电波抵消，有效降低信号干扰的程度。

按照有无屏蔽层分类，双绞线分为屏蔽双绞线（Shielded Twisted Pair，STP）与非屏蔽双绞线（Unshielded Twisted Pair，UTP）。非屏蔽双绞线是一种数据传输线，由4对不同颜色的传输线所组成，广泛用于以太网络和电话线中。

非屏蔽双绞线电缆具有以下优点：①无屏蔽外套，直径小，节省所占用的空间，成本低；②重量轻，易弯曲，易安装；③将串扰减至最小或加以消除；④具有阻燃性；⑤具有独立性和灵活性，适用于结构化综合布线。因此，在综合布线系统中，非屏蔽双绞线得到广泛应用。

2. 网线的标准

双绞线端接有两种标准：T568A和T568B，其中T568A标准为：白绿、绿、白橙、蓝、白蓝、橙、白棕、棕。T568B标准为：白橙、橙、白绿、蓝、白蓝、绿、白棕、棕。

双绞线的连接方法主要有两种：平行（直通）线缆和交叉线缆。平行（直通）线的做法是：两头同为T568A标准或T568B标准（一般用到的都是T568B平行线的做法）。交叉线的做法是：一头采用T568A标准，一头采用T568B标准。

平行线缆的水晶头两端都遵循T568B标准，双绞线的每组线在两端是一一对应的，颜色相同的在两端水晶头的相应槽中保持一致。它主要用在交换机（或集线器）Uplink口连接交换机（或集线器）普通端口或交换机普通端口连接计算机网卡上。而交叉线缆的水晶头一端遵循T568A标准，另一端则采用T568B标准，即A水晶头的1、2线序对应B水晶头的3、6，A水晶头的3、6线序对应B水晶头的1、2线序。它主要用在交换机（或集线器）普通端口连接到交换机（或集线器）普通端口或网卡连网卡上。

在综合布线工程中做水平线端接时，GB 50312接受T568B类或T568A类，但不允许同时安装，通常按T568B类端接。

任务实施

制作一根符合T568B标准的网线，连接智能家居安防监控系统中的设备，并使用网线测线仪检测网线质量，确保数据传输的可靠性。

7-1 制作网线

一、网线制作

步骤一：准备工具与材料。

参照图7-3所示的网络设备及工具，挑选网线、水晶头、压线钳、网线测试仪等物件，找出本任务要完成制作网线所需的材料和工具。

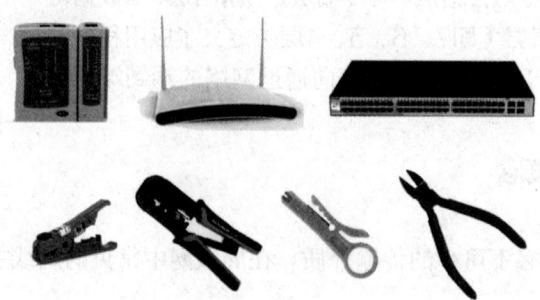

图7-3 网络设备及工具

步骤二：制作一根平行网线。

1）剪取约3m长的网线。使用压线钳的剪线刀口剪取适当长度的网线。

2）剥皮。用压线钳的剪线刀口将线头剪齐，再将线头放入剥线刀口，让线头角碰到挡板，稍微握紧压线钳慢慢旋转，让刀口划开双绞线的保护胶皮，剥除约2cm长的胶皮，如图7-4所示。

3）排序。网线剥除外包皮后，露出4对8条颜色不同的芯线，每对缠绕的两根芯线是由一根全色护套线和一根白色或半色护套线组成，将4个线对的8条芯线一一拆开，理顺，捋直，然后按照T568B规定的线序进行排列：白橙，橙，白绿，蓝，白蓝，绿，白棕，棕，如图7-5所示。

图7-4　压线钳操作

图7-5　双绞线排序

4）剪齐。把芯线尽量抻直（不要缠绕）、压平（不要重叠）、挤紧理顺（朝一个方向紧靠），用压线钳把芯线头剪平齐，如图7-6所示，长度保留约为14mm，这个长度正好能将各细导线插入各自的线槽。如果芯线留得过长，一方面会由于线对不再互绞而增加串扰，另一方面会由于水晶头不能压住护套而可能导致电缆从水晶头中脱出，造成线路的接触不良甚至中断。

5）插线。排列水晶头8根针脚：一只手以拇指和中指捏住水晶头，使有塑料弹片的一侧向下，针脚一方朝向远离自己的方向，并用食指抵住；另一只手捏住双绞线外面的胶皮，缓缓用力将8条导线同时沿RJ-45头内的8个线槽插入，一直插到线槽的顶端，如图7-7所示。

6）压制。确认所有芯线都到位，并透过水晶头检查一遍线序无误后，就可以用压线钳制作RJ-45水晶头。将RJ-45水晶头从无牙的一侧推入压线钳夹槽后，用力握紧线钳，将突出在外面的针脚全部压入水晶头内，施力之后听到一声轻微的"啪"即可，如图7-8所示。

图7-6　双绞线剪齐

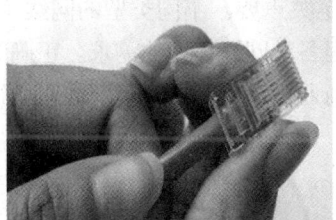
图7-7　插线

图7-8　压制

7）制作另外一端的水晶头。用同样的方法制作另一端水晶头，完成整根网线两端水晶头的制作。

二、网线测试

使用网线测试仪进行测试。将网线两端接入测试仪的两端，测试仪如图7-9所示。开启测试仪的开关，观察此时测试仪上LED指示灯的亮灭情况。如果测试仪上8个指示灯都依次为绿色闪过，证明网线制作成功。如果出现任何一个灯为红灯或黄灯，都证明存在断路或者接触不良现象，此时可以先对两端水晶头再用网线钳压一次。再次进

图7-9　网线测试仪

行测试，如果故障依旧，再检查一下两端芯线的排列顺序是否一致。如果不一致，需剪掉一端重新按另一端芯线排列顺序制作水晶头，直到测试成功为止。

不同线序制作的水晶头，在不同测试仪上的指示灯亮的顺序也不同。如果制作的是直通线，测试仪上的灯应该是依次顺序点亮，如果制作的是交叉线，那测试仪的另一端的闪亮顺序应该是3、6、1、4、5、2、7、8。

任务检查

参照任务完成情况检查表7-1，团队成员相互检查、评价。每项评价内容分五档打分，A-优秀，B-良好，C-一般，D-合格，E-不合格。

表7-1 任务完成情况检查表

检查内容	检查结果
会描述网线的用途和制作方法	A□ B□ C□ D□ E□
正确选择工具和材料	A□ B□ C□ D□ E□
正确制作双绞线	A□ B□ C□ D□ E□
双绞线制作过程符合操作规范	A□ B□ C□ D□ E□
掌握正确测试网线的方法	A□ B□ C□ D□ E□
完成任务后工具正常归位并摆放整齐	A□ B□ C□ D□ E□
完成任务后工位及周边的卫生环境整洁	A□ B□ C□ D□ E□

知识补充

网线的类型

选择适合网络需求的网线至关重要。不同类型的网线（如Cat5e、Cat6、光纤等）具有不同的性能和传输速率，可满足各种网络环境的需求。正确的选择可以确保稳定的连接和卓越的性能，不论是家庭网络还是商业用途。因此，了解这些网线类型对于构建可靠的网络基础至关重要。

1. 双绞线

Cat5e（Category 5e）：

1）最常见的网线类型之一，用于支持最高1000Mbit/s（1Gbit/s）的传输速率。

2）适用于家庭网络、小型办公室和中小型企业的基本网络连接。

3）采用四对线芯（总计8根线），支持最大频率100MHz。

Cat6（Category 6）：

1）支持最高10Gbit/s的传输速率，适用于需要更高带宽和性能的网络环境。

2）采用四对线芯，支持最大频率250MHz。

3）通常用于企业、数据中心和大型网络环境。

Cat6a（Category 6a）：

1）类似于Cat6，但性能更出色，支持最高10Gbit/s传输速率。

2）采用四对线芯，支持最大频率500MHz。

3）适用于需要更高带宽和长距离传输的高性能网络。

Cat7（Category 7）：

1）专为高性能网络设计，支持最高10Gbit/s传输速率。

2）采用四对线芯，支持最大频率600MHz。

3）使用屏蔽线对（STP）来减少干扰和提高信号质量。

Cat8（Category 8）：

1）非常高性能的网线，支持最高25Gbit/s和40Gbit/s传输速率。

2）采用四对线芯，支持最大频率2000MHz。

3）通常用于数据中心和高密度网络环境，对性能要求极高。

2．光纤网线

1）使用光纤作为传输媒介，能够支持极高的带宽和传输速度。

2）光纤网络适用于需要大量数据传输和远距离连接的场合，如跨越城市的通信和数据中心互联。

3．同轴电缆

1）用于有线电视和一些宽带互联网连接，通常具有较高的信号传输性能。

2）主要用于广播和电视行业，不适合于传输大量数据的企业网络。

知识测评

1．在网络连接中，_____网线通常用于在设备之间进行数据传输。

　　A．HDMI线　　　B．光纤线　　　C．USB线　　　D．以太网线

2．制作双绞线时，以下工具中_____用于剥除网线外部保护层。

　　A．电焊机　　　B．压线钳　　　C．压线工具　　　D．剥线钳

3．在制作双绞线时，第一步是_____。

　　A．使用剥线钳剥除外部保护层　　　B．将绝缘线对排序

　　C．使用压线工具压接连接　　　D．使用压线钳固定连接

4．在双绞线制作过程中，T568B线序是_____。

　　A．白橙－橙／白绿－蓝／白蓝－绿／白棕－棕

　　B．白橙－橙／白绿－绿／白蓝－蓝／白棕－棕

　　C．白绿－绿／白橙－橙／白蓝－蓝／白棕－棕

　　D．随意排列，顺序无关紧要。

5．在双绞线的牌号中，"Cat 6"表示_____。

　　A．该双绞线是第六代双绞线，适用于高速数据传输

　　B．该双绞线是六芯双绞线，适用于电话线路连接

　　C．该双绞线是采用了六种不同材料制造的，适用于特殊环境

　　D．该双绞线是由六根绝缘导线组成，适用于低压电路连接

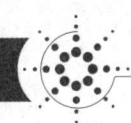

任务2 搭建局域网

任务描述

随着智慧小区的兴起,安全和监控系统变得至关重要。本任务旨在设计和搭建一个强大的局域网基础设施,局域网安装接线图如图7-10所示。需要重点关注路由器配置和串口服务器的设置,以支持智慧小区的安防监控系统。

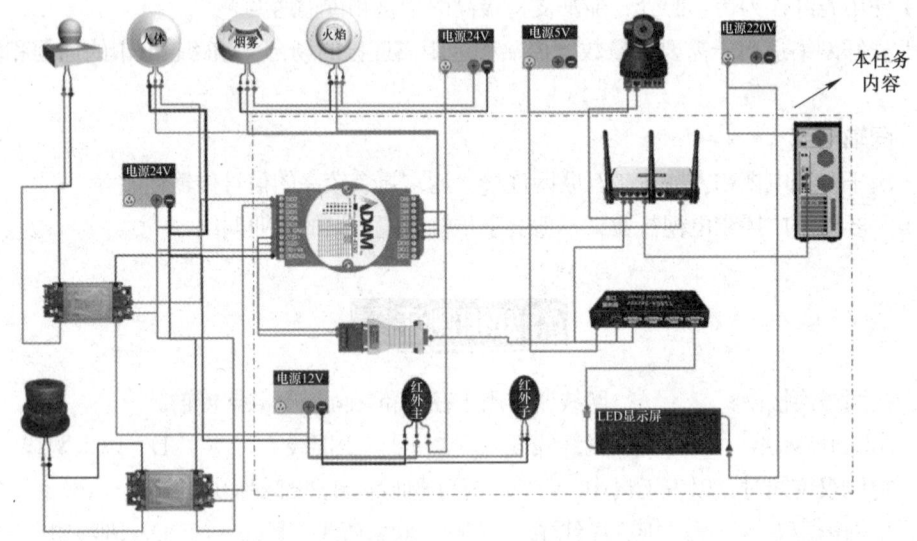

图7-10 局域网安装接线图

知识准备

一、局域网概述

1. 局域网的定义

局域网(Local Area Network,LAN)是在一个局部的地理范围内(如一个学校、工厂或机关内),一般是方圆几千米以内,将各种计算机、外部设备和数据库等互相联接起来组成的计算机通信网。它可以通过数据通信网或专用数据电路,与远方的局域网、数据库或处理中心相连接,构成一个较大范围的信息处理系统。局域网可以实现文件管理、应用软件共享、打印机共享、扫描仪共享、工作组内的日程安排、电子邮件和传真通信服务等功能。局域网严格意义上是封闭型的。它可以由办公室内几台甚至成千上万台计算机组成。决定局域网的主要技术要素为:网络拓扑、传输介质与介质访问控制方法。

2. 局域网的组成

局域网由网络硬件(包括网络服务器、网络工作站、网络打印机、网卡、网络互联设备等)、网络传输介质以及网络软件组成。

3. 局域网的特点

局域网一般为一个部门或单位所有，建网、维护以及扩展等较容易，系统灵活性高。其主要特点是：

1) 覆盖的地理范围较小，只在一个相对独立的局部范围内联，如一座建筑内或集中的建筑群内。

2) 使用专门铺设的传输介质进行联网，数据传输速率高（10Mbit/s~10Gbit/s）。

3) 通信延迟时间短，可靠性较高。

4) 可以支持多种传输介质。

4. 局域网的分类

局域网的类型很多，若按网络使用的传输介质分类，可分为有线网和无线网；若按网络拓扑结构分类，可分为总线型、星形、环形、树形、混合型等；若按传输介质所使用的访问控制方法分类，又可分为以太网、令牌环网、FDDI网和无线局域网等。其中，以太网是当前应用最普遍的局域网技术。

二、物联网的架构

综合国内各权威物联网专家的分析，可以将物联网系统划分为三个层次：感知层、网络层、应用层，并依此概括地描绘物联网的系统架构，如图7-11所示。

感知层：解决的是人类世界和物理世界的数据获取问题，被认为是物联网的核心层，主要是物品标识和信息的智能采集。它由基本的感应器件（例如，RFID标签和读写器、各类传感器、摄像头、GPS、二维码标签和识读器等基本标识和传感器件组成）以及感应器组成的网络（例如，RFID网络、传感器网络等）两大部分组成。该层的核心技术包括射频技术、新兴传感技术、无线网络组网技术、现场总线控制技术（FCS）等，涉及的核心产品包括传感器、电子标签、传感器节点、无线路由器、无线网关等。

图7-11 物联网架构

网络层：也被称为传输层，解决的是感知层所获得的数据在一定范围内，通常是长距离的传输问题。主要完成接入和传输功能，是进行信息交换、传递的数据通路，包括接入网与传输网两种。接入网包括光纤接入、无线接入、以太网接入、卫星接入等接入方式，实现底层的传感器网络、RFID网络的最后一千米的接入。传输网由公网与专网组成，典型的传输网络包括电信网（固网、移动网）、广电网、互联网、电力通信网、专用网（数字集群）。

应用层：也可称为处理层，解决的是信息处理和人机界面的问题。网络层传输而来的数据在这一层里进入各类信息系统进行处理，并通过各种设备与人进行交互。处理层由业务支撑平台（中间件平台）、网络管理平台（例如，M2M管理平台）、信息处理平台、信息安全平台、服务支撑平台等组成，完成协同、管理、计算、存储、分析、挖掘以及提供面向行业和大众用户的服务等功能。典型技术包括中间件技术、虚拟技术、高新技术、云计算服务模式、SOA系统架构方法等。

在各层之间，信息不是单向传递的，可有交互、控制等。所传递的信息多种多样，包括在特定应用系统范围内能唯一标识物品的识别码和物品的静态与动态信息。尽管物联网在智能工业、智能交通、环境保护、公共管理、智能家庭、医疗保健等经济和社会领域的应用特点千差万别,但是每个应用的基本架构都包括感知、传输和应用三个层次,各种行业和各种领域的专业应用子网都是基于三层基本架构构建的。

三、路由器

1. 路由器的介绍

路由器(Router)是连接互联网中各局域网、广域网的设备。它会根据信道的情况自动选择和设定路由,以最佳路径,按前后顺序发送信号,被视为互联网络的枢纽——"交通警察"。常见的路由器如图7-12所示。

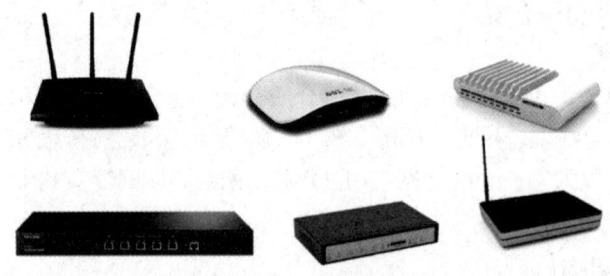

图7-12 常见的路由器

路由器(Router)又称网关设备(Gateway),用于连接多个逻辑上分开的网络。所谓逻辑网络是代表一个单独的网络或者一个子网。当数据从一个子网传输到另一个子网时,可通过路由器的路由功能来完成。因此,路由器具有判断网络地址和选择IP路径的功能。它能在多网络互联环境中建立灵活的连接,可用完全不同的数据分组和介质访问方法连接各种子网。路由器只接受源站或其他路由器的信息,属网络层的一种互联设备。

2. 路由器的结构

普通路由器有如下几个外部结构:

1)电源接口(POWER):接口连接电源。

2)复位键(RESET):此按键可以还原路由器的出厂设置。

3)交换机或者猫(MODEM)与路由器连接口(WAN):此接口用一条网线与家用宽带调制解调器(或者与交换机)进行连接。

4)计算机与路由器连接口(LAN1~4):此接口用一条网线把计算机与路由器进行连接。

需注意的是:WAN口与LAN口一定不能接反。

家用无线路由器和有线路由器的IP地址根据品牌不同,主要有192.168.1.1和192.168.0.1两种。

IP地址、登录名称与密码一般标注在路由器的背面。

登录无线路由器网有的出厂默认登录账户:admin,登录密码:admin/空。

3. 路由器的作用

1)连接不同的网络。对于结构复杂的网络,使用路由器可以提高网络的整体效率。路由器的另外一个明显优势就是可以自动过滤网络广播。总体上,在网络中添加路由器的整个安装过程要比即插即用的交换机复杂很多。

2)信息传输。所谓"路由"是指把数据从一个地方传送到另一个地方的行为和动作,而路由器正是执行这种行为动作的机器。它的英文名称为Router,是一种连接多个网络或网段的网络设备,它能将不同网络或网段之间的数据信息进行"翻译",使它们能够相互"读懂"

对方的数据，从而构成一个更大的网络。

4. 路由器的种类

按照路由器的功能，可以将路由器分为宽带路由器、模块化路由器、非模块化路由器、虚拟路由器、核心路由器、无线网络路由器等。

任务实施

根据项目2安装火灾报警系统装置，增加家居安防监控系统，搭建局域网。根据系统结构图绘制虚拟仿真连线图，利用万用表检测并确保线路正常连通。

7-2 搭建局域网　　7-3 LED显示屏安装与调试

一、模拟连线

使用"物联网云仿真实训平台"软件完成智能家居安防监控系统的搭建。

步骤一：设备选型。

本任务中用到的部分设备之前未使用过，包括红外（子）传感器、红外（主）传感器、串口服务器、LED显示屏、无线路由器，如图7-13所示。

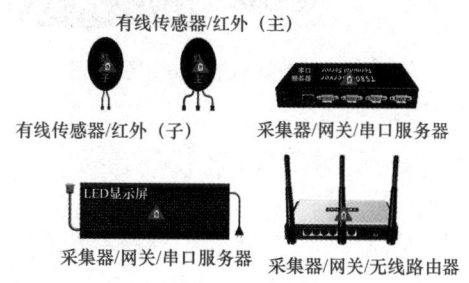

图7-13　物联网设备

步骤二：线路连接。

对照图7-14实现智能家居硬件连接。

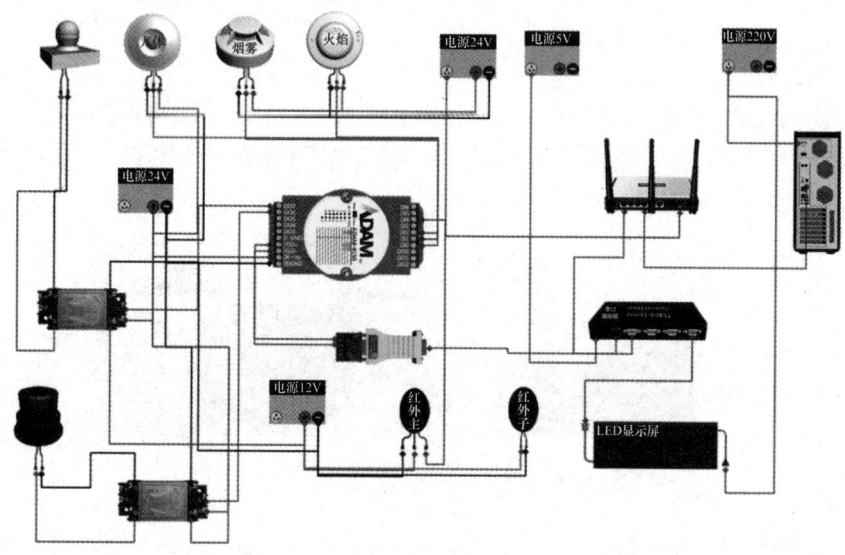

图7-14　智能家居安防监控系统线路连接

步骤三：功能测试。

单击"模拟实验"按钮，测试连接状态是否正常，功能是否正常。如果正常，最直观的现象是火焰和烟雾传感器上会显示"正常"两字，说明环境状态正常。

二、设备搭建

步骤一：设备选型。

参照如图7-15所示的物联网设备，认识物联网网络层设备，挑选路由器、串口服务器。逐一说出设备的名称，并找出属于物联网网络层的设备，最后挑出本任务要安装的路由器和串口服务器进行外观检查，根据产品说明书完成设备完好检测。

根据各个设备类型、大小等因素在电器元件布置图上合理设计布局。

图7-15　物联网相关网络层设备

步骤二：安装与配置路由器。

（1）重置路由器

1）选择路由器的适配器。

2）将适配器接入路由器电源口。

3）将适配器接入220V电源。

4）接入电源后长按路由器中的Reset按钮（约20s），复位路由器。此时电源灯闪烁表示路由器开始复位。

5）将计算机IP设置成192.168.0网段，使用浏览器打开"http://192.168.0.1/"地址，如果成功显示，则表示路由器正常。

（2）安装路由器

先用M3×14螺钉将亚克力板安装到路由器背面，注意要加垫片，如图7-16所示。接着在设备台子背面用M3螺母（注意加不锈钢垫片）将路由器固定在工位架子上。最后，连接路由器的电源适配器，为路由器供电。

图7-16　路由器安装示意图

（3）重新配置路由器

1）打开浏览器，输入192.168.0.1。用户名：admin，密码：空，进入路由器配置画面。

2）配置路由器IP地址，如图7-17所示。

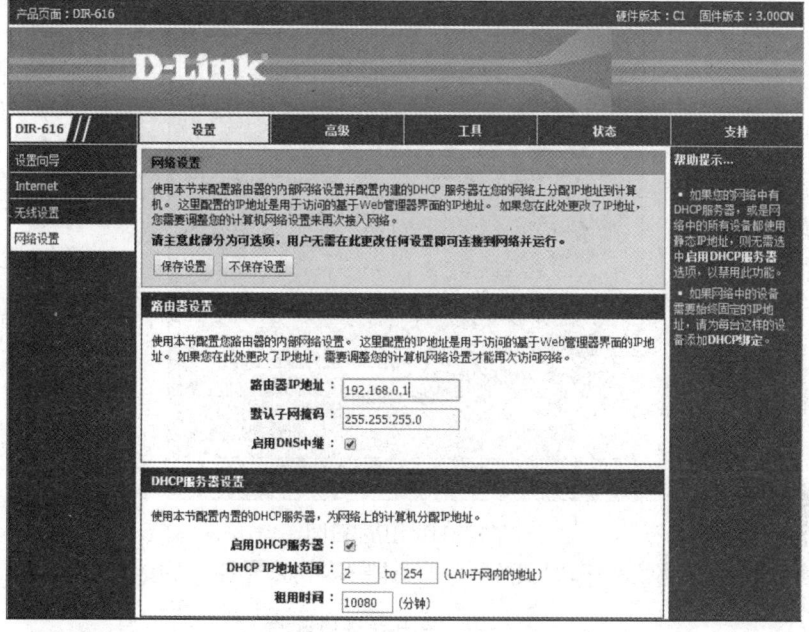

图7-17　路由器网络设置

3）配置路由器无线网络名称、无线加密方式。例如，WiFi名称为：newland55，密码为：123456789，如图7-18所示。

图7-18　路由器无线设置

4)设置主机IP地址,如图7-19所示。参考表7-2,修改主机的IP地址。

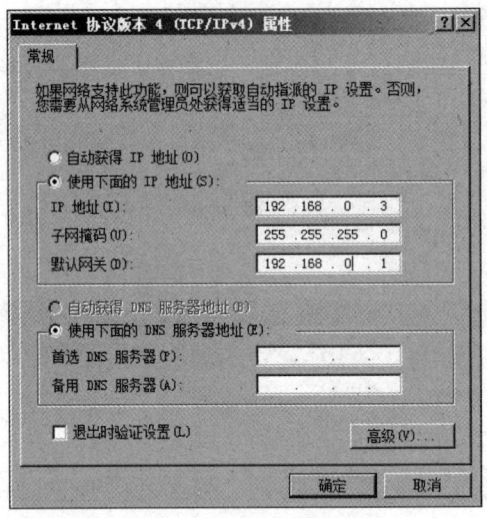

图7-19 IP配置图

5)参考表7-2,用网线将串口服务器、服务器PC、客户机PC连接到路由器的LAN接口。

表7-2 路由器接口配置

序号	设备	LAN端口
1	串口服务器	LAN0
2	服务器PC	LAN1
3	客户机PC	LAN2

6)参考表7-3,设置局域网各设备的IP。

表7-3 IP地址分配表

序号	设备	IP地址
1	路由器	192.168.0.1
2	串口服务器	192.168.0.2
3	服务器PC	192.168.0.3
4	客户机PC	192.168.0.4

7)使用手机测试是否能正确连接WiFi。

三、安装并配置串口服务器

1. 外观检查

观察串口服务器外观是否有破损,电源适配器的导线是否有破损等情况,实物图如图7-20所示。

图7-20 串口服务器实物图

步骤一:安装串口服务器。

1)用M4×16十字盘头螺钉将串口服务器安装到工位上,注意在设备台子背面加不锈钢垫片(M4×10×1)。

2)连接串口服务器电源适配器,为串口服务器供电。

3)使用网线连接串口服务器与主机,网线一端接串口服务器的Ethernet端口,另一端接主机的网线接口。

步骤二：配置串口服务器。

1）安装串口服务器驱动软件。双击串口服务器驱动软件"vser"，如图7-21所示，进行安装。

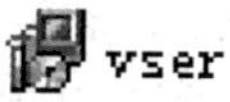

图7-21 串口服务器驱动软件

2）安装后，单击"运行"按钮，单击"扫描"按钮，扫描串口服务器的IP地址，如图7-22所示。

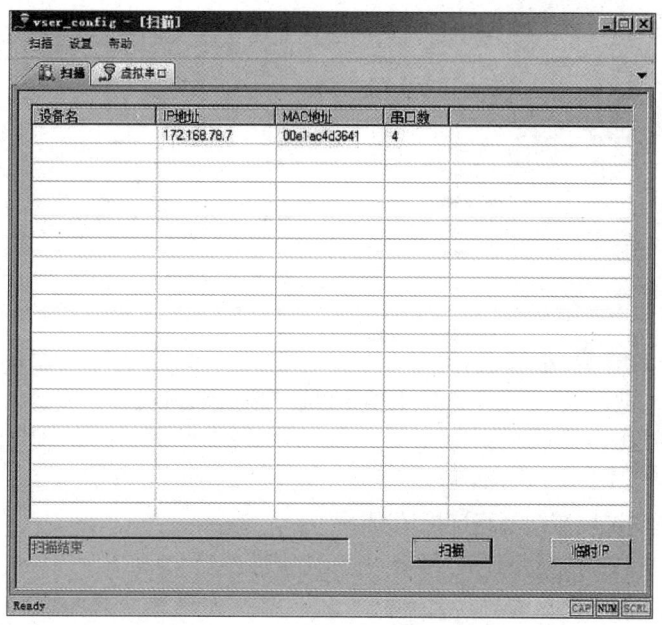

图7-22 扫描串口服务器的IP地址

3）配置临时IP（一般和主机IP在同一个网段，以确保计算机能访问到），如图7-23所示。所设置的IP参考表7-3。

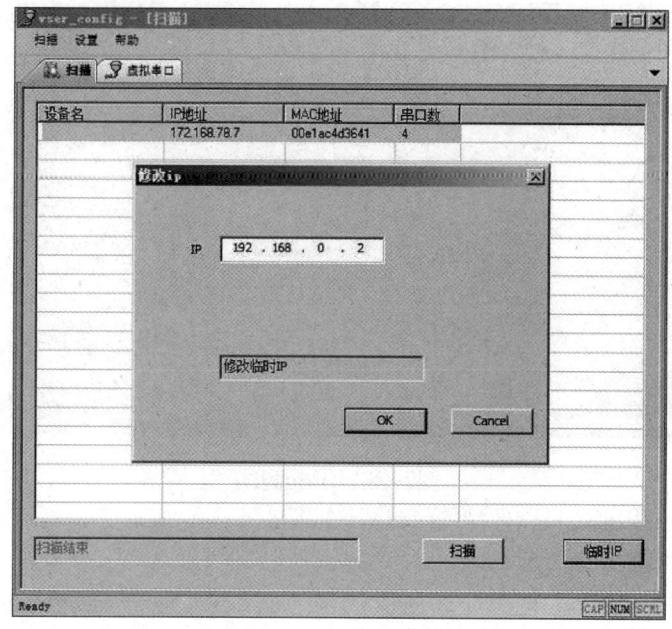

图7-23 配置串口服务器IP

4）访问刚才配置的串口服务器IP，并检查相关配置是否正常，如图7-24所示。

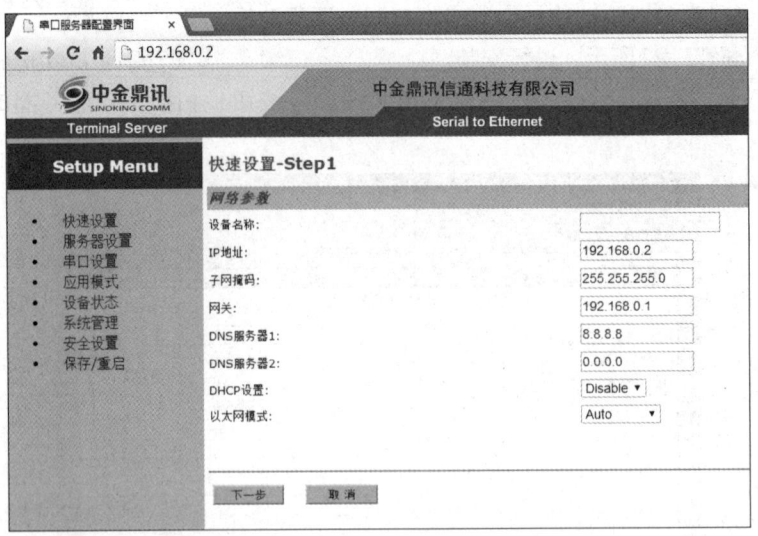

图7-24 检查串口服务器相关配置

5）使用网线连接串口服务器与路由器，网线一端接串口服务器的Ethernet端口，另一端接路由器的LAN0端口。

步骤三：通电测试局域网网络连接情况。

1）将实训工位的稳压电源开关开启，开启计算机。

2）测试局域网网络连接情况。

方法1：使用cmd命令行中的ping IP命令，逐一检测主机与其余局域网设备的连接情况，如图7-25所示。

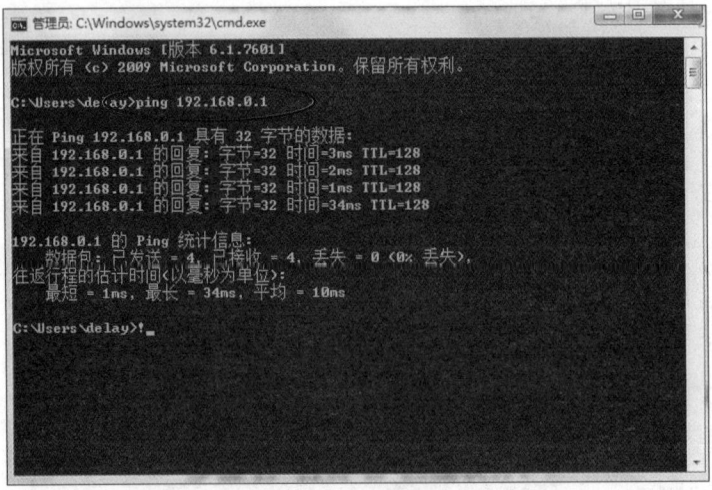

图7-25 ping测试

方法2：使用IP扫描工具软件测试局域网连接情况。

1）打开IP扫描软件。

2）修改IP扫描的网段，如图7-26所示。

3）单击Scan按钮，开始扫描局域网连接情况。

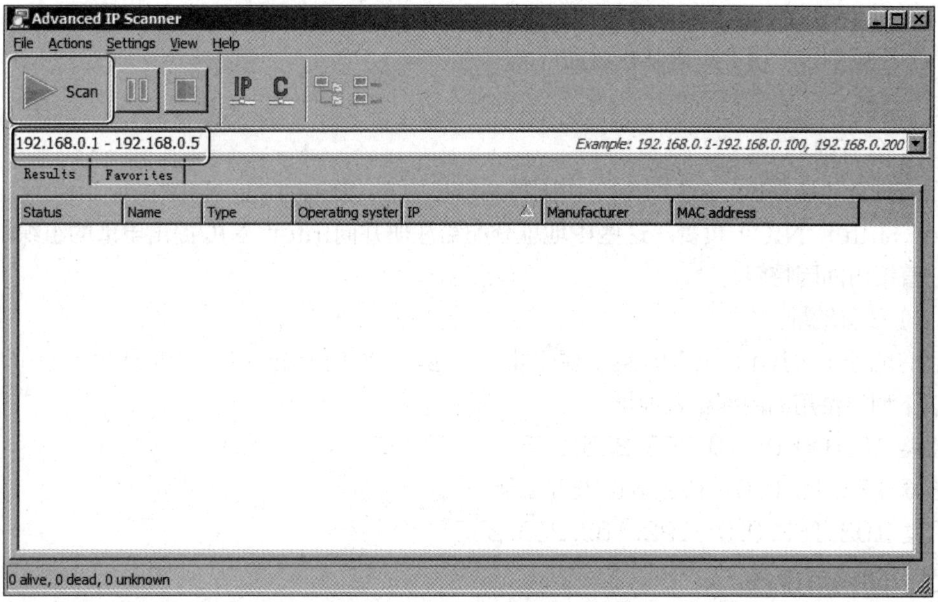

图7-26 IP扫描软件使用界面

任务检查

参照任务完成情况检查表7-4，团队成员相互检查、评价。每项评价内容分五档打分，A-优秀，B-良好，C-一般，D-合格，E-不合格。

表7-4 任务完成情况检查表

检查内容	检查结果
会描述传感器、路由器、网络摄像头和串口服务器的用途和工作原理	A□ B□ C□ D□ E□
能根据工作指导手册，正确分辨路由器、串口服务器、摄像头设备	A□ B□ C□ D□ E□
能根据产品说明书准确检测进场设备的完整性和完好性	A□ B□ C□ D□ E□
能正确选用螺钉、垫片和螺母，合理使用螺丝刀、剥线钳等安装工具，在说明书的指导下规范安装路由器、串口服务器等设备	A□ B□ C□ D□ E□
正确配置路由器、串口服务器完成局域网的搭建	A□ B□ C□ D□ E□
能识读安装接线图正确完成设备连线	A□ B□ C□ D□ E□
线缆连接正确、牢固、规范，无露铜现象	A□ B□ C□ D□ E□
能使用数字万用表测试线路的通断以及设备的通电电压（工位的设备供电电压）	A□ B□ C□ D□ E□
能使用IP扫描工具软件测试局域网连接情况	A□ B□ C□ D□ E□
完成任务后工具正常归位并摆放整齐	A□ B□ C□ D□ E□
完成任务后工位及周边的卫生环境整洁	A□ B□ C□ D□ E□

知识补充

一、IP地址

1. 概述

IP地址（Internet Protocol Address）是指互联网协议地址，又称为网际协议地址。

IP地址是IP协议提供的一种统一的地址格式,它为互联网上的每一个网络和每一台主机分配一个逻辑地址,以此来屏蔽物理地址的差异。

2. 类型

(1) 公有地址

公有地址(Public Address)由因特网信息中心(Internet Network Information Center,Inter NIC)负责。这些IP地址分配给注册并向Inter NIC提出申请的组织机构。通过它直接访问因特网。

(2) 私有地址

私有地址(Private Address)属于非注册地址,专门为组织机构内部使用。

以下列出留用的内部私有地址:

A类 10.0.0.0~10.255.255.255

B类 172.16.0.0~172.31.255.255

C类 192.168.0.0~192.168.255.255

二、网络层设备

1)物联网网络层设备:物联网系统通常包括三个层次,其中网络层是重要的一环。在网络层中,使用多种设备和技术,包括路由器和串口服务器,来构建一个稳定和高效的局域网。

2)路由器的作用:路由器是网络层的关键设备,负责连接不同的网络,并根据网络地址选择最佳路径来转发数据包。在局域网中,路由器的配置对于内部和外部网络之间的数据传输至关重要。它支持不同类型的网络,如宽带、以太网和互联网。

3)串口服务器的作用:串口服务器是另一个网络层设备,允许将串口设备连接到局域网,将串口数据转换为TCP/IP数据,从而实现远程通信。它在局域网中的应用领域广泛,如门禁系统、考勤系统、POS系统等。

知识测评

1. 选择物联网路由器时,以下因素中最优先考虑的是_____。
   A. 路由器的颜色　　　　　　　　B. 路由器的尺寸
   C. 路由器支持的无线标准　　　　D. 路由器的外观设计
2. 在配置物联网路由器时,以下安全设置最为重要的是_____。
   A. 启用远程管理功能　　　　　　B. 使用默认管理员用户名和密码
   C. 启用WPA2加密　　　　　　　　D. 关闭防火墙
3. 在IPv4地址中,以下属于C类私有IP地址范围的是_____。
   A. 10.0.0.0 - 10.255.255.255
   B. 172.16.0.0 - 172.31.255.255
   C. 192.168.0.0 - 192.168.255.255
   D. 169.254.0.0 - 169.254.255.255
4. 在DHCP(动态主机配置协议)中,以下步骤是客户端设备与DHCP服务器之间的通信过程的是_____。

A．持续监听广播消息　　　　　　B．请求IP地址
C．分配IP地址　　　　　　　　　D．分配子网掩码

5．以下描述中最准确地解释了执行ping 192.168.0.1命令的目的的是_____。

A．发送数据包到192.168.0.1并测量往返时间

B．尝试建立与192.168.0.1的SSH连接

C．查询192.168.0.1的DNS记录

D．向192.168.0.1发送ARP请求

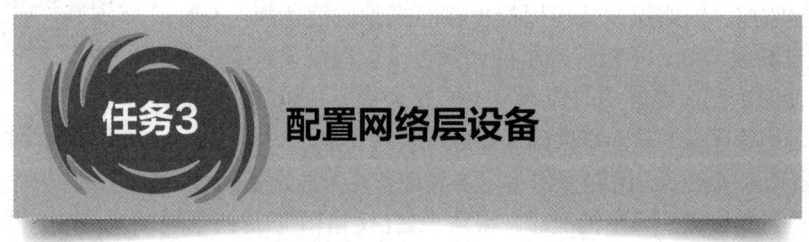

任务3　配置网络层设备

任务描述

进一步认知物联网网络层设备；正确配置路由器并开启WiFi模式；正确配置网络摄像头，使用摄像头拍照、定期拍摄视频，同时上传至FTP服务器中。系统安装接线图如图7-27所示。

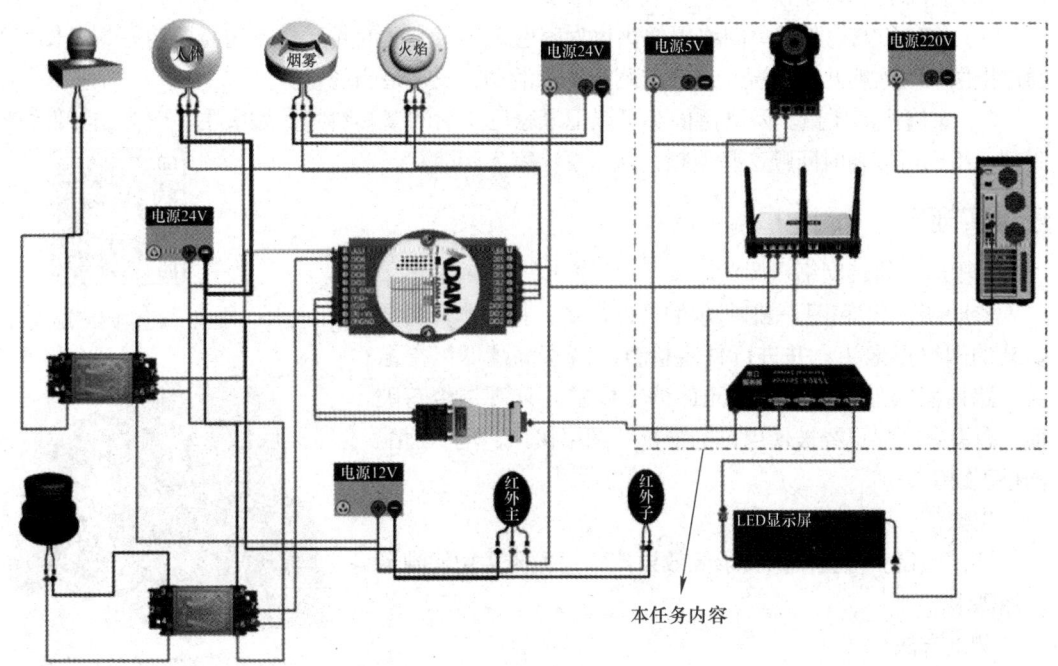

图7-27　网络层设备安装接线图

知识准备

一、网络摄像头

1. 概述

网络摄像头简称WEBCAM，英文全称为WEB CAMERA，是具备传统摄像机的图像捕捉功能并与网络视频技术相结合的新一代产品。网络摄像头设备如图7-28所示。

2. 作用

网络摄像头在日常生产生活中广泛使用，具备以下几点作用：

1）视频监控。网络摄像头可以提供实时视频监控功能，允许家庭居民通过智能手机、平板计算机或计算机来远程监控家庭内外的情况。这使家庭居民能够实时查看家中的安全状况，如门口、院内、客厅、卧室等区域，从而帮助确保家庭成员的安全。

图7-28 网络摄像头

2）防盗和入侵检测。网络摄像头可与其他智能家居设备集成，如门窗传感器、运动检测器等。当这些设备检测到异常情况时，摄像头会自动拍摄照片或录制视频，以提供进一步的信息，帮助家庭主人警惕潜在的入侵者。

3）云存储和警报功能。通过将网络摄像头与云存储服务相结合，用户可以随时随地访问之前录制的视频，无须担心录像材料丢失。网络摄像头还可以发送警报通知，如移动应用程序通知、电子邮件或短信，以及触发警报音响或灯光等功能。

4）家庭自动化。网络摄像头可以成为家庭自动化系统的一部分，通过智能家居控制中心或智能助手（如语音助手）控制。用户可以通过声音或应用程序指示摄像头执行特定操作，如打开或关闭监控，调整镜头位置，或录制视频。

5）儿童和宠物监护。网络摄像头也为家庭提供了方便的儿童和宠物监护功能。家长可以通过摄像头观察婴儿的情况，或者监测宠物的活动，无须亲临现场。

6）家庭生活质量。网络摄像头可以记录家庭生活的精彩瞬间，如庆生、聚会和其他特殊时刻。用户可以随时回顾这些视频，并分享给家人和朋友。

任务实施

步骤一：挑选网络摄像头。

参照图7-28和图7-29所示的几件设备，找出本任务要安装的网络摄像头，并进行外观检查。观察高清网络摄像头、路由器的品牌是否符合元件清单要求，外观是否有破损，有没有明显已经被使用过的痕迹，网络接口、电源适配器是否缺失等。

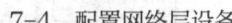

7-4 配置网络层设备

步骤二：功能检测。

测试项目：检验摄像头录像效果，确保摄像头功能满足产品需求。

测试方法：

1）摄像头与测试卡距离：80~100cm。

图7-29 物联网相关设备

2）将待测试的摄像头装上机器，开机，连接计算机，计算机上弹出PC Camera。

3）打开测试软件AMCap.exe，设置图像大小为640×480。

设置方法：执行"Options"→"Video Capture Pin…"→"输出大小"命令，选择640×480，单击"确定"按钮，如图7-30所示。

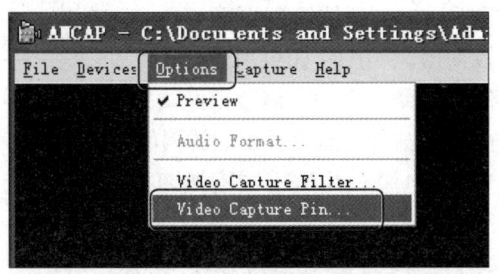

图7-30 视频捕捉设置

合格的效果：画面线条清晰，能看清楚300线，上下左右四个角的图形中间有轻微水波纹闪动，如图7-31所示。

a)
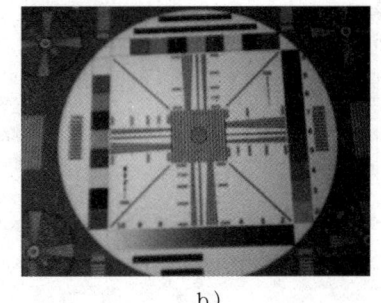
b)

图7-31 合格效果图

a）清晰效果图 b）模糊效果图

网络摄像头测试标准见表7-5。

表7-5 网络摄像头测试标准

摄像头像素（万）	到测试卡的距离	最低要求（看清楚线）	测试卡大小
30	60cm	250	70×55
130	80~90cm	280	70×55
200	120cm	300	70×55
300	150cm	—	70×55

步骤三：配置无线路由器。

配置路由器无线网络名称、无线加密方式。例如，WiFi名称为：newland55，密码为：123456789。可参考本项目任务2的相关操作内容。参考表7-6，设置局域网各设备的IP。

表7-6 设备IP分配表

序号	设备	IP地址
1	路由器	192.168.0.1
2	串口服务器	192.168.0.2
3	服务器PC	192.168.0.3
4	客户机PC	192.168.0.4

WiFi设置成功后,使用手机测试是否能正确连接WiFi。

步骤四:配置网络摄像头。

在计算机上安装监控摄像头配套软件,安装摄像头驱动和插件,如图7-32所示。在配置管理页面下通过软件的"设备搜索"查找到摄像头IP。如果需要修改摄像头的网段,则进入摄像头IP修改页面,修改摄像头IP,并重启摄像头;然后在视频浏览页面查看添加的摄像头,双击打开视频。

图7-32 网络摄像头插件安装

把网线接入摄像头,接通电源,并按下重置按钮重置摄像头。打开安装好的驱动软件ipcam setup,如图7-33所示。

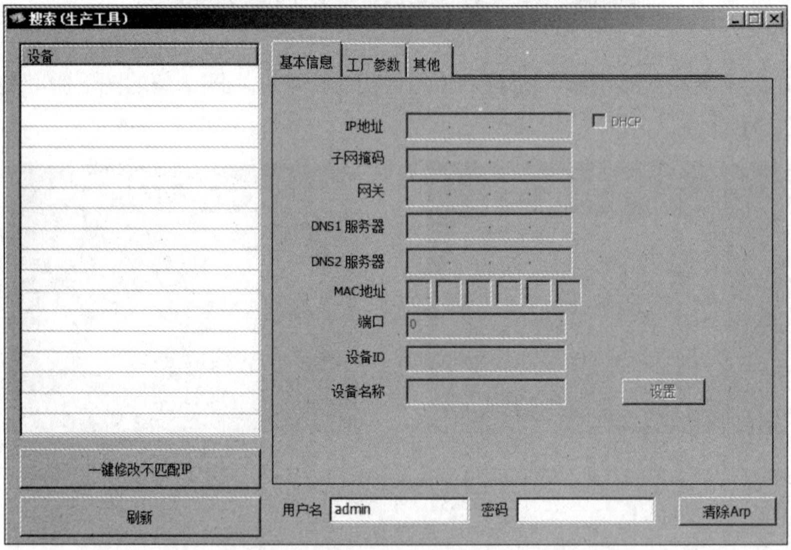

图7-33 网络摄像头IP扫描工具

单击"刷新"按钮,如图7-34所示。

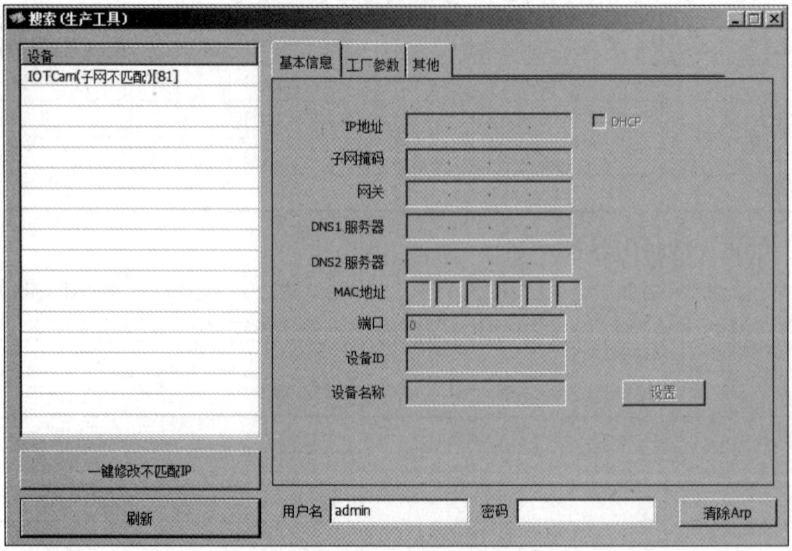

图7-34 IoT Cam设备

设置摄像头IP地址与端口，如图7-35所示。

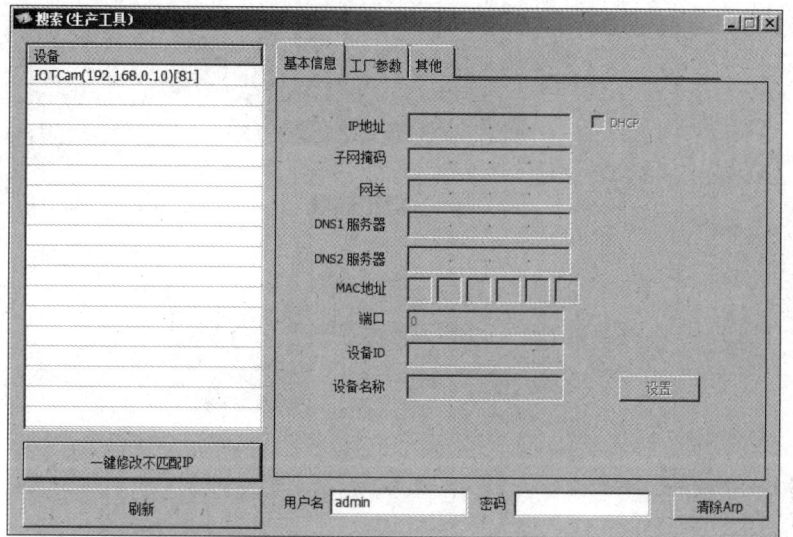

图7-35 IoT Cam IP设置

稍微等待几分钟后打开浏览器，访问http://192.168.55.6/，用户名为admin，密码为空，选择语言为"简体中文"，如图7-36和图7-37所示。

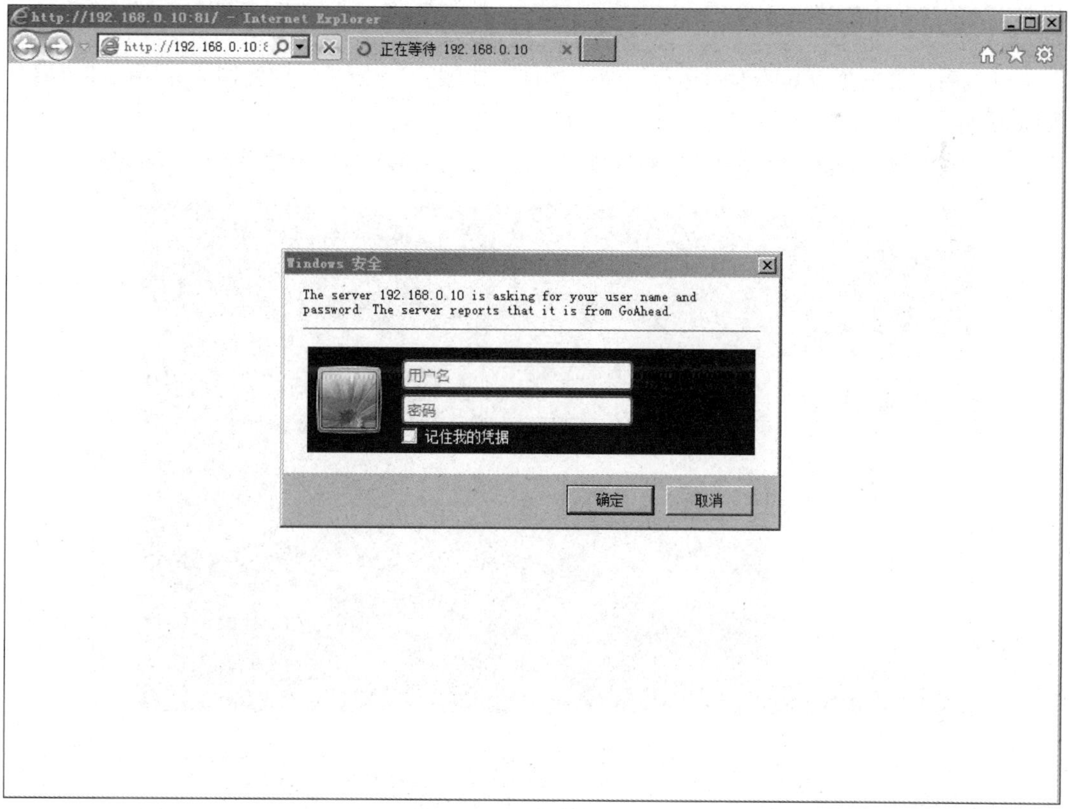

图7-36 登录界面

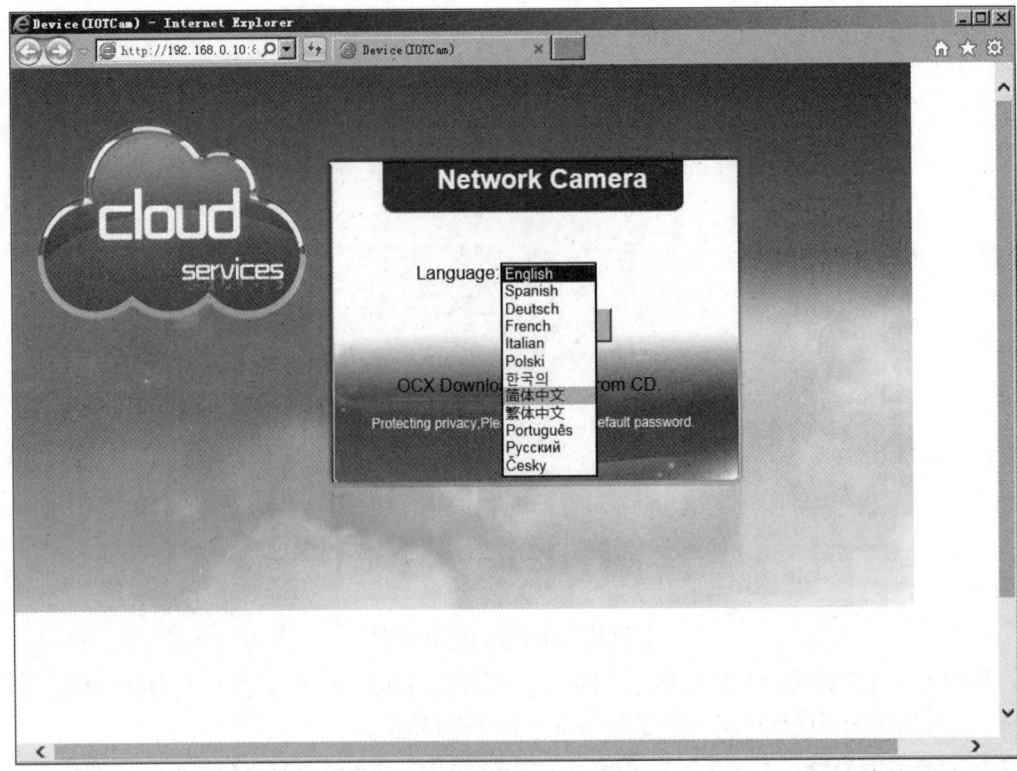

图7-37 语言选择

进入后,根据浏览器的提示运行摄像头插件,如图7-38所示,重新刷新界面后即可显示摄像头画面,如图7-39所示。

图7-38 登录成功界面

图7-39　网络摄像头驱动程序安装成功

在网络摄像头的配置页面中，选择连接WiFi连接模式，输入WiFi名称和密码，配置完成后重启摄像头。

步骤五：网络摄像头安装与布线。

1）用M4×16十字盘头螺钉将摄像头的底座安装到设备台子上，注意在设备台子背面加不锈钢垫片（M4×10×1），如图7-40所示。

2）将摄像头安装到摄像头的底座上。

3）给摄像头通电，将摄像头的电源适配器接入摄像头的电源接口，如图7-41所示。

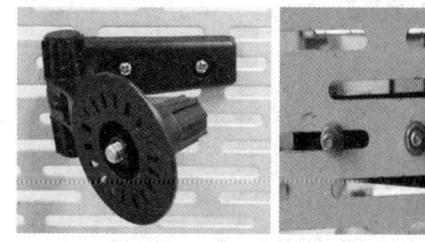 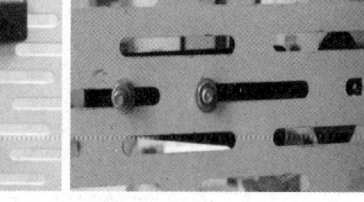 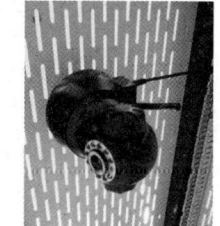

图7-40　摄像头底座安装　　　　　　　　图7-41　摄像头供电

摄像头在安装时要考虑视野范围、高度和角度，注意安装位置覆盖所需监控区域，避免死角，避免将摄像头直接暴露在强烈的阳光或强烈的光线下，以免影响图像质量。在户外安装时，摄像头需要防水、防尘，确保能够抵御恶劣天气条件的影响。

步骤六：使用摄像头拍照。

1）进入摄像头监控画面。在网页中登录摄像头的IP，输入账号和密码。

2）使用摄像头拍照。在摄像头监控画面，调节摄像头的上下左右，将镜头移动到要拍摄的画面，并调节好焦距，得到清晰的画面，单击拍摄，完成拍照操作，将文件保存到E盘文件中。

步骤七：使用摄像头定期拍摄视频。

1）进入摄像头监控画面。

2）使用摄像头定期拍摄视频。

在摄像头监控画面，调节摄像头的上下左右，将镜头移动到要拍摄的画面，并调节好焦距，得到清晰的画面，设置拍摄视频的间隔时间以及视频保存路径，单击拍摄，完成定期拍摄视频操作，将文件保存到E盘文件中。

步骤八：上传摄像头拍摄的照片和视频至FTP服务器中。

1）打开E盘文件，找到上述操作之后保存的图片和视频。

2）复制图片和视频。

3）打开FTP服务器，输入账号和密码，进入文件夹后，粘贴到FTP文件中。

任务检查

参照任务完成情况检查表7-7，团队成员相互检查、评价。每项评价内容分五档打分，A-优秀，B-良好，C-一般，D-合格，E-不合格。

表7-7 任务完成情况检查表

检查内容	检查结果
能列举智慧小区安防监控系统所要使用的设备	A□ B□ C□ D□ E□
正确配置摄像头IP地址，完成局域网的入网操作	A□ B□ C□ D□ E□
能正确将摄像头拍摄画面上传至FTP服务器	A□ B□ C□ D□ E□
完成任务后工具正常归位并摆放整齐	A□ B□ C□ D□ E□
完成任务后工位及周边的卫生环境整洁	A□ B□ C□ D□ E□

知识测评

1. 在选择网络摄像头时，以下因素中最重要的是_____。
   A．设备的尺寸和外观　　　　　B．设备的分辨率和视频质量
   C．设备的品牌和价格　　　　　D．设备的连接接口和网络兼容性
2. 在选择网络摄像头时，以下功能中最能提高设备的安全性的是_____。
   A．远程访问和控制　　　　　　B．自动曝光调整
   C．数字图像稳定技术　　　　　D．微调变焦和对焦功能
3. 安装网络摄像头时，以下因素中最可能影响摄像头的清晰度的是_____。
   A．设备的外观设计　　　　　　B．摄像头的颜色
   C．设备的连接接口　　　　　　D．摄像头的调整和对焦
4. 网络摄像头常用于安全应用中的_____。
   A．风险投资　　B．网络游戏　　C．家庭安防　　D．音频制作
5. 在安装网络摄像头时，应该选择_____电源供应方式。
   A．电池供电　　　　　　　　　B．太阳能供电
   C．直接插入电源插座　　　　　D．USB供电

项目评价

根据物联网设备安装调试岗位能力要求,由学生、同伴、教师、企业专家等进行多元评价。每项评价内容分五档打分,A-优秀,B-良好,C-一般,D-合格,E-不合格。

评价内容	自评	同伴	教师	企业专家
能根据工作指导手册,正确分辨感知传感类、网络通信类、执行类设备				
能根据说明书等,检查产品外观,清点附件,完成设备完好检测				
能识读系统结构图、电器元件布置图、安装接线图				
能使用网线钳和网线测试仪制作网线				
能使用常用安装工具规范安装传感器、执行终端、网络通信等相关设备				
能根据工作指导手册配置路由器,搭建局域网				
能根据安装接线图,使用线缆规范连接设备,并保证设备正常供电				
会使用万用表等测量工具测试线路的通断,测量设备的工作电压和电流				
会使用调试软件与工具进行系统故障排除与功能调试				
具备一定的信息技术能力,掌握基础的通信技术,办公软件的使用				
具备一定的安全意识和整理意识,确保施工过程中人身安全和设备安全				

能力拓展

拓展任务:接入人体、火焰无线传感器,代替原有的有线传感器

将无线传感器加入智慧小区安防监控系统,替换掉原有的有线传感器,优化系统搭建。使用如图7-42和图7-43所示的无线ZigBee人体传感器和火焰传感器读取数据,通过无线网络进行数据传输。

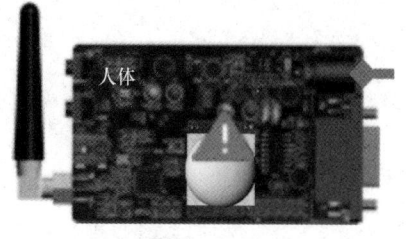

图7-42 人体无线传感器

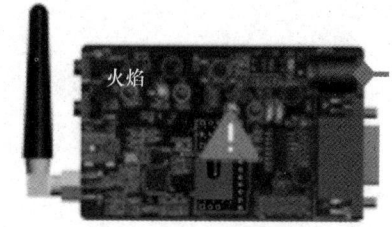

图7-43 火焰无线传感器

项目完成情况描述

存在问题描述

心得体会

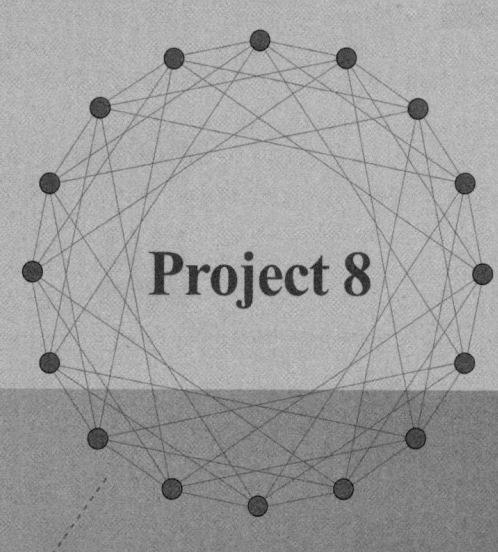

Project 8

项目 8
安装智能家居环境监测系统

项目描述

随着物联网、云计算、大数据等技术的快速发展，家居系统控制越来越智能，大大提升了人们的体验感，其中智能家居环境监测系统的重要性更加凸显。一个完整的智能家居环境监测系统主要包括环境信息采集、环境信息分析与控制执行三部分。本项目中智能家居环境监测系统结构设计如图8-1所示，主要包含光照度传感器、氧气传感器、PM2.5传感器等多款环境监测传感器、ADAM-4017模拟量采集器、ADAM-4150数字量采集器、转换器、高频读写器、网关、路由器、云平台、继电器、报警灯和风扇，具有监测灵敏度高、可远程监控、数据可存储等特点。

通过学习本项目，能根据智能家居环境监测系统安装接线图，选用合适的工具规范安装模拟量采集器及相关设备、数字量采集器及相关设备、网关、路由器等相关网络设备，使用线缆实现设备之间的连接，在安装与调试过程中能使用工具测试系统情况，登录云平台获取数据并设置控制指令。

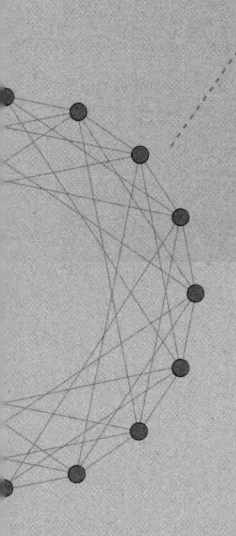

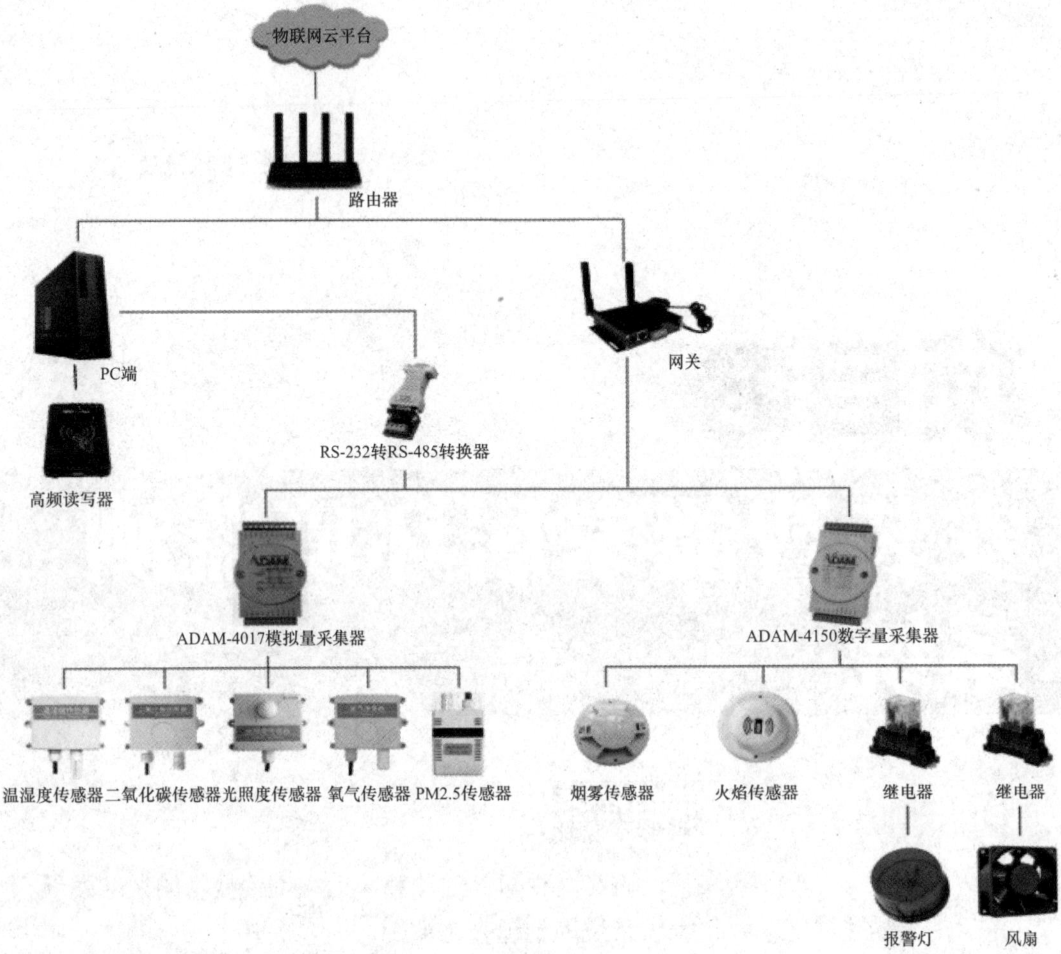

图8-1 智能家居环境监测系统结构设计

学习目标

- 能列举智能家居环境监测系统所要使用的设备。
- 能根据说明书、发货单、合格证等,检查产品外观、清点附件,完成设备完好检测。
- 能根据安装接线图,自主设计电器元件布置图,合理布局,完成模拟量采集器、数字量采集器及相关设备的正确安装与调试。
- 能自主使用万用表测试线路的通断,测量设备的工作电压和电流。
- 能根据物联网网关说明书,完成物联网网关的安装与连接。
- 能注册物联网云平台及认证账户。
- 能在物联网云平台上正确配置设备接入参数。
- 能在物联网云平台上获取上行数据。
- 能在物联网云平台上发送下行控制指令。

- 增强语言归纳能力和书面、口头表达力。
- 增强沟通交流意识。

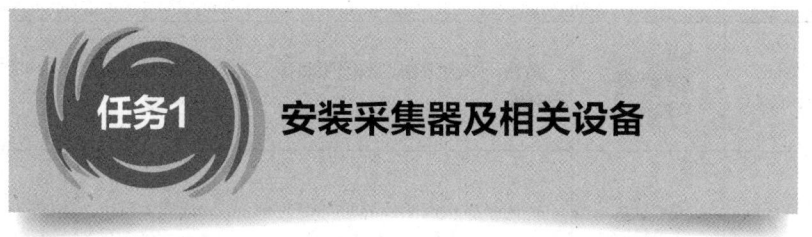

任务描述

智能家居环境监测系统安装接线图如图8-2所示。本任务需要认知和辨别光照度传感器、氧气传感器和PM2.5传感器等设备。再根据系统安装接线图，安装采集器及相关设备。在此基础上，理解数据传输过程。

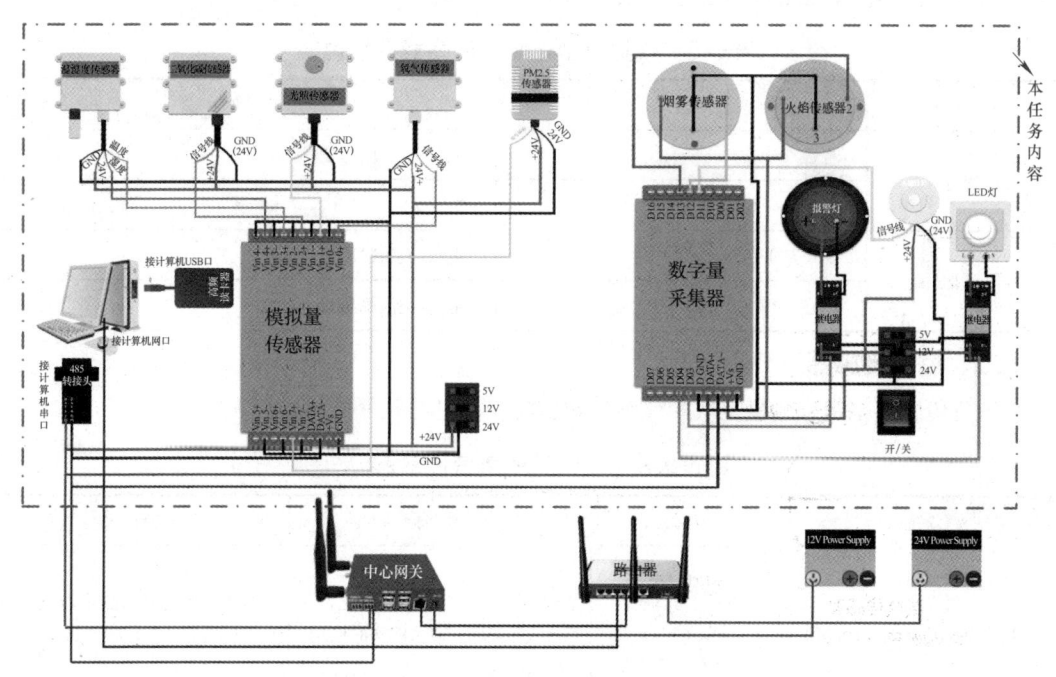

图8-2 智能家居环境监测系统安装接线图

知识准备

一、光照度传感器

光照度传感器也叫光照度变送器，用于检测光照强度，再将光照强度值转换成电信号，输出数值计量单位为lx。光照度变送器在多个行业中都有一定的应用，如农业大棚、大街上的路灯以及自动化气象站等环境的光照度监测。

常见的光照度传感器见表8-1。

表8-1 常见的光照度传感器

名称	外观	适用场所	特点
光照度传感器（JXBS-3001-GZ）		适用于农业大棚、车间照明等工农业环境	具有高灵敏度、抗干扰性强、性能稳定等特点
百叶箱光照度变送器（OSA）		适用于城市照明、城市环境监测、实验室、温室大棚等农林业环境	具有体积小、重量轻、抗干扰性强、防水防潮、支持多种输出方式等特点
太阳辐射检测仪（TH-BF1）		适用于太阳能利用、建筑材料老化检测及大气环境监测等场所	具有稳定性好、精度高、低功耗、续航持久、精准检测等特点

其中，模拟量型光照度传感器接线说明见表8-2。

表8-2 模拟量型光照度传感器接线说明

	线色	说明
电源	棕色	电源正（DC 12~24V）
	黑色	电源负
通信	黄（灰）色	电压/电流输出正
	蓝色	电压/电流输出负

二、氧气传感器

氧气传感器是用来测量空气中氧含量的装置。常见的氧气传感器见表8-3。

表8-3 常见的氧气传感器

名称	外观	适用场所	特点
氧气传感器（PR-300FL-O2-25Vol）		适用于工厂、矿下、化工、化肥合成等场所对氧气的实时检测	具有灵敏度高、测量精准、防水防潮、稳定性高等特点
氧气浓度探测器（GT-ABT-00）		适用于酒店、化工厂、餐馆、液化气站等场所	具有工业防爆、测量精准、反应灵敏、报警迅速、探测范围广等特点
氧气检测仪（SN-O2-30VOL-N01-C）		适用于化工厂、呼吸机、内燃机、实验室和相关气象监测等场所	支持浓度显示、双重报警、具有寿命长、精度高、稳定性高等特点

其中，模拟量型氧气传感器接线说明见表8-4。

表8-4　模拟量型氧气传感器接线说明

线色		说明
电源	棕色	电源正（DC 9～24V）
	黑色	电源负
通信	黄色	电流输出正（4～20mA）
	蓝色	电流输出负（4～20mA）

氧气传感器典型接线方式（4线制），如图8-3所示。

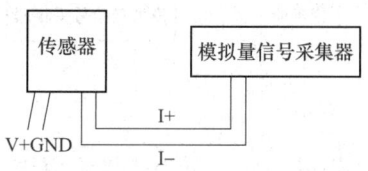

图8-3　氧气传感器接线示意图

三、PM2.5传感器

PM2.5是指大气中直径小于或等于2.5μm的细颗粒物，也称为可入肺颗粒物。虽然PM2.5颗粒直径小，但含大量的有毒、有害物质，因而对人体健康和大气环境质量的影响很大。空气质量指数PM2.5（单位：g/m^3）表示每立方米空气中可入肺颗粒物的含量，这个值越高，就代表空气污染越严重。PM2.5传感器采用专业测试PM2.5浓度的传感器探头作为核心检测器件。

常见的PM2.5传感器见表8-5。

表8-5　常见的PM2.5传感器

名称	外观	适用场所	特点
PM2.5传感器（OSA-17）		适用于智能家居、空气质量监测、化工生产等场所	具有抗干扰性强、性能稳定、测量精度高等特点
颗粒物传感器（GHHB-008-485-0）		适用于农牧园场、仓库仓储、冷链运输和果树林园等场所	具有测量精准、反应灵敏、防水防尘、支持多种传输信号等特点
壁挂PM2.5变送器（PR-300BG--N01）		适用于车间、仓库、机房、温室大棚等场所	具有精准度高、性能稳定、轻巧便捷、可选择性强等特点

其中模拟量型PM2.5传感器接线说明见表8-6。

表8-6 模拟量型PM2.5传感器接线说明

	线色	说明
电源	棕色	电源正（DC 9~24V）
	黑色	电源负
通信	黄色	电流输出正（4~20mA）
	蓝色	电流输出负（4~20mA）

PM2.5传感器典型接线方式（4线制），如图8-4所示。

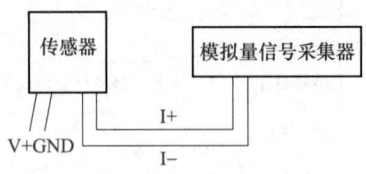

图8-4 PM2.5传感器接线示意图

任务实施

根据使用场所选择合适的光照度传感器、氧气传感器、PM2.5传感器等多款环境监测传感器，根据系统结构图绘制采集器及相关设备的虚拟仿真连线图，选用合适的工具安装设备，利用万用表检测确保线路正常连通，选用测试工具查询传感器数据。

一、模拟连线

建议使用"物联网云仿真实训平台"软件或"Microsoft Visio"软件完成设备之间的模拟连线。

1. 使用"物联网云仿真实训平台"软件模拟连线

步骤一：设备选型。

在左侧设备选型区的"有线传感器"列表中选择温湿度、二氧化碳、光照度、氧气、PM2.5、烟雾、火焰、人体红外传感器，在"I/O模块"列表中选择ADAM-4017+模拟量采集器、ADAM-4150数字量采集器，在"执行器"列表中选择继电器，在"负载"列表中选择报警灯、风扇，在"RFID射频识别"列表中选择高频读写器，在"终端"列表中选择PC终端，在"电源"列表中选择24V电源、通用电源，在"其他外设"列表中选择RS-232转RS-485转换器，所需设备见表8-7，将它们拖入工作台。

表8-7 任务所需设备

二氧化碳传感器	温湿度传感器	光照度传感器

（续）

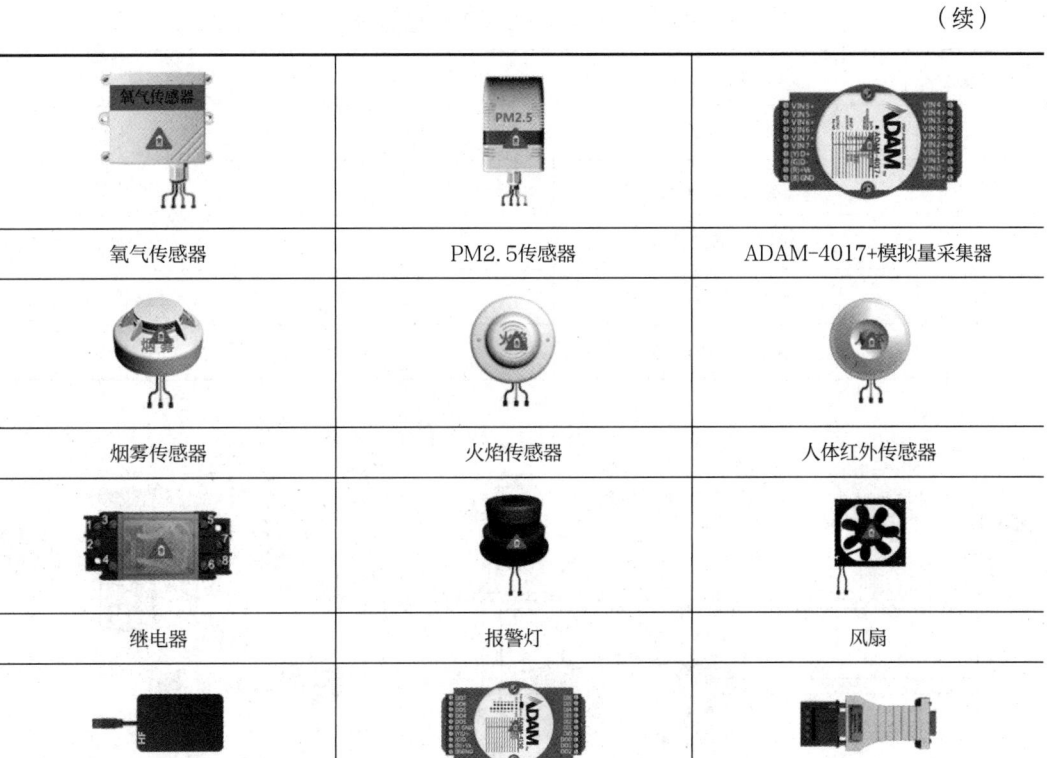

步骤二：模拟连线。

模拟量传感器与ADAM-4017+模拟量采集器连接端口参照表8-8，数字量传感器、执行器与ADAM-4150数字量采集器连接端口参照表8-9，完成智能家居环境监测系统采集器相关设备的模拟连线，如图8-5所示。

表8-8　ADAM-4017+采集器信号连接端口

序号	传感器名称	供电电压	模拟量采集器端口
1	温湿度传感器	24V	温度：VIN7+，湿度：VIN6+
2	二氧化碳传感器	24V	VIN5+
3	光照度传感器	24V	VIN4+
4	氧气传感器	24V	VIN3+
5	PM2.5传感器	24V	VIN2+

表8-9　ADAM-4150采集器信号连接端口

序号	设备名称	供电电压	数字量采集器端口
1	烟雾传感器	24V	DI0
2	火焰传感器	24V	DI1
3	人体红外传感器	24V	DI2
4	继电器（报警灯）	24V	DO3
5	继电器（风扇）	24V	DO4

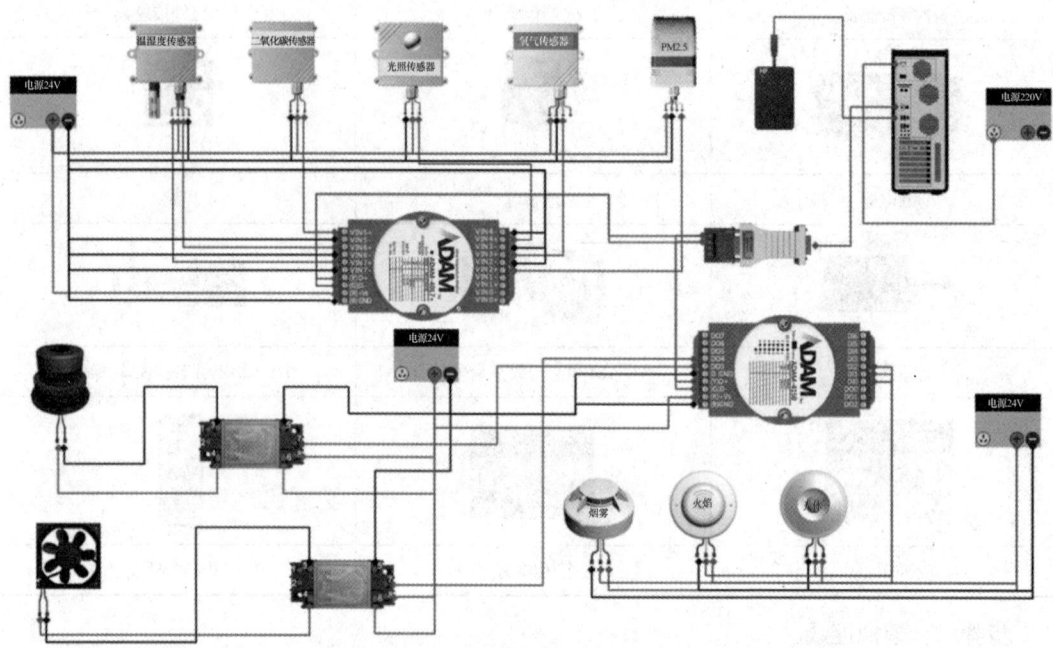

图8-5　采集器及相关设备模拟连线图1

步骤三：功能测试。

单击左上角"模拟实验"按钮，若各个传感器上呈现模拟数据，则说明连接状态正常。

2. 使用"Microsoft Visio"软件模拟连线

步骤一：新建文件与导入模具。

打开Visio软件，执行"文件"→"新建"→"基本框图"命令，新建一个Visio文件。

导入Visio模具，执行"更多形状"→"打开模具"命令，然后选择模具文件存放的目录，单击打开。

步骤二：布置模具。

在模具库中选择温湿度、二氧化碳、光照度、氧气、PM2.5、烟雾、火焰、人体红外传感器、ADAM-4017+模拟量采集器、ADAM-4150数字量采集器、继电器、报警灯、风扇、高频读写器、PC终端、转换器、24V电源、通用电源，将它们拖至文件空白处。

步骤三：连接设备。

选择连接线，根据表8-8和表8-9连接智能家居环境监测系统采集器及相关设备，如图8-6所示。

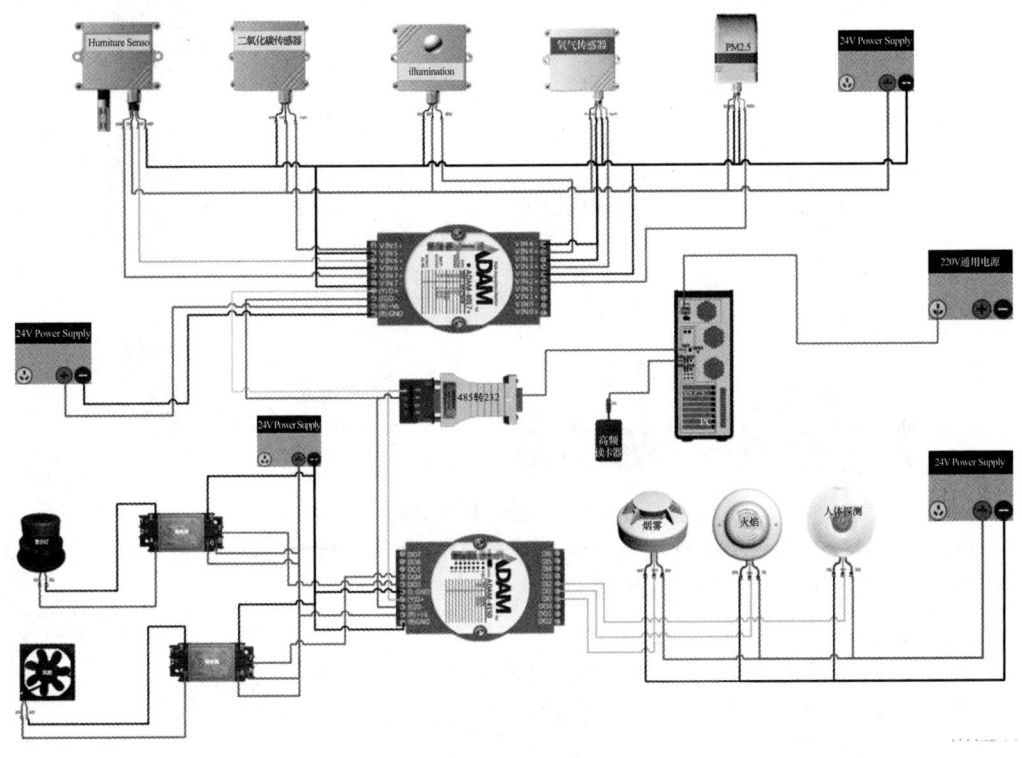

图8-6　采集器及相关设备模拟连线图2

二、设备搭建

步骤一：设备选型。

本任务中光照度、氧气、PM2.5传感器的名称、型号、规格参数见表8-10，根据设备信息检验设备的一致性，如图8-7所示，其他设备参考前期项目内容。

表8-10　任务所需设备信息

设备名称	设备型号	设备规格参数
光照度传感器	精讯畅通JXBS-3001-GZ	工作电压：DC 12~24V 信号输出：模拟量信号 规格：110mm×85mm×44mm
氧气传感器	PR-300FL-O2-25Vol	工作电压：DC 9~24V 量程：0~25%Vol 规格：117mm×85mm×41mm
PM2.5传感器	PR-300BG-N01	工作电压：DC 10~30V 测量范围：0~300mg/m^3 规格：110mm×70mm×38mm

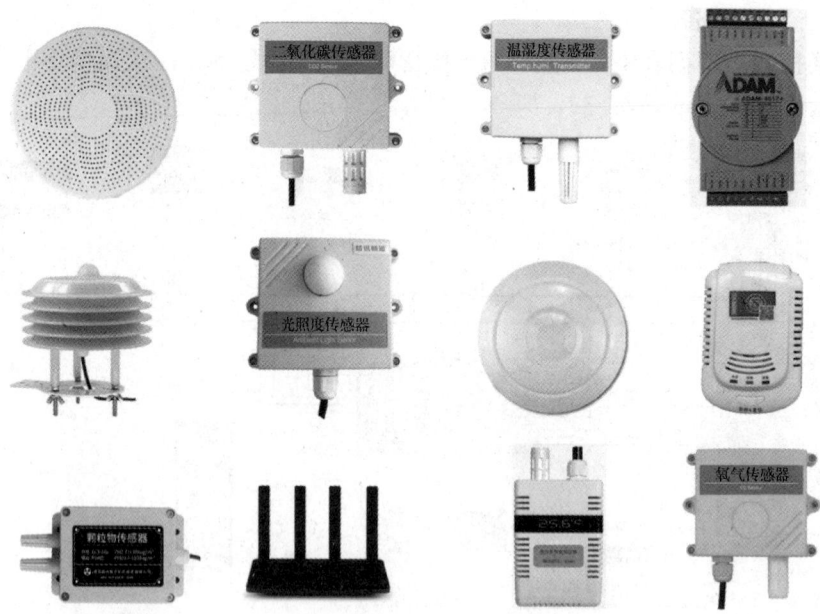

图8-7 选择相关设备

观察传感器及其他设备的外观,确认外观无损坏,根据说明书、发货单、合格证等检查产品外观、清点附件,完成设备完好检测。

步骤二:安装走线槽。

根据实训工位的铁架尺寸安装线槽。挑选合适尺寸的线槽、螺钉、螺母、垫片,选用螺丝刀,完成物联网实训工位铁架四周走线槽以及传感器走线槽的安装。

步骤三:安装设备。

在图8-8所示的电器元件布置图上合理设计设备布局,根据设计布置图在物联网实训工位铁架上安装相关设备。

图8-8 设计元件布置图

1)安装温湿度等模拟量型传感器。挑选合适的螺钉(十字盘头螺钉M4×16)、螺母、垫片,选用十字螺丝刀,在物联网实训工位铁架上安装温湿度传感器,如图8-9所示。用同样的方法安装二氧化碳、光照度、氧气传感器。

安装PM2.5传感器。挑选合适的螺钉、螺母、垫片,选用十字螺丝刀,在物联网实训工位铁架上安装PM2.5传感器支架,再将PM2.5传感器扣在支架上,如图8-10所示。

图8-9 安装温湿度传感器

图8-10 安装PM2.5传感器

2)安装烟雾传感器等数字量传感器。将烟雾传感器底座旋开,挑选合适的螺钉(十字盘头螺钉M4×16)、螺母、垫片,选用十字螺丝刀,在物联网实训工位铁架上安装烟雾传感器底座,如图8-11所示。用同样的方法安装火焰、人体红外传感器。

3)安装采集器。挑选合适的螺钉、螺母、垫片,选用十字螺丝刀,在物联网实训工位铁架上安装ADAM-4017+模拟量采集器,如图8-12所示。用同样的方法安装ADAM-4150数字量采集器。

图8-11　安装烟雾传感器　　　　　　图8-12　安装ADAM-4017+模拟量采集器

安装完成后,检查各个设备安装是否牢固。

4)安装其他设备。挑选合适的螺钉、螺母、垫片,选用十字螺丝刀,在物联网实训工位铁架上安装两个继电器、报警灯和风扇。

步骤四:连接设备线路。

1)连接设备电源。剪取长度适宜的红黑线,用剥线钳将红黑导线两端剥掉约0.8cm的绝缘皮,红黑线一端连接温湿度传感器电源接线,另一端连接24V稳压电源。用同样的方法连接二氧化碳、光照度、氧气、PM2.5、烟雾、火焰、人体红外传感器与采集器电源。

2)连接模拟量型设备信号。剪取长度适宜的黄色或蓝色导线,剥除0.8cm绝缘皮,根据表8-8将温湿度传感器等相关智能家居模拟量传感器的信号线连接至模拟量采集器端口,可参考图8-5或图8-6。

3)连接数字量型设备信号。剪取长度适宜的黄色或蓝色导线,剥除0.8cm绝缘皮,根据表8-9将烟雾传感器等相关智能家居数字量传感器的信号线连接至数字量采集器端口。

4)连接执行器设备。剪取长度适宜的红黑线,剥除0.8cm绝缘皮,连接数字量采集器的输出口、继电器、报警灯和风扇。

5)连接转换器接口。剪取长度适宜的红黑线,红线连接到RS-232转RS-485转换器的T/R+,黑线连接到转换器的T/R-。红黑线另外一端,红线连接到模拟量采集器的Data+端口,黑线连接到采集器的Data-端口。再取一根红黑线连接转换器与数字量采集器。最后,将RS-232转RS-485转换器的串口连接到PC串口,若PC串口被占用,则可以使用串口转USB线连接。

6)连接高频读写器。取一根USB数据线将高频读写器与PC相连。

7)检测线路连接情况。同一小组成员相互检查各种线路的连接情况是否正确。

三、调试验证

1. 线路通断测试

根据实际情况利用万用表检查线路通断情况,测量设备的工作电压和电流。

2. 查看串口地址

通过计算机的"设备管理器"查看串口地址。

3. 软件验证

1）运行"项目8　安装与调试智能家居相关设备.exe"软件，运行后界面如图8-13所示。

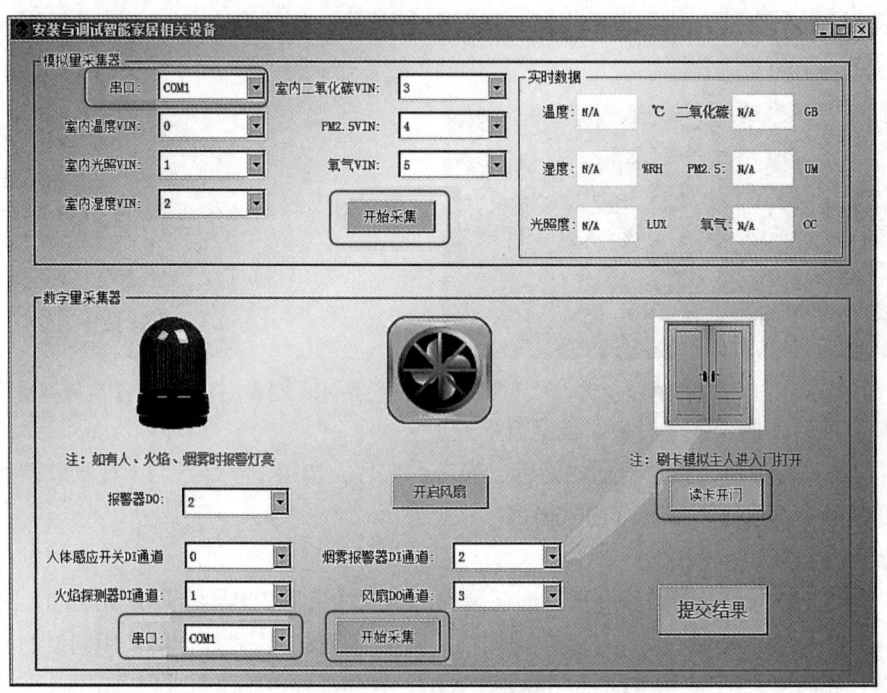

图8-13　安装与调试智能家居相关设备软件界面

2）在模拟量采集器区域选择连接采集器的串口号和连接设备的通道。单击"开始采集"按钮即可读取模拟量型传感器的数据。完成后单击"停止采集"按钮。

3）在数字量采集器区域选择连接采集器的串口号和连接设备的通道。单击"开始采集"按钮即可读取数字量型传感器的数据。完成后单击"停止采集"按钮。

4）将一张高频卡放在高频读写器上，单击"读卡开门"按钮，查看效果。

在验证过程中，如果没有数据，则可以逐个排查原因，例如，查看硬件连接情况，查看串口情况，查看ADAM测试软件中是否能读取数据等。

任务检查

参照任务完成情况检查表8-11，团队成员相互检查、评价。每项评价内容分五档打分，A-优秀，B-良好，C-一般，D-合格，E-不合格。

表8-11　任务完成情况检查表

检查内容	检查结果
能列举智能家居环境监测系统所要使用的设备	A□　B□　C□　D□　E□
能根据工作指导手册，正确分辨光照度、氧气、PM2.5传感器	A□　B□　C□　D□　E□
能根据产品说明书准确检测进场设备的完整性和完好性	A□　B□　C□　D□　E□

（续）

检查内容	检查结果
能正确选用螺钉、垫片和螺母，合理使用螺丝刀、剥线钳等安装工具，在说明书的指导下规范安装数据采集、传感器、执行器等设备	A□ B□ C□ D□ E□
能自主设计智能家居环境监测系统相关设备的电器元件布置图	A□ B□ C□ D□ E□
能识读安装接线图，使用线缆正确连接各个设备，并保证设备正常供电	A□ B□ C□ D□ E□
线缆连接正确、牢固、规范，无露铜现象	A□ B□ C□ D□ E□
能自主使用万用表测试线路的通断，测量设备的工作电压和电流	A□ B□ C□ D□ E□
光照度、氧气、PM2.5传感器等设备安装正确、牢固、美观	A□ B□ C□ D□ E□
能使用测试软件读取传感器数据	A□ B□ C□ D□ E□
完成任务后工具正常归位并摆放整齐	A□ B□ C□ D□ E□
完成任务后工位及周边的卫生环境整洁	A□ B□ C□ D□ E□

知识补充

一、光照度传感器

光照度传感器的工作原理是基于光的原理发展的，可以对人工和太阳光照进行检测。光在本质上是一种电磁波，光照度传感器把不同角度的各种光线汇聚到感光的区域中进行过滤，经过滤光片的可见光可以照射到光敏元件，光敏元件按照光照程度转换成各种不同的电信号，电信号传入单片机系统中，单片机系统再通过温度来感应电路，把所采集到的相应的光电信号作温度补偿，最后把线性电信号精准地输出。常见的光敏元件包括光敏电阻（LDR）、光敏二极管（Photodiode）和光敏电池（Photocell）等。这些类型的光照度传感器具有共同特点：稳定性好，适应性强，响应速度快等。

JXBS-3001-GZ型光照度传感器的相关技术参数见表8-12。

表8-12 JXBS-3001-GZ型光照度传感器的相关技术参数

参数	技术指标
供电电源	DC 12~24V
耗电	≤1015W
光照强度	0~65535lx/0~20万lx
光照强度精度	±5%（25℃）
长期稳定性	≤5%/y
输出形式	4mA、0~5V、0~10V
工作压力范围	0.9~1.1atm

智能家居环境监测系统中光照度传感器一般会与各类执行设备结合使用，也可以满足不同应用场景的要求：

1）自动化控制。在自动化控制系统中，光照强度传感器可以用于控制室内照明和自动调节窗帘等，使得室内光照条件保持适宜。

2）照明设计。在照明设计中，光照强度传感器可以用于测量和调节照明亮度和颜色温度等，以提供舒适和高效的照明体验。

3）环境监测。在环境监测中，光照强度传感器可以用于测量和记录自然光照强度变化，以分析和预测天气、气候变化等。

4）农业种植。在农业种植中，光照强度传感器可以用于测量和控制植物的光照条件，以提高植物生长效率和产量。

5）科学研究。在科学研究中，光照强度传感器可以用于测量和记录不同光照条件下生物的行为和反应，以研究生物学、生态学等领域的问题。

综上所述，光照强度传感器在工业、农业、医疗、生态等多个领域都有广泛的应用，对于提高生产效率、改善生活品质、保护生态环境等方面都具有重要意义。

二、氧气传感器

环境监测中常用的氧气传感器，它的工作原理一般是利用氧气分子在高温下与铂电极表面发生氧化还原反应，从而产生电信号，通过测量电信号的强度确定氧气的浓度。

氧气传感器的相关技术参数见表8-13。

表8-13 氧气传感器的相关技术参数

参数	技术指标
氧气测量范围	0~25%VOL
测量方式	电化学传感器
测量精度	±3%FS（20℃）
使用寿命	≥24个月
响应时间	≤10s
输出信号	4~20mA、0~5V、0~10V
供电电源	DC 10~30V
压力范围	90~110kPa
重复性	≤1%
耗电	<0.25W
工作温度	-20~50℃
工作湿度	5%~95%RH无冷凝
外形尺寸	110mm×85mm×44mm

模拟量型氧气传感器通信信号以4~20mA电流输出，参数含义见表8-14。

表8-14 氧气模拟量参数含义

电流值	O_2
4mA	0%
20mA	30%

计算公式为 $P_{(O_2)} = (I_{电流} - 4\text{mA}) \times 1.875\%$。式中，$P$ 的单位是%，I 的单位是mA。例如，当前情况下采集到的数据是15.15mA，计算 O_2 的值为20.9%。

三、PM2.5传感器

常见的PM2.5传感器采用激光散射原理来测量PM2.5浓度，具有测量范围宽、精度高、线性度好、通用性好、使用方便、便于安装、传输距离远、价格适中等特点。

PM2.5传感器的相关技术参数见表8-15。

表8-15 PM2.5传感器的相关技术参数

参数	技术指标
PM2.5测量范围	0~300μg/m³
测量方式	双路激光对射测量
PM2.5精度	<读数的±10%（25℃）
PM2.5分辨率	0.1mg/m³
响应时间	≤15s
输出信号	4~20mA、0~5V、0~10V
供电电源	总线供电，DC 9~24V，默认12V供电
电流输出	4~20mA
电流输出负载	≤600Ω
电压输出	0~5V / 0~10V
电压输出负载	≤250Ω
耗电	<4W
运行温度	-20~40℃
工作湿度环境	0~95%RH
外形尺寸	110mm×85mm×44mm

模拟量型PM2.5传感器通信信号以4~20mA电流输出，参数含义见表8-16。

表8-16 PM2.5模拟量参数含义

电流值	PM2.5
4mA	0μg/m³
20mA	300μg/m³

计算公式为 $P_{(PM2.5)} = (I_{电流} - 4\text{mA}) \times 18.75 \mu g/m^3$。式中，$P$的单位是$\mu g/m^3$，$I$的单位是mA。例如，当前情况下采集到的数据是8.125mA，计算PM2.5的值为77.34$\mu g/m^3$。

知识测评

1. 有一种自动控制装置，当光照或温度升高时排气扇启动工作，这是因为_____传感器发挥了作用。

    A. 温度传感器和光照度传感器　　　B. 两个光照度传感器
    C. 两个温度传感器　　　　　　　　D. 温度传感器和电容式传感器

2. 温湿度传感器的额定工作电压是_____。

    A. 12V　　　　B. 16V　　　　C. 18V　　　　D. 24V

3. 模拟量型氧气传感器信号输出形式是_____输出。

    A. 电压型　　　B. 电流型　　　C. 电阻型　　　D. RS-485型

4. 以下关于传感器的说法，错误的是_____。

    A. 光照度传感器也叫光照度变送器，用于检测光照强度，再将光照强度值转换成电信号，输出数值计量单位为lx
    B. 氧气传感器是用来测量空气中氧含量的装置
    C. 空气质量指数PM2.5（单位：g/m^3）表示每立方米空气中可入肺颗粒物的含量，这个值越低，就代表空气污染越严重
    D. 在农业种植中，光照度传感器可以用于测量和控制植物的光照条件，以提高植物生长效率和产量

5. 在智能家居环境监测系统中，不适用的传感器有_____。

    A. 二氧化碳传感器　　　　　　　B. 温湿度传感器
    C. 烟雾传感器　　　　　　　　　D. 激光传感器

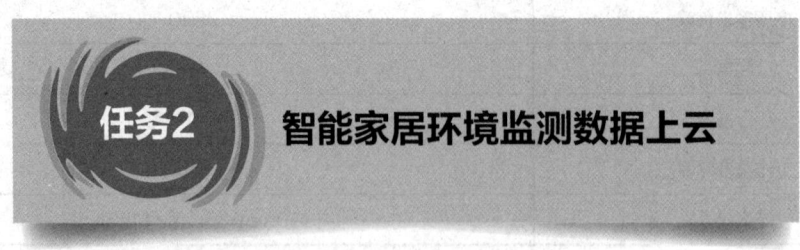

任务2　智能家居环境监测数据上云

任务描述

智能家居环境监测系统网络传输部分安装接线图如图8-14所示。本任务需正确安装物联网网关与路由器设备，并将环境监测数据上传至云平台。在此基础上，进一步理解网络传输设备的作用与原理。

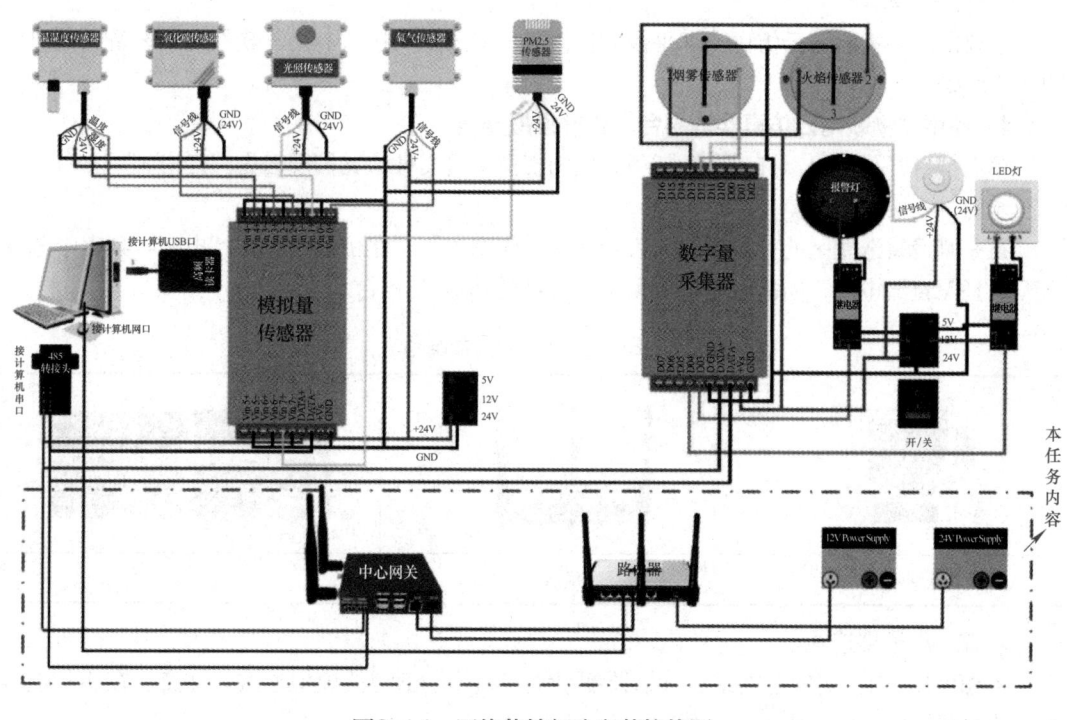

图8-14 网络传输部分安装接线图

知识准备

物联网云平台是基于智能传感器、无线传输技术、大规模数据处理与远程控制等物联网核心技术与互联网、无线通信、云计算大数据技术高度融合开发的一套物联网云服务平台，集设备在线采集、远程控制、无线传输、数据处理、预警信息发布、决策支持、一体化控制等功能于一体的物联网系统，它的数据通信过程如图8-15所示。用户及管理人员可以通过手机、平板、计算机等信息终端，实时掌握传感设备信息，及时获取报警、预警信息，并可以选择手动或自动调整控制设备，实现远程管理。

任务实施

根据使用场所选择合适的网络传输设备，根据系统结构图绘制虚拟仿真连线图，选用合适的工具安装物联网网关与路由器，确保线路正常连通并完成基础配置。

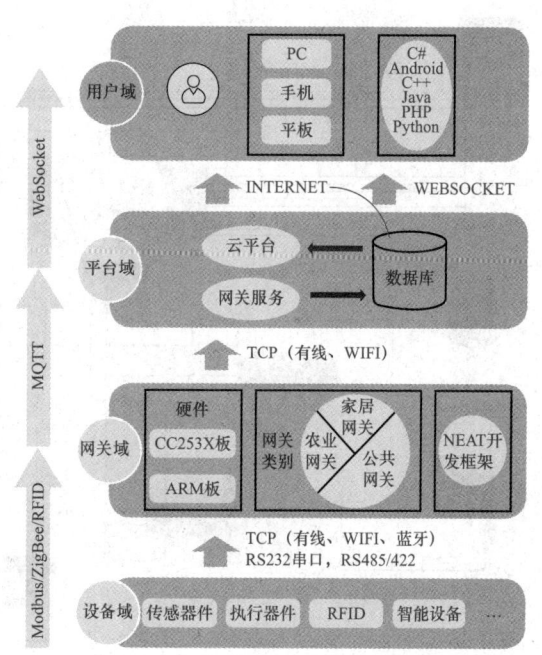

图8-15 物联网云平台数据通信过程

一、模拟连线

建议使用"物联网云仿真实训平台"软件或"Microsoft Visio"软件完成设备供电部分的模拟连线。

1. 使用"物联网云仿真实训平台"软件模拟连线

单击"打开"按钮，打开上一任务完成的虚拟仿真文件，其扩展名为".N2V"。

步骤一：设备选型。

在左侧设备选型区的"网关"列表中选择"新网关""路由器"，在"电源"列表中选择24V、12V直流电源，所需设备见表8-17，将它们拖入工作台。

表8-17 任务所需设备

物联网网关	路由器	电源

步骤二：模拟连线。

参照图8-16，实现智能家居环境监测系统网络传输部分的模拟连线。注意，在实际连线中，路由器的WAN口需要用网线连接至Internet。

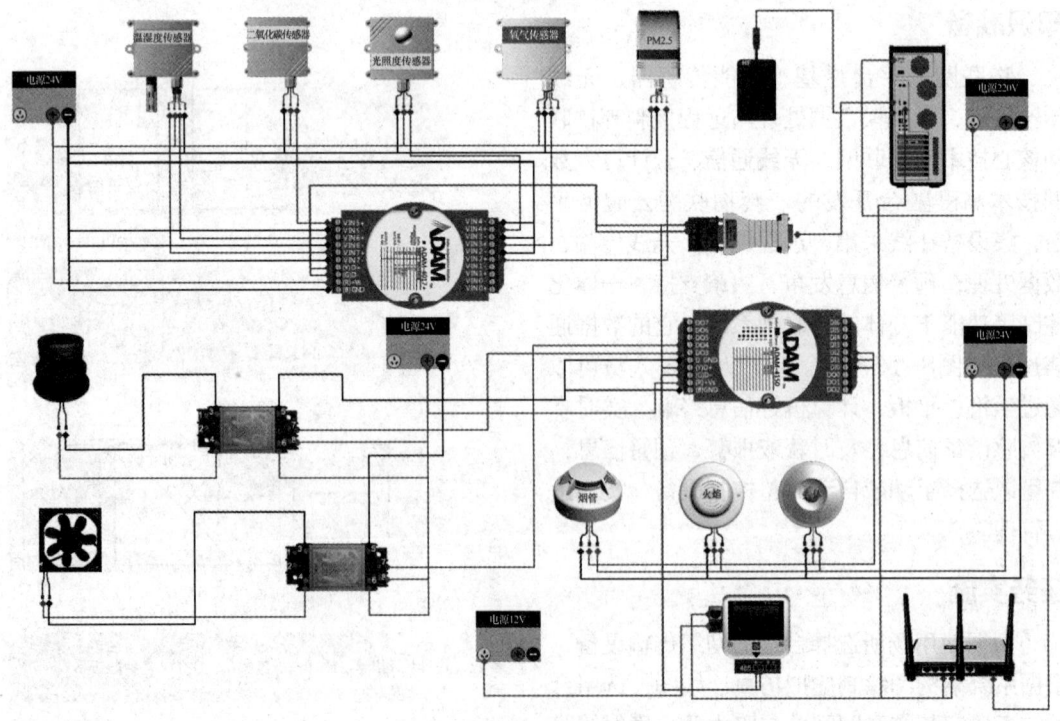

图8-16 网络传输部分模拟连线图1

2. 使用"Microsoft Visio"软件模拟连线

步骤一:打开文件。

打开Visio软件,执行"打开"→"文档",找到上一任务完成的仿真文件,其扩展名为".vsdx"。

步骤二:布置模具。

在模具库中选择"物联网中心网关""路由器""12V电源""24V电源"拖至文件空白处。

步骤三:连接网络设备。

单击"工具"选项卡中的"连接线",连接物联网网关、路由器与电源连线,再连接物联网网关的RJ-45端口与路由器的连线,如图8-17所示。

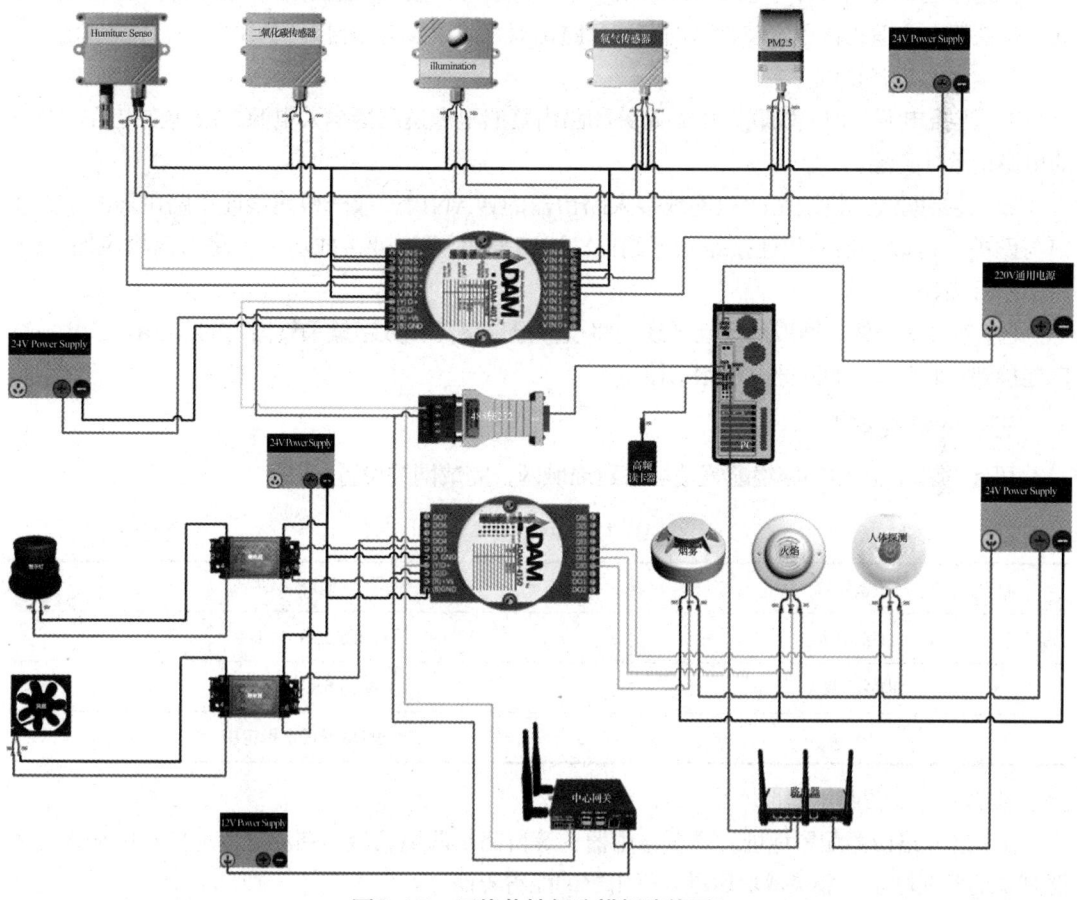

图8-17 网络传输部分模拟连线图2

二、设备搭建

步骤一:设备选型。

本任务所需设备的名称、型号、规格参数见表8-18,根据设备信息检验设备的一致性,选择合适的设备。

表8-18 本任务设备信息

设备名称	设备规格参数	接线
物联网网关	工作电压：DC 12~30V 入网方式：2/3/4G、以太网 端口：RS-485 串口COM2：RS-232/485/422	RS-485A：4017+与4150的D+ RS-485B：4017+与4150的D-
路由器	工作电压：24V 接口：1个WAN口，4个LAN口	WAN：外网 LAN：物联网网关、PC

观察网络传输设备的外观，确认外观无损坏。

步骤二：安装设备。

挑选合适的螺钉（十字盘头螺钉M4×16）、螺母、垫片，选用十字螺丝刀，在物联网实训工位铁架上合适的位置安装物联网网关和路由器，可以参考项目4任务3。

步骤三：设备连线。

1）连接电源。取出物联网中心网关和路由器的电源适配器插入电源，成功上电后，设备的电源指示灯亮起。

2）连接网线。将Internet网线接入路由器的WAN口，取一根网线连接路由器的LAN1口与网关，再取一根网线连接路由器的LAN2口与PC端。连接成功后，路由器相应的LAN口指示灯亮起。

3）连接信号线。剪取两条红黑线，将模拟量采集器和数字量采集器上的Data+/Data-端口连接到物联网中心网关的RS-485接口。

三、设备配置

可参考表8-19中的网络配置地址搭建局域网，完成网关设置。

表8-19 网络配置地址

设备名称	地址
路由器	192.168.1.1
物联网网关	192.168.1.100
PC端	自动获取或设定指定IP

步骤一：配置路由器地址。

1）进入路由器配置地址。重置路由器，等待路由器重启后，在浏览器地址栏中输入路由器默认的管理地址，登录成功后进入路由器的配置界面。

2）配置路由器。单击路由器"设置"菜单，修改局域网接口的IP地址为192.168.1.1，单击"应用"按钮。待路由器重启后即可完成，此内容可以参考项目4任务3。

步骤二：配置PC端地址。

单击计算机的"网络和Internet"，单击左侧菜单中的"以太网"，单击设置中的"更改适配器选型"，配置PC端网络IP，如图8-18所示。

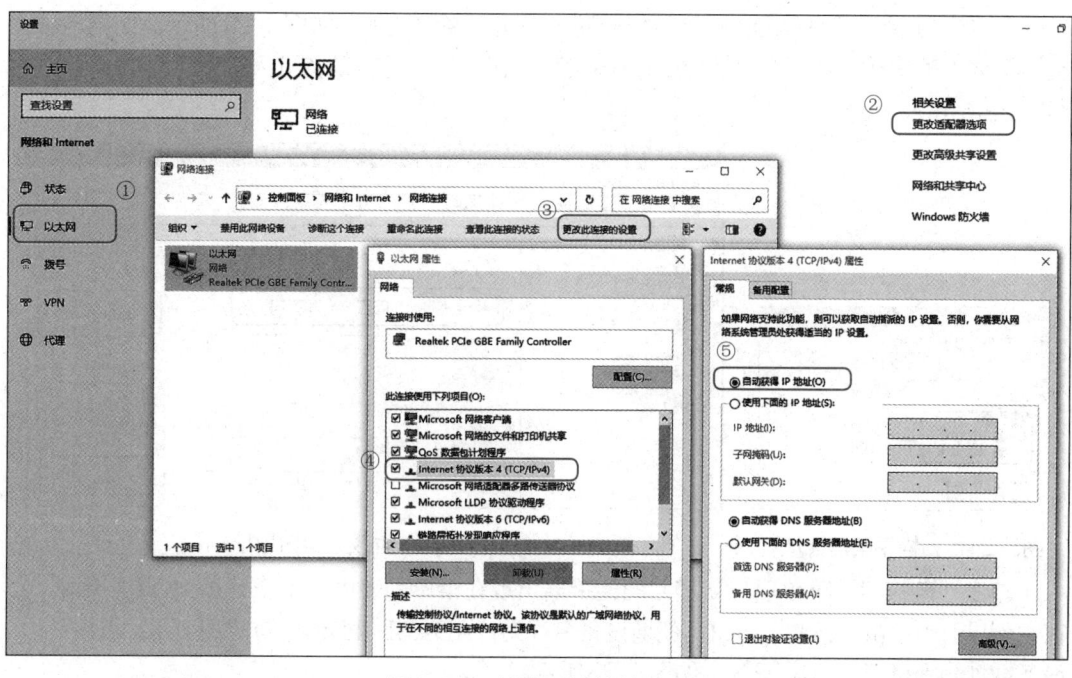

图8-18 配置PC端地址界面

步骤三：配置物联网中心网关。

1）进入管理界面。重置物联网网关，等待网关重启，查看网关上的标签信息，如图8-19所示，在浏览器中输入地址，使用账号和密码登录管理界面。

2）新增连接器。单击左侧的"配置"菜单，在列表中单击"新增连接器"，弹出的界面如图8-20所示，设置连接器名称，需要注意，如已经有一个通过"串口接入"的设备，则无法再新增一个同种接入方式的连接器，可以通过"串口服务器"接入。

图8-19 网关信息面标签

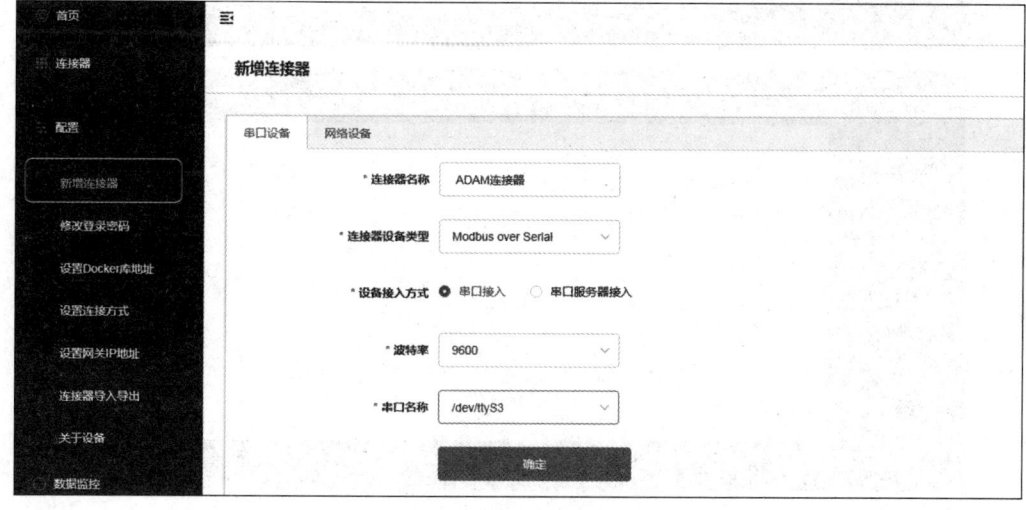

图8-20 新增连接器

— 227 —

3）新增设备。打开ADAM软件扫描两个采集器确定地址，如图8-21所示。如果地址冲突，需要人为修改，将采集器侧边的拨码拨至"Init"，重启设备进入更改地址并保存，如图8-22所示。

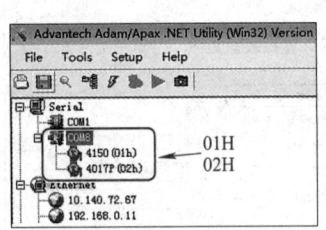

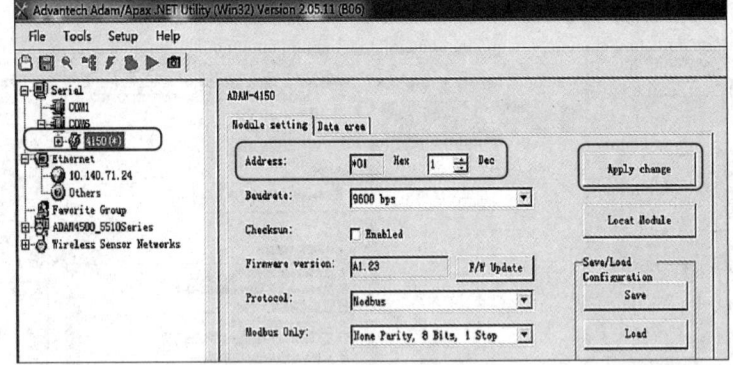

图8-21 扫描采集器地址　　　　　　　　　　图8-22 更改采集器地址

单击"连接器"菜单项，新增后的连接器出现在菜单列表中，单击"ADAM连接器"，在右侧界面中单击"新增"按钮，新增设备名称为"ADAM 4150"与"ADAM 4017"，设备地址分别是"1"与"2"，如图8-23所示。

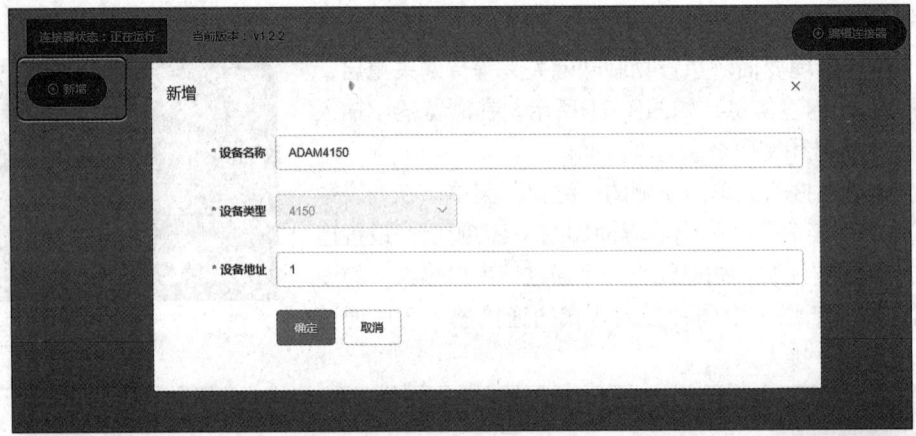

图8-23 新增设备

4)新增传感器与执行器。

① 新增"ADAM-4150"的传感器与执行器。单击"ADAM 4150"设备,单击"新增传感器",在传感器配置界面上填写烟雾传感器的信息,如图8-24所示,其中标识名称可以自行定义,可选通道号要与采集器上的实际接口相统一。用同样的方法新增火焰传感器、人体红外传感器、报警灯、风扇。

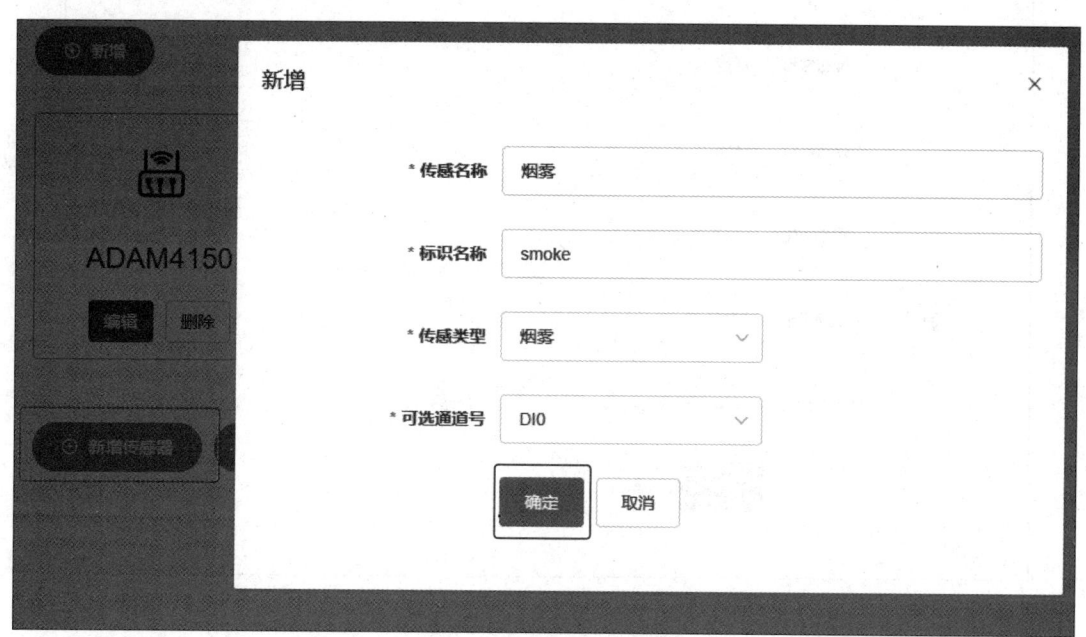

图8-24 新增烟雾传感器

ADAM-4150设备新增传感器与执行器后界面如图8-25所示。

图8-25 ADAM-4150设备下的传感器与执行器

② 新增"ADAM-4017+"的传感器。单击"ADAM 4017"设备，单击"新增传感器"按钮，在传感器配置界面上填写温度传感器的信息，如图8-26所示，其中传感器量程可以单击右侧"问号"获取。用同样的方法新增湿度、二氧化碳、光照度、氧气、PM2.5传感器，如图8-27所示。

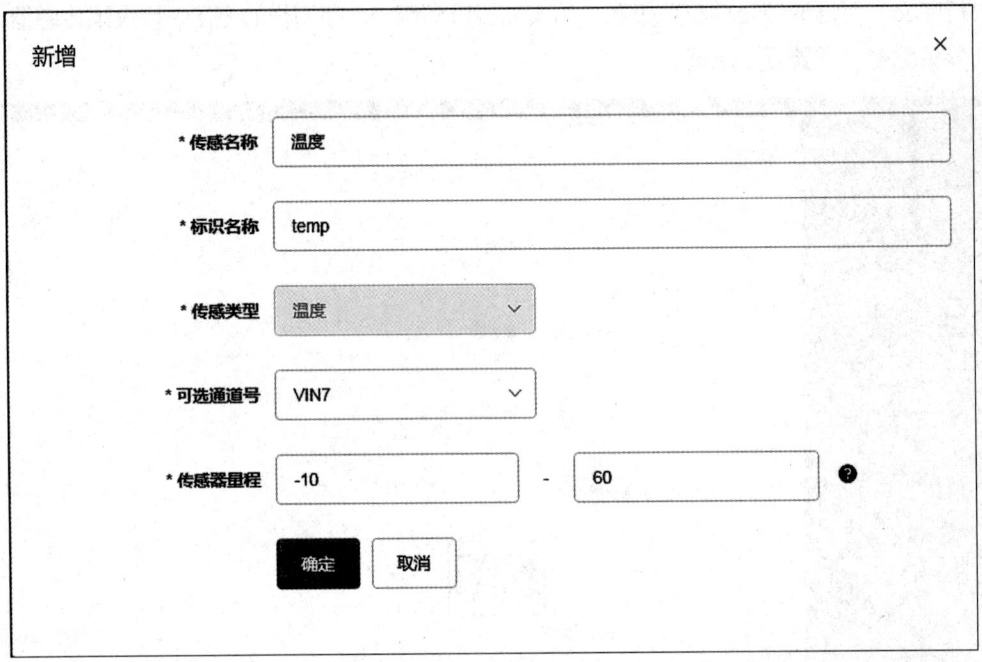

图8-26 新增温度传感器

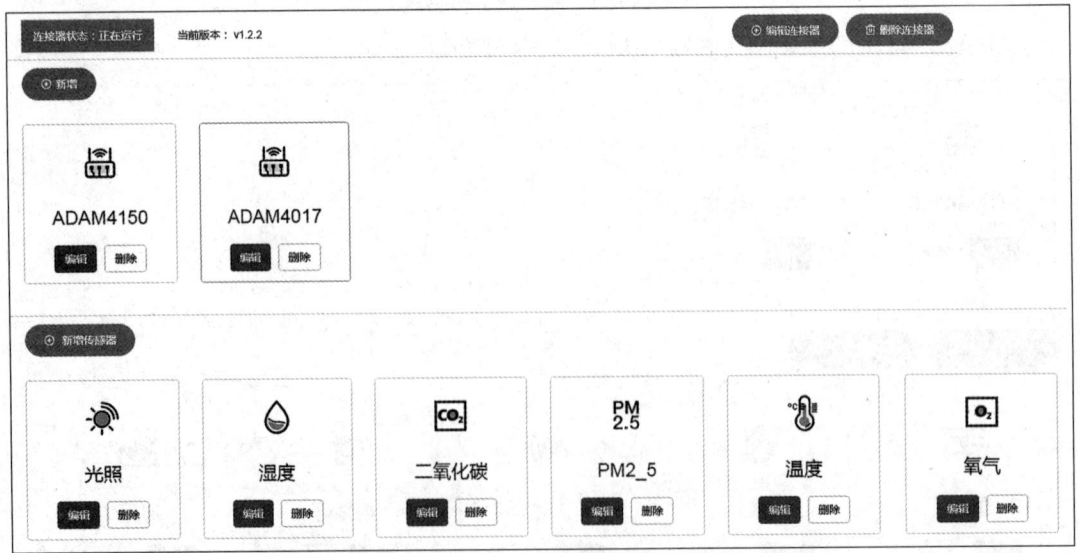

图8-27 ADAM-4017+设备下的传感器

5）数据监控。设置完毕后，单击"数据监控"菜单，在右侧界面中单击"ADAM连接器",下方出现传感器的实时数据与执行器的状态,用户可以使用执行器的滑动按钮测试执行器,如图8-28所示。

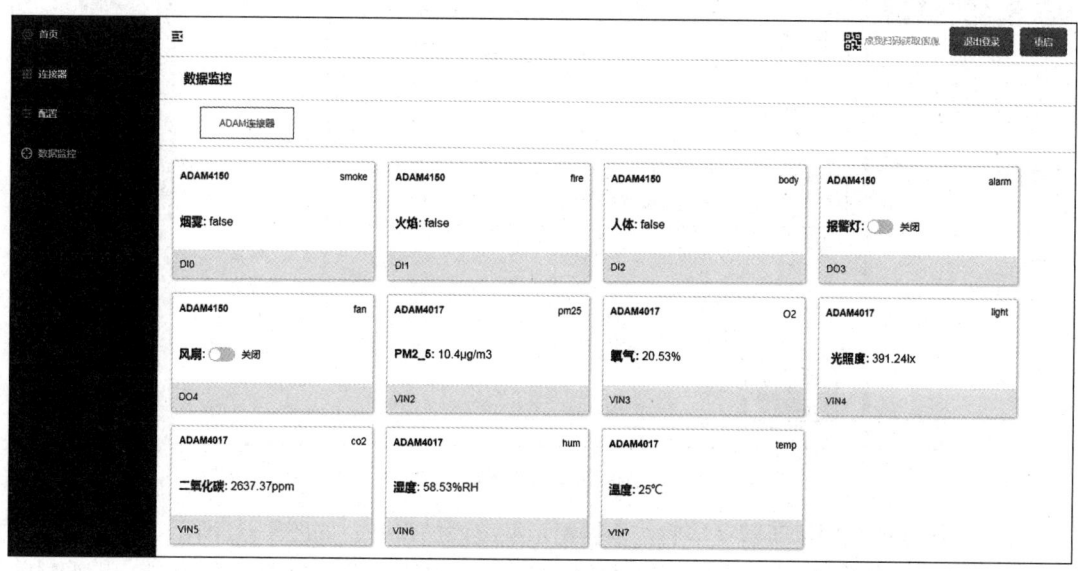

图8-28 数据监控

步骤四:接入物联网云平台。

1)新增项目。打开浏览器,在地址栏内输入云平台网址"http://www.nlecloud.com",单击右上角的"新用户注册",创建个人账号登录。登录后单击右上角的倒三角标,单击"开发设置",申请APIKey,确认提交,如图8-29所示。

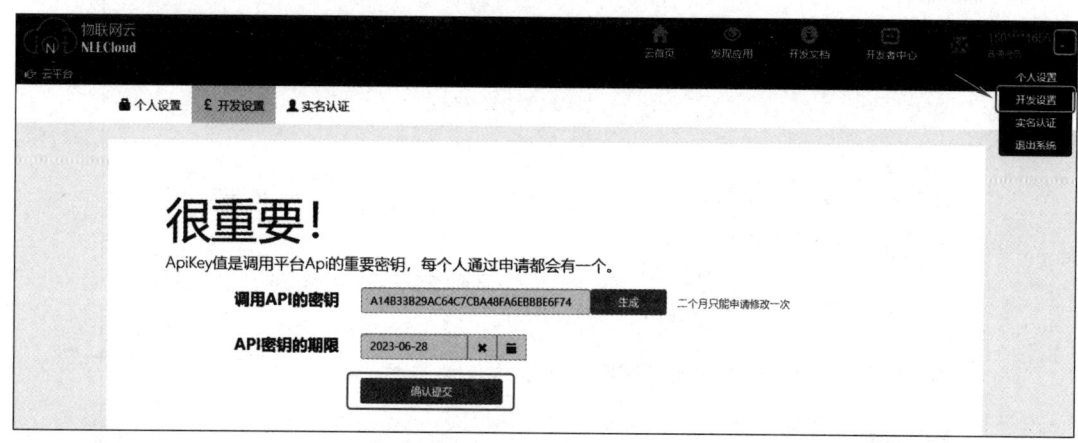

图8-29 申请APIKey界面

单击"开发者中心"按钮,单击"新增项目",在弹出的对话框中填写项目名称。选择项目类别和联网方案,单击"下一步"按钮,如图8-30所示。

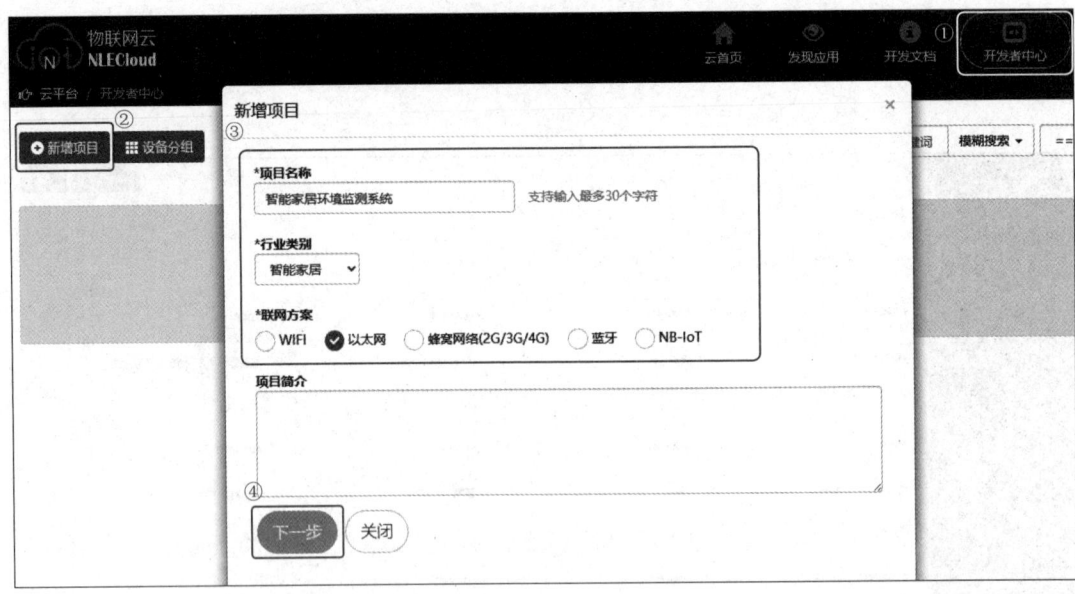

图8-30 新增项目

2)添加设备。项目新增完毕后,根据提示继续添加设备,如图8-31所示。其中"设备标识"需要查看物联网网关,单击"设备连接方式",找到"CloudClient"模块中的编辑图标,如图8-32所示,单击打开,获取"云平台设备标识"填入云平台中,这样两者成功建立联系。

完成后能在界面上看到"智能家居环境监测系统"项目,如图8-33所示,界面上同时展示了项目ID、项目标识码、创建时间、设备数量和传感器数量等信息。

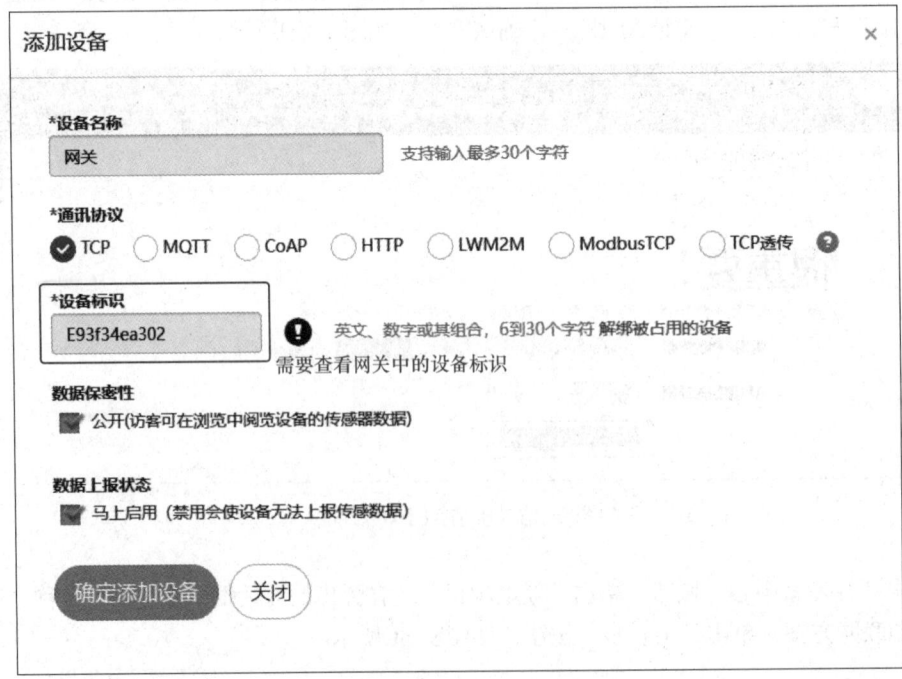

图8-31 添加设备

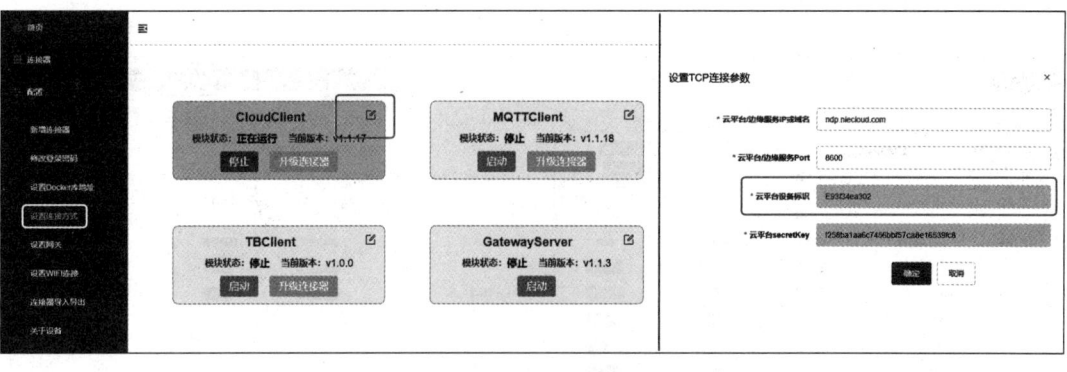

图8-32 查看网关中的设备标识

图8-33 项目信息展示界面

单击设备处图标,可以切换详细信息页,如图8-34所示,可以看到设备ID、设备标识、传输密钥、设备是否在线等状态。

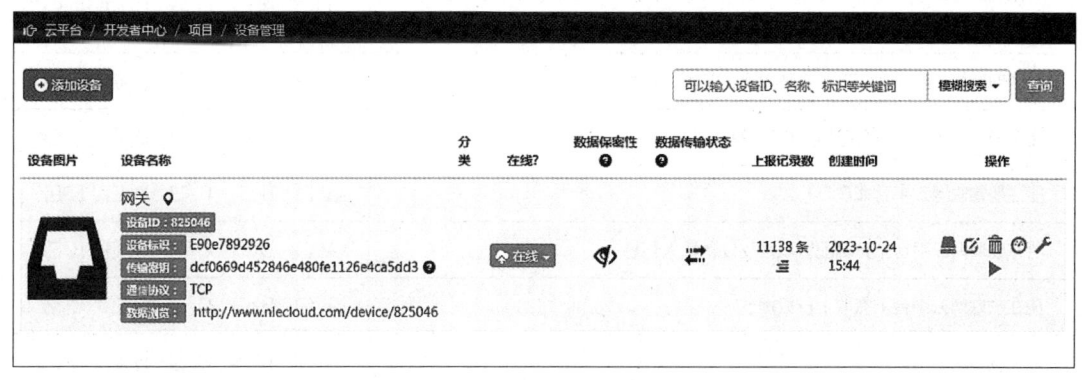

图8-34 项目详细信息展示界面

3)查看系统数据。单击8-34所示界面中的"▄"图标,查看系统上自动识别的传感器设备,如图8-35所示,单击"下发设备"处的倒三角,打开"实时数据",可以看到传感器上出现实时数据,每隔5s刷新一次,与网关上的数据同步。

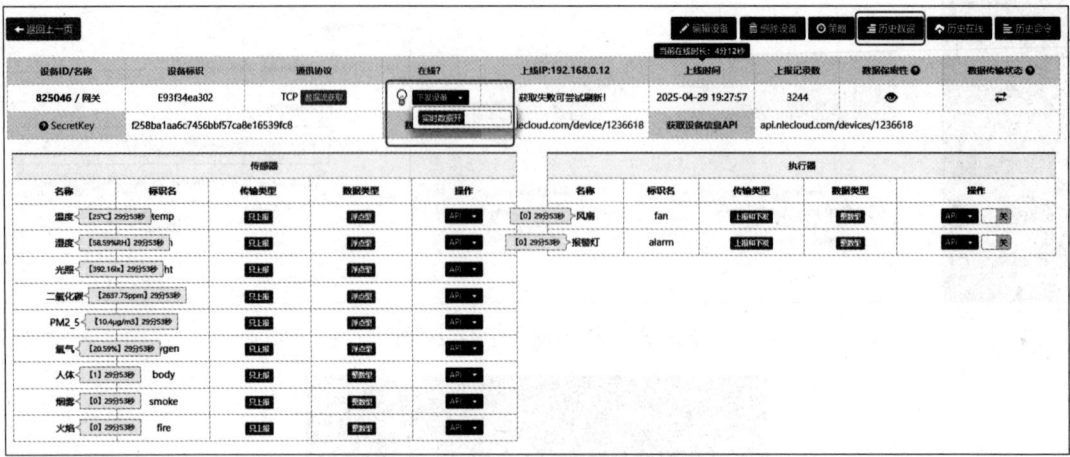

图8-35 云平台上的实时数据

任务检查

参照任务完成情况检查表8-20，团队成员相互检查、评价。每项评价内容分五档打分，A-优秀，B-良好，C-一般，D-合格，E-不合格。

表8-20 任务完成情况检查表

检查内容	检查结果
能举例说明物联网技术在各应用领域的具体应用	A□ B□ C□ D□ E□
能根据工作指导手册，正确分辨物联网网关、路由器等设备	A□ B□ C□ D□ E□
能根据产品说明书准确检测进场设备的完整性和完好性	A□ B□ C□ D□ E□
能正确选用螺钉、垫片和螺母，合理使用螺丝刀、剥线钳等安装工具，在说明书的指导下规范安装物联网网关、路由器等设备	A□ B□ C□ D□ E□
物联网网关、路由器等设备安装正确、牢固、美观	A□ B□ C□ D□ E□
能在网关上正确配置传感器、执行设备的信息	A□ B□ C□ D□ E□
能注册物联网云平台账户	A□ B□ C□ D□ E□
能在物联网云平台上正确配置项目及设备接入信息	A□ B□ C□ D□ E□
能在物联网云平台上获取上行数据	A□ B□ C□ D□ E□
能在物联网云平台上发送下行数据	A□ B□ C□ D□ E□
完成任务后工具正常归位并摆放整齐	A□ B□ C□ D□ E□
完成任务后工位及周边的卫生环境整洁	A□ B□ C□ D□ E□

知识补充

一、物联网云平台的主要工作过程

物联网云平台的主要工作过程可以分为四个步骤：连接设备、数据传输、数据存储、数据分析。

1. 连接设备

连接设备是物联网云平台的根本，物联网云平台能集中管理多个设备，并能让它们相互传输数据和协同工作。

2. 数据传输

物联网云平台需要能实时采集数据和解析数据，再将解析后的数据传输到云端。整个过程需要注意数据传输的安全性。

3. 数据存储

数据采集后需要对数据进行存储管理，数据存储能简化设备运行状态的数据分析过程，这也是物联网云平台的一项核心功能。

4. 数据分析

数据分析能帮助了解设备的运行情况，判断运行是否正常，并对出现问题的场景及时采取措施。数据分析会提供分析报告，帮助进一步优化设备运行过程。

二、物联网网关与物联网云平台

在物联网系统中，物联网网关主要用于数据收集和边缘计算，而物联网云平台则是数据处理展示平台，数据在两者之间进行上行传输，下行控制。物联网网关在外侧管理有关设备的数据收集，并将收集到的数据上传至云平台，云平台接收这些数据，进行分析和决策。云平台再将决策结果传递至网关，通过网关对执行设备进行控制，两者相互支撑，相辅相成。

在工业现场中，制造业以及其他的行业同时实现自动化控制的基础是工业大脑PLC或是其他工业控制器。工业智能网关是通过收集PLC点表数据（远程上浏览），透过相同的通信手段（5G/4G/WiFi/以太网）将数据汇聚到云平台中处置排序。作为边缘层网关的作用不言而喻，它是工业设备和云平台之间的桥梁和翻译者，将机器相同的变量参数等信息反馈给云平台并可视化地展现在相同的终端，以同时实现效率和成本的科学决策。

三、物联网云平台的应用前景

物联网云平台支持大量设备稳定连接，实时在线，在各个领域都有广阔的应用前景，如智能家居、工业自动化、农业、智慧医疗等领域。在智能家居领域，物联网云平台可以实现对家庭设备的集中管理和控制，提高家居的安全性和舒适性。例如，智能插座，用户可远程查看插座的使用情况，远程控制开与关的状态，避免大功率电器运行时间过长过热导致意外。在工业自动化领域，物联网云平台可以实现对工厂设备的远程监控和维护，提高生产效率和降低成本。例如，监测工业流水线上的设备运行情况，通过数据分析功能对温度、液位、压力等数据进行分析计算。在农业领域，物联网云平台可以实现对农田的远程监测和管理，提高农作物的产量和质量。例如，监测大棚中的温湿度、二氧化碳等数据，做到远程监控，解放部分人力的同时又能提高效率。随着物联网技术的不断发展和成熟，物联网云平台的应用前景将会更加广阔。

知识测评

1. 以下选项中属于模拟量传感器的是_____。
   A．烟雾传感器　　　　　　　　　　B．人体红外传感器
   C．温湿度传感器　　　　　　　　　D．火焰传感器
2. 以下选项中物联网网关的配置顺序正确的是_____。
   A．新增连接器→新增传感器→新增设备
   B．新增连接器→新增设备→新增传感器
   C．新增设备→新增连接器→新增传感器
   D．以上都不是
3. （多选题）物联网网关主要进行_____功能。
   A．连接设备　　　B．数据收集　　　C．边缘计算　　　D．数据分析
4. （多选题）物联网云平台的主要工作过程包括_____。
   A．连接设备　　　B．数据传输　　　C．数据存储　　　D．数据分析
5. （多选题）物联网云平台应用领域广泛，包括_____。
   A．智能家居领域　　　　　　　　　B．农业领域
   C．工业自动化领域　　　　　　　　D．智慧医疗领域

根据物联网设备安装调试岗位能力要求，由学生、同伴、教师、企业专家等进行多元评价。每项评价内容分五档打分，A-优秀，B-良好，C-一般，D-合格，E-不合格。

评价内容	自评	同伴	教师	企业专家
能根据工作指导手册，正确分辨感知传感类、网络通信类和执行类设备				
能根据说明书、发货单、合格证等，检查产品外观，清点附件，完成设备完好检测				
能使用常用安装工具规范安装传感器、执行终端、网络通信等相关设备				
能根据安装接线图，使用线缆规范连接设备，并保证设备正常供电				
会使用万用表等测量工具测试线路的通断，测量设备的工作电压和电流				
能注册物联网云平台及认证账户				
能在物联网云平台上正确配置设备接入参数				
能在物联网云平台上获取上行数据				
能在物联网云平台上发送下行控制指令				
具备一定的数学能力，能够有一定的逻辑思维能力，能够根据客户需要设置不同的功能场景				
具备一定的安全意识和整理意识，确保施工过程中人身安全和设备安全				

拓展任务：在云平台中创建策略

1. 在云平台中创建策略，实现温度高于28℃时能启动风扇。
2. 在云平台中创建策略，实现烟雾、火焰、人体红外触发时能启动报警灯。

项目完成情况描述
存在问题描述
心得体会

参 考 文 献

[1] 刘云萍. 智能家居环境监测系统研究与设计[J]. 电子技术与软件工程, 2017（2）: 1.
[2] 钟柱培. 光照度传感器在智能家居照明系统中的应用[J]. 传感器世界, 2022（7）: 28.
[3] 王开群. 光照传感器原理应用及发展趋势[J]. 传感器世界, 2021, 27（2）: 1-5.
[4] 陈元生, 解玉林. 博物馆文物保存环境质量标准研究[J]. 文物保护与考古科学, 2002（S1）: 152-191.
[5] 王一和. 热力学温度单位命名者——开尔文勋爵[J]. 中国计量, 2003（2）: 40.